高等职业教育能

U0694625

用电营业管理与实践

YONGDIAN YINGYE GUANLI YU SHIJIAN

● 主　编　曾红艳
● 副主编　汤心韵　饶玉凡　张　芳
● 参　编　贺　婷　刘志珍　徐李佳　付健祥
　　　　　余欧然　贺明慧　吴红林　彭娟娟
　　　　　孙文彬　滕鹏达

重庆大学出版社

内容提要

用电营业管理与实践是供用电技术专业的专业核心课程,对应乡镇供电所网格服务经理、营销服务经理等电力营销相关岗位。本书紧密结合电力营销业务的现状和发展,结合国家标准、电力行业规范等,融入综合能源、智能微网、智能用电等电力营销新业务和数字赋能供电所等数字化新技术,基于工作过程的设计思路,依据电力行业乡镇供电所网格服务经理和营销服务经理等岗位实际对知识、能力和素质的综合需求来选择和组织内容,注重职业岗位工作任务与学习型典型工作任务的对接。

本书分为7个项目,包括:业扩报装与变更用电,电能计量管理,电费核算,电费收取与账务管理,用电检查管理,综合能源服务管理,智能供电服务与管理。设计学习型典型工作任务共25个,每个学习任务相对独立,由教学目标、任务描述、相关知识和任务实施4部分组成。

本书配有微课、动画、视频教学、课件等教学资源,形成具有专业特色的新形态主体化教材,实现教学资源与教学内容的有效对接。

本书可供高等职业院校供用电技术专业以及电力类专业师生使用,也可作为电力企业员工的培训教材和参考用书。

图书在版编目(CIP)数据

用电营业管理与实践 / 曾红艳主编. -- 重庆:重庆大学出版社,2025.2. -- (高等职业教育能源动力与材料大类系列教材). -- ISBN 978-7-5689-5184-5

Ⅰ. TM92

中国国家版本馆 CIP 数据核字第 2025R4L573 号

用电营业管理与实践
YONGDIAN YINGYE GUANLI YU SHIJIAN

主　编　曾红艳
副主编　汤心韵　饶玉凡　张　芳
参　编　贺　婷　刘志珍　徐李佳　付健祥
　　　　余欧然　贺明慧　吴红林　彭娟娟
　　　　孙文彬　腾鹏达
策划编辑:鲁　黎
责任编辑:鲁　黎　　版式设计:鲁　黎
责任校对:邹　忌　　责任印制:张　策

*

重庆大学出版社出版发行
社址:重庆市沙坪坝区大学城西路21号
邮编:401331
电话:(023) 88617190　88617185(中小学)
传真:(023) 88617186　88617166
网址:http://www.cqup.com.cn
邮箱:fxk@ cqup.com.cn(营销中心)
全国新华书店经销
重庆市国丰印务有限责任公司印刷

*

开本:787mm×1092mm　1/16　印张:15.25　字数:361千
2025年2月第1版　　2025年2月第1次印刷
ISBN 978-7-5689-5184-5　定价:48.00元

编写人员名单

主　编　曾红艳（长沙电力职业技术学院）

副主编　汤心韵（长沙电力职业技术学院）

　　　　　饶玉凡（长沙电力职业技术学院）

　　　　　张　芳（国网湖南省电力有限公司长沙供电分公司）

参　编　贺　婷（国网湖南省电力有限公司湘潭供电分公司）

　　　　　刘志珍（国网湖南省电力有限公司浏阳供电分公司）

　　　　　徐李佳（长沙电力职业技术学院）

　　　　　付健祥（长沙电力职业技术学院）

　　　　　余欧然（长沙电力职业技术学院）

　　　　　贺明慧（长沙电力职业技术学院）

　　　　　吴红林（国网北京市电力公司）

　　　　　彭娟娟（武汉电力职业技术学院）

　　　　　孙文彬（长沙电力职业技术学院）

　　　　　滕鹏达（长沙电力职业技术学院）

前言

　　"用电营业管理与实践"是供用电技术专业的核心课程,对应乡镇供电所网格服务经理、营销服务经理等电力营销岗位。本书以习近平新时代中国特色社会主义思想为指导,立德树人、德技并修,旨在助力农村电网服务水平持续提升,健全完善农村能源普遍服务体系,帮助农村能源人才队伍适应电力营销新形势新变化。本书通过对电力行业网格服务经理和营销服务经理等岗位进行工作任务分析,结合国家标准、电力营销行业规范,融入国家新电价政策、新版《供电营业规则》和电力服务规范等新标准、分布式电源和电动汽车充电桩受理等电力营销新业务、数字赋能供电所等数字化新技术,基于工作过程的设计思路,重构课程内容,采用项目任务驱动式体例编写成活页式教材。

　　本书以培养学生用电营业管理与电力营销服务能力为目标,工作情境从电力售前服务到售后服务,贯穿于营销业务全过程,对接岗位业扩报装与变更用电、电能计量管理、电费管理、用电检查管理、综合能源和智能供电服务管理等工作任务要求,以电网企业现场标准化作业流程为核心,工作任务由简单到复杂,层层递进,将"教、学、做"融为一体。书中配有微课、动画,视频教学、课件等教学资源,形成具有专业特色的新形态主体化教材,实现教学资源与教学内容的有效对接,读者可通过二维码观看学习,实现移动化、碎片化和终身化学习。书中例题和课后习题大多源于现场电力营销实际案例,将枯燥的用电营业管理理论通过鲜活的案例展现出来,既增加了趣味性和可读性,又便于学生理解,在学习过程中逐步培养学生的电力服务意识和解决现场用电问题的能力,为今后更好地践行"人民电业为人民"宗旨,做好供用电服务打下基础。

　　本书分为 7 个项目,包括:业扩报装与变更用电,电能计量管理,电费核算,电费收取与账务管理,用电检查管理,综合能源服务管理,智能供电服务与管理。设计典型工作任务共 25 个,每个学习任务相对独立,以任务工单的形式呈现工作内容、工作流程、工作要求,编排上体现了工作过程的完整性和实际操作的可行性。

　　本书由曾红艳任主编,汤心韵、饶玉凡、张芳任副主编,贺婷、刘志珍、徐李佳、付健祥、余欧然、贺明慧、吴红林、彭娟娟、孙文彬、滕鹏达参编。具体

1

分工如下:项目1由曾红艳、刘志珍、徐李佳、付健祥、余欧然、贺明慧编写,项目2由饶玉凡、吴红林编写,项目3由贺婷、汤心韵、孙文彬、彭娟娟编写,项目4由张芳、滕鹏达编写,项目5由贺婷、曾红艳编写,项目6由刘志珍编写,项目7由张芳编写。

本书在编写过程中参考了大量的相关文献和资料,并得到了电网企业的电力营销专家和用电管理人员的大力支持和帮助,在此向所有提供帮助的各位同仁表示衷心的感谢!

限于编者水平,书中不足之处恳请读者批评指正。

编 者

2024 年 10 月

《用电营业管理与实践》二维码资源清单

序号	名称	二维码	序号	名称	二维码
1	变更业务与迁址移表		12	服务形象量化塑造	
2	变压器计量		13	高压供电方案的确定	
3	查询电费		14	供电方案接线简图绘制	
4	低压供电方案的确定		15	供电营业厅服务投诉防控_1	
5	电动汽车充电桩电价		16	沟通与协调技巧在供电服务中的应用	
6	电费收据的开具（打码）		17	过户情景下的电费计算	
7	电能计量方式		18	居民生活电价之阶梯电价	
8	电能计量装置配置		19	课程视频_语言沟通礼仪	
9	电能替代技术——典型应用案例		20	课程视频_职场女士妆容礼仪	
10	反窃查违		21	课程视频_职场形象管理	
11	服务场景举止应用		22	阳光业拓+3.《重要电力用户供电电源配置典型模式》	

续表

序号	名称	二维码	序号	名称	二维码
23	阳光业拓+5.《高压供用电合同签订与变更》(精微)		33	台区降损案例-数字化供电所应用	
24	阳光业拓+7.《低压供用电合同的注意事项以及合同变更的适用类型》		34	投诉案例分析	
25	三相三线错误接线(1)_batch		35	五步管控现场抄表工作	
26	三相三线错误接线(2)_batch		36	一户多人口	
27	三相三线错误接线(3)_batch		37	异议处理	
28	三相三线错误接线(4)_batch		38	营销上门服务礼仪八步曲	
29	三相四线错误接线(1)_batch		39	营业厅引导员服务礼仪	
30	三相四线错误接线(2)_batch		40	营业厅综合柜员服务礼仪	
31	三相四线错误接线(3)_batch		41	用电信息采集(打码)	
32	手机自助交费		42	用户能效常见问题	

序号	名称	二维码	序号	名称	二维码
43	某供电所95598 投诉撤销案例		46	某供电所停电服务案例	
44	解答客户电费类诉求案例		47	有效沟通化解投诉案例	
45	解答客户疑问案例		48	有效沟通电量电费案例	

目 录

项目 1　业扩报装与变更用电 ……………………………………… 1
　　任务 1.1　低压居民客户业务受理 ……………………………… 1
　　任务 1.2　低压非居民客户业务受理 …………………………… 6
　　任务 1.3　高压客户用电业务受理 ……………………………… 11
　　任务 1.4　变更用电的工作内容、工作流程 …………………… 15
　　任务 1.5　制定供电方案 ………………………………………… 33
　　任务 1.6　业务受理服务风险识别与防范 ……………………… 49

项目 2　电能计量管理 …………………………………………… 54
　　任务 2.1　电能表故障处理 ……………………………………… 54
　　任务 2.2　电能表接线异常处理 ………………………………… 59
　　任务 2.3　二次回路故障处理 …………………………………… 64
　　任务 2.4　自动化抄表管理 ……………………………………… 69

项目 3　电费核算 ………………………………………………… 79
　　任务 3.1　居民客户电费核算 …………………………………… 79
　　任务 3.2　低压非居民客户电费核算 …………………………… 90
　　任务 3.3　单一制客户电费核算 ………………………………… 94
　　任务 3.4　两部制客户电费核算 ………………………………… 105
　　任务 3.5　电量电费服务风险识别与防范 ……………………… 111

项目 4　电费收取与账务管理 …………………………………… 114
　　任务 4.1　电费收取 ……………………………………………… 114
　　任务 4.2　票据及账务管理 ……………………………………… 122

项目 5　用电检查管理 …………………………………………… 139
　　任务 5.1　安全用电检查 ………………………………………… 139
　　任务 5.2　违约用电处理 ………………………………………… 150
　　任务 5.3　窃电客户处理 ………………………………………… 159
　　任务 5.4　线损管理 ……………………………………………… 165

项目 6　综合能源服务管理 ························· 176
　　任务 6.1　电动汽车充电桩业务受理 ················· 176
　　任务 6.2　分布式电源业务(受理、结算、现场)的处理 ·········· 181

项目 7　智能供电服务与管理 ······················· 191
　　任务 7.1　工单驱动 ························· 192
　　任务 7.2　数字沙盘 ························· 203

参考文献 ····························· 230

项目 1　业扩报装与变更用电

【项目描述】

主要培养学生熟悉业扩报装与变更用电的概念和主要内容,了解业扩报装与变更用电的所需申请材料与办理流程,掌握业务受理风险识别与防范的方法。

【教学目标】

(1)能完成低压居民客户新装、增容业务受理;
(2)能完成低压非居民客户新装、增容业务受理;
(3)能完成高压客户用电业务受理;
(4)能完成变更用电业务办理;
(5)能识别和防范业务受理风险。

【教学环境】

营业厅实训场、多媒体教室、教学视频。

任务 1.1　低压居民客户业务受理

【教学目标】

知识目标:
(1)了解业扩报装的基本概念;
(2)掌握业扩报装的主要内容;
(3)掌握低压居民客户新装、增容用电的概念和业务申请受理流程。

能力目标:
(1)能够完成业扩报装业务的受理和办理;
(2)能够利用"网上国网"APP 等线上平台进行业务申请和办理;
(3)能够根据"一户多人口"政策进行客户认定和业务办理。

态度目标：

（1）能主动学习，在完成任务过程中发现问题、分析问题和解决问题；

（2）能与小组成员协商、交流配合完成本次学习任务，养成分工合作的团队意识；

（3）严格遵守安全规范，爱岗敬业、勤奋工作；

（4）能够结合政策，了解村网共建相关内容。

【任务描述】

任务内容：××供电所接到工作任务通知，低压居民客户××提出要新装或增容用电。

（1）班组协作分工，制定工作计划；

（2）班组收集整理低压居民客户新装、增容用电的具体资料；

（3）班组梳理撰写《低压居民客户新装、增容业务受理报告》；

（4）班组通过 5 min 的角色扮演，练习与客户沟通，完成低压居民客户业务受理的模拟；

（5）班组内部进行客观评价，完成评价表。

【相关知识】

一、理论咨询

（一）业扩报装的基本概念

业扩报装也叫业务扩充，简称业扩，是我国供电企业工作中的一个习惯用语，其主要含义是受理用户用电申请，根据电网实际情况，办理供电与用电不断扩充的有关业务工作，以满足用户的用电需要。工作内容包括：新装—初次申请用电、增容—增加容量（增设电源），属于售前服务。

（二）业务扩充工作的主要内容

①客户新装、增容和增设电源的用电业务受理；

②根据客户和电网的情况（通过现场查勘），制定供电方案；

③答复客户并收取业务费用；

④受（送）电工程设计的审核、受（送）电工程的中间检查及竣工检验；

⑤签订供用电合同；

⑥装设电能计量装置、办理接电事宜；

⑦汇集整理有关资料并建档立户。

（三）业务扩充工作的管理原则

客户业扩报装实行"一口对外、一证受理、一次告知、一站服务"，各部门职责明确、并行操作、协同运作、无缝衔接，落实"内转外不转"，办电全过程实时流转、信息公开，实现"时间短、投资少、服务优"的办电新模式，客户电力接入"获得感"全面提升。

（四）低压居民客户新装、增容用电概念

低压居民客户新装、增容是指低压居民客户提出新装用电、增加合同约定用电容量且电

压等级为 220/380 伏的办电需求时,所开展的业扩报装业务。

（五）低压居民客户新装、增容业务申请受理

网上国网 APP 是国家电网有限公司官方统一线上服务入口,集"住宅、店铺、企事业、电动车、新能源"五大服务频道,提供线上办电、电费交纳、信息查询、报修投诉、电动汽车找桩充电、光伏一站式服务、能源金融等多元化的电力综合服务。

1.网上国网 APP 下载、注册

（1）在对应的应用商店搜索【网上国网】进行下载,或者扫描右侧二维码进行下载。

（2）网上国网注册:输入手机号码、验证码进行注册。

网上国网
APP 二维码

2.网上国网 APP 登录、实名认证、用电户号绑定

（1）网上国网 APP 以手机号码为登录账号,设置密码,通过密码或手机验证码登录。

（2）网上国网 APP 实名认证:登录完善个人信息,填写姓名与身份证号,进行人脸采集完成实名认证。

3.网上国网 APP 用电户号绑定

（1）户号绑定分自动绑定和手动绑定。自动绑定根据账户手机号和身份证号自动匹配户号,客户选择待绑定户号进行自动绑定,高压高危户号需要工作人员线下审核。

功能入口:我的→户号管理→绑定户号。

（2）手动绑定支持输入地区和户号进行户号查询,也支持条形码扫描,同时支持填入户名和地址进行模糊查询,查询到的户号都保存在待绑定列表中。若查询出来的户号已被户主认证,则需要经过户主同意或更名过户才能绑定。

（3）网上国网 APP 用电户号解绑支持账户与户号解绑、户主户号与其他账号解绑。

功能入口:我的→户号管理→户号详情。

（4）其他办电是为用户提供低频、不常见业务线上服务入口,避免跑营业厅办理。业务类型包括改类、移表、销户、暂换/恢复、暂拆/复装、计量表装置故障、并户/分户及其他业务。

客户从"网上国网"APP 进入其他办电场景,选择办电业务,填写相应办电信息,提交申请后可随时查看办电进度。

功能入口:APP 首页→更多→办电→其他办电。

①居民办电执行一证办理,后台提交 APP 实名认证身份证件,无需上传其他资料。

②企业用户办电只需提交"企业主体证明",经办人办理时需提交"授权委托书"。

③用户可根据自己办电需求选择业务类型。

④用户成功申请后可进入服务记录查看业务办理记录。

4.申请受理注意事项

（1）供电企业应当在供电营业场所及各类线上服务渠道公开办理各项用电业务的程序、制度和收费标准。

（2）受理用电业务时,应主动向客户说明该项业务需客户提供的相关资料、办理的基本流程、相关的收费项目和标准。

（3）向客户提供营业厅、"网上国网"APP、95598 网站等办电服务渠道，实行"首问负责制""一次性告知""一站式服务"。对于有特殊需求的客户群体，提供办电预约上门服务。

（4）营业厅提供用电前期咨询及受理服务。

（5）提供"网上国网"APP、95598 网站等线上办理服务。

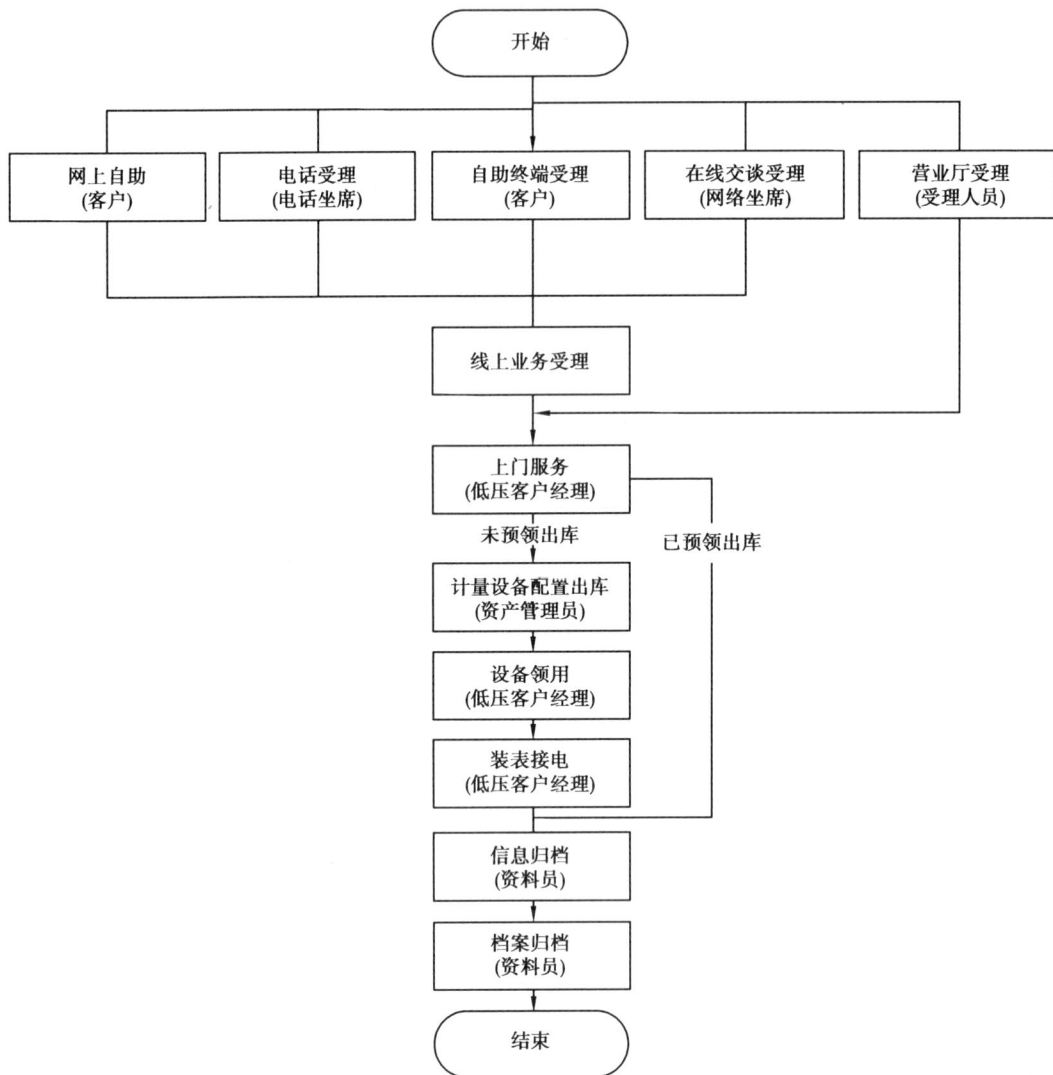

图 1.1.1　系统流程图

（六）低压居民客户新装、增容业务办理流程

低压居民客户新装、增容（具备装表条件的）：受理签约→施工接电。

（七）低压居民客户新装、增容需提交的申请资料

（1）用电人有效身份证明（身份证、军人证、护照、户口簿或公安机关户籍证明）。

（2）用电地址的物业权属证明（不动产权证、土地使用证、不动产登记部门正式备案的

购房合同等）。

（3）如委托他人办理需同时提供授权委托书和经办人有效身份证明。

备注：①如客户授权能从政府数据平台调取证照,则无须重复提交;

②如客户资料或资质证件尚在有效期,无须再次提供;

③申请资料不齐时可"一证受理",客户可在工作人员上门服务时提供所缺资料。

（八）装表接电的时限

（1）具备装表条件的,在2个工作日内装表接电。

（2）不具备直接装表条件的,在配套电网工程完工当日或按照与客户约定的时间装表接电,全过程办电时间不超过5个工作日。

（3）在用电业务办理过程中,客户如需了解业务办理进度,可以登录"网上国网"APP进行查询或咨询客户经理。

（4）根据国家《供电营业规则》规定,产权范围内部分由客户负责施工,产权范围外工程由供电企业负责,产权分界点由供电企业与客户在合同中约定。

（九）低压居民客户"一户多人口"办理认定依据

（1）户籍人口为5人及以上的"一户一表"居民用户,不包括迁出、注销人员。

（2）居民家庭人口数量以"户口簿"为认定依据。

（3）居民用户原则上以住宅为单位,一个房产证明对应的住宅为"一户",对应一个户口簿及一个用电客户,一个有效身份证只能在一个用电户下享受居民家庭"一户多人口"政策,用电地址应与房产证明、户口簿一致方能进行业务受理。

二、实践咨询

（一）工作准备

（1）班级学生形成6~7人的供电所营业厅班组,各班组自行选出组长。

（2）组长召集组员利用课外时间收集有关低压居民客户业务办理资料。

（3）分工协作撰写《低压居民客户新装、增容业务受理报告》,并团队合作进行情境模拟。

（二）操作步骤

（1）营业厅班组情境模拟"低压居民客户新装、增容业务受理"。

（2）班组成员记录指导老师和其他分析班组对本组汇报的点评。

（3）负责人组织成员参照意见修改《低压居民客户新装、增容业务受理报告》。

（4）召开"低压居民客户新装、增容业务受理"工作总结会议,点评成员在完成本次任务中的表现。

（5）任务完成,各班组将修改后的《低压居民客户新装、增容业务受理报告》文档、工作总结及成员成绩交给指导老师。

【任务实施】

××供电所营业厅接待了某农户,了解到他需要临时安装抽水电能表,为了保证农业正常生产,需要马上装表用电。

1.咨询(课外完成)

(1)低压居民客户新装、增容业务申请受理流程是怎样的?

(2)低压居民客户新装、增容需提交哪些材料?

2.决策

(1)岗位划分:

班组 ＼ 岗位	班长	报告撰写员	报告撰写员	情境模拟角色	情境模拟角色	资料收集员	资料收集员

(2)编制《低压居民客户新装、增容业务受理报告》。

①低压居民客户新装、增容概念、主要内容;

②低压居民客户新装、增容业务需提交的申请资料;

③低压居民客户新装、增容业务办理流程。

3.低压居民客户新装、增容业务情境模拟

4.检查及评价

考评项目	自我评估	组长评估	教师评估	备注
团队合作20%				
案例分析报告35%				
情境模拟30%				
安全文明15%				

任务 1.2　低压非居民客户业务受理

【教学目标】

知识目标:

(1)了解低压非居民客户新装、增容用电的概念和业务范围;

(2)掌握低压非居民客户新装、增容业务受理的要点和需提交的申请资料;

（3）掌握低压非居民客户新装、增容业务办理流程。

能力目标：

（1）能够独立完成低压非居民客户新装、增容用电业务的受理和办理；

（2）能够审核低压非居民客户新装、增容业务的申报资料；

（3）能够与客户沟通，解释低压非居民客户新装、增容业务流程和政策。

态度目标：

（1）能主动学习，在完成任务过程中发现问题、分析问题和解决问题；

（2）能与小组成员协商、交流、配合完成本次学习任务，养成分工合作的团队意识；

（3）严格遵守安全规范，爱岗敬业、勤奋工作。

【任务描述】

任务内容：××供电所接到工作任务通知，某小型企业××提出要新装用电、增容用电。

（1）班组协作分工，制订工作计划；

（2）班组收集整理低压非居民客户新装、增容用电的具体资料；

（3）班组梳理形成《低压非居民客户新装、增容业务受理报告》；

（4）班组通过 5 min 的角色扮演，练习与客户沟通，完成低压非居民业务办理的模拟；

（5）班组内部进行客观评价，完成评价表。

【相关知识】

一、理论咨询

（一）低压非居民客户新装、增容用电的概念

低压非居民客户新装或增容用电，指的是非居民客户提出新装用电、增加合同约定用电容量且最终电压等级在 0.4 kV 及以下的办电需求时，供电企业所开展的业扩报装业务。相应电压等级的基建工地、农田水利、市政建设等非永久性装表临时用电，以及不增加容量、只增设供电回路的变更业务，也属于该业务范围。

（二）低压非居民客户新装、增容业务受理的要点

（1）低压小微企业用电是指 160 kW 及以下的企业工商业及其他用电。

（2）在受理客户申请时，需核对、查询客户的用电信息，同一客户在同一地区的用电容量不得超过 160 kW（160 kW 容量含该客户的居民生活用电、工商业用电及其他用电的全部容量）。

（三）低压非居民客户新装、增容业务受理需提交的申请资料

（1）用电人有效身份证明（自然人提供有效身份证明，如身份证、军人证、护照、户口簿或公安机关户籍证明；非自然人提供营业执照、组织机构代码证等。）

（2）用电地址的物业权属证明（不动产权证、土地使用证等）。

（3）如委托他人办理需同时提供授权委托书和经办人有效身份证明。

备注:①如客户授权从政府数据平台调取证照,无须重复提交;

②如客户资料或资质证件尚在有效期,无须再次提供;

③申请资料不齐时可"一证受理",客户可在工作人员上门服务时提供所缺资料。

(四)低压非居民新装、增容业务办理流程

低压非居民新装、增容:受理签约→施工接电。

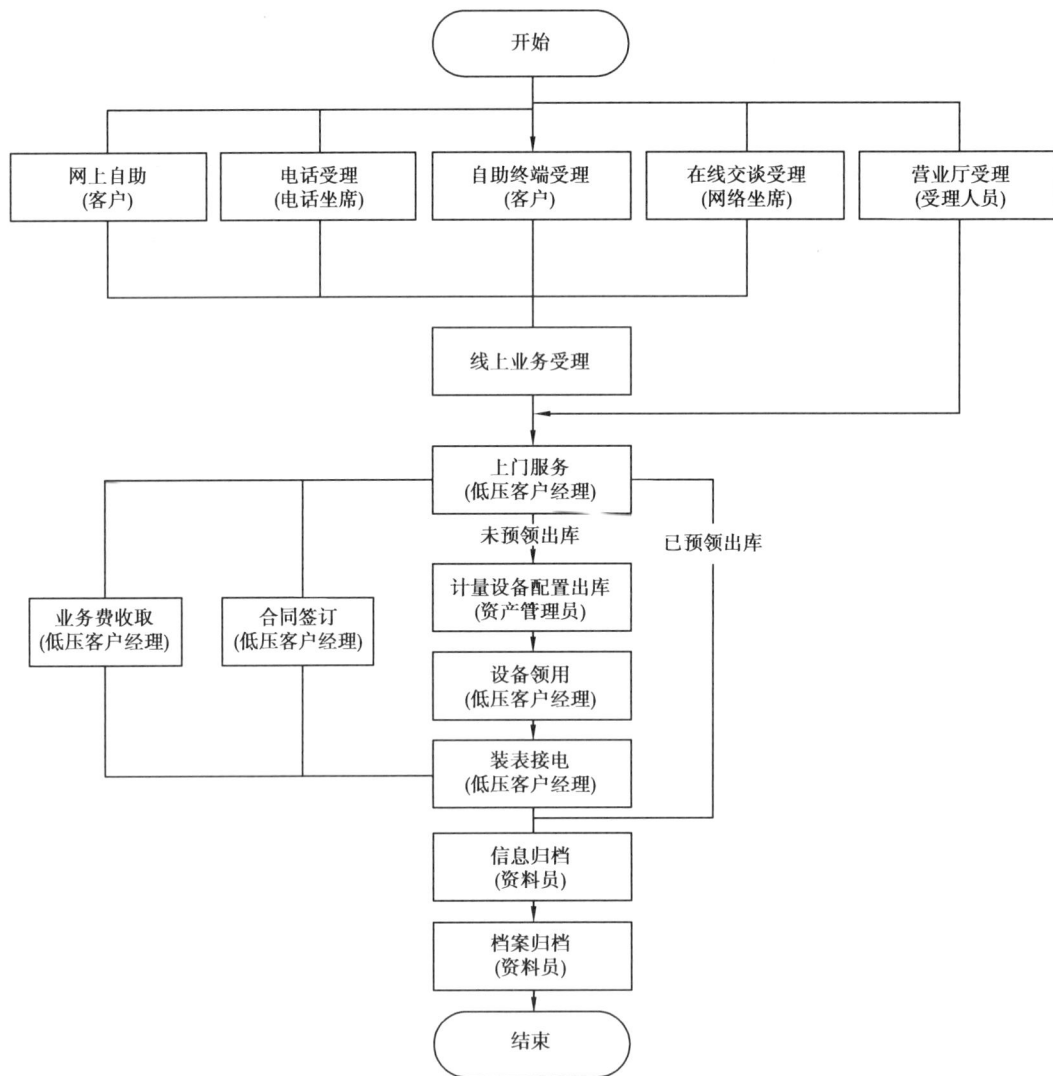

```
                          ┌─────────┐
                          │  开始   │
                          └─────────┘
                              │
   ┌────────┬────────┬────────┼────────┬─────────────┐
┌──────┐ ┌──────┐ ┌────────┐ ┌────────┐ ┌──────────┐
│网上自助│ │电话受理│ │自助终端受理│ │在线交谈受理│ │ 营业厅受理 │
│(客户) │ │(电话坐席)│ │ (客户) │ │(网络坐席)│ │ (受理人员) │
└──────┘ └──────┘ └────────┘ └────────┘ └──────────┘
```

图中流程:

线上业务受理

上门服务(低压客户经理)

未预领出库 / 已预领出库

计量设备配置出库(资产管理员)

设备领用(低压客户经理)

业务费收取(低压客户经理) / 合同签订(低压客户经理)

装表接电(低压客户经理)

信息归档(资料员)

档案归档(资料员)

结束

图 1.2.1　系统流程图

(五)装表接电的时限

(1)现场具备装表条件的,在 2 个工作日内装表接电;现场不具备直接装表条件的,在配套电网工程完工当日或按照与客户约定的时间装表接电,全过程办电时间不超过 15 个工作日。

（2）供电企业在受理后 3 个工作日内按照与客户约定的时间至现场查看供电条件,并答复客户供电方案。在装表接电前,供电企业将与客户签订《低压供用电合同》及相关协议。供电企业将在客户受电工程竣工后 2 个工作日为客户装表接电。

（3）在用电业务办理过程中,客户如需了解业务办理进度,可以登录"网上国网"APP 进行查询或咨询客户经理。

（4）根据国家《供电营业规则》规定,产权范围内的部分由客户负责施工,产权范围外的部分由供电企业负责,产权分界点由供电企业与客户在合同中约定。

（六）《供电营业规则》对新装、增容业务的要求

（1）低压 220 V 供电:用户单相用电设备总容量 12 kW 以下的可以采用低压 220 V 供电,但有单台设备容量超过 1 kW 的单相电焊机、换流设备时,用户应当采取有效的技术措施以消除对电能质量的影响,否则应当改为其他方式供电。

（2）低压三相制供电:用户用电设备总容量在 160 kW 以下的,可以采用低压三相制供电,特殊情况也可以采用高压供电。

对于专变供电模式下的低压用户,不能办理单独立户或转供户手续。

客户家中已实现专变电源到户,供电企业和物业公司签订了供用电合同,合同中明确规定了双方的运维范围和产权分界点,如供电企业为客户装表,属于违约行为。

如果客户强烈要求从供电企业装表接电,可建议其去政府部门申请专改公的项目。

供电企业给物业公司的电价完全执行物价部门的规定,且供电企业并未授权物业公司私自加价,也不具备监督此行为的职责。

（七）临时电源供给条件

对基建工地、农田水利、市政建设等非永久性用电,可以供给临时电源。临时用电期限一般不得超过 3 年,如需办理延期的,应当在到期前向供电企业提出申请;逾期不办理延期或永久性正式用电手续的,供电企业应当终止供电。

使用临时电源的用户不得向外转供电,不得私自改变用电类别,供电企业不受理除更名、过户、销户、变更交费方式及联系人信息以外的变更业务。临时用电不得作为正式用电使用,如需改为正式用电,应当按照新装用电办理。

（八）临时用电计量与电费计收

因突发事件需要紧急供电时,供电企业应当迅速组织力量,架设临时电源供电。

架设临时电源所需的工程费用和应付的电费,由地方人民政府有关部门负责拨付。

临时用电的用户,应当安装电能计量装置。对不具备安装条件的,可以按照其用电容量、使用时间、规定的电价计收电费。

二、实践咨询

（一）工作准备

（1）班级学生形成 6～7 人的供电所营业厅班组,各班组自行选出组长。

（2）组长召集组员利用课外时间收集有关低压非居民客户业务办理资料。

（3）分工协作撰写《低压非居民客户新装、增容业务受理报告》，并团队合作进行情境模拟。

（二）操作步骤

（1）营业厅班组情境模拟"低压非居民客户新装、增容业务受理"。

（2）班组成员记录指导老师和其他分析班组对本组汇报进行点评。

（3）负责人组织成员参照意见修改《低压非居民客户新装、增容业务受理报告》。

（4）召开"低压非居民客户新装、增容业务受理"工作总结会议，点评成员在本次任务中的表现。

（5）任务完成后，各班组将修改后的《低压非居民客户新装、增容业务受理报告》文档、工作总结及成员成绩交给指导老师。

【任务实施】

任务描述：××供电所接到工作任务通知，某小型企业××提出要新装或增容用电。

1. 咨询（课外完成）

（1）低压非居民客户新装、增容业务申请受理流程是怎样的？

（2）低压非居民客户新装、增容需提交哪些材料？

2. 决策

（1）岗位划分：

班组＼岗位	班长	报告撰写员	报告撰写员	情境模拟角色	情境模拟角色	资料收集员	资料收集员

（2）编制《低压非居民客户新装、增容业务受理报告》。

①低压非居民客户新装、增容概念、主要内容。

②低压非居民客户新装、增容业务需提交的申请资料。

③低压非居民客户新装、增容业务办理流程。

3. 低压非居民客户新装、增容业务情境模拟

4. 检查及评价

考评项目	自我评估	组长评估	教师评估	备注
团队合作20%				
案例分析报告35%				
情境模拟30%				
安全文明15%				

任务 1.3   高压客户用电业务受理

【教学目标】

知识目标：

(1)掌握高压客户新装或增容业务的基本概念、业务范围；

(2)掌握高压客户用电报装所需资料的种类和要求；

(3)熟悉高压客户新装或增容业务的办理流程。

能力目标：

(1)能够完成高压客户新装或增容用电业务的受理和办理；

(2)能够审核高压客户用电报装的申报资料,确保资料的完整性和合规性；

(3)能够与客户沟通,解释高压新装或增容业务流程和政策。

态度目标：

(1)能主动学习,在完成任务过程中发现问题、分析问题和解决问题；

(2)能与小组成员协商、交流配合完成本次学习任务,养成分工合作的团队意识；

(3)严格遵守安全规范,爱岗敬业、勤奋工作。

【任务描述】

任务内容:××供电所接到工作任务通知,某高压用户××提出要新装用电、增容用电。

(1)班组协作分工,制订工作计划；

(2)班组收集整理高压用户新装、增容用电的具体资料；

(3)班组梳理形成《高压客户新装、增容业务受理报告》；

(4)班组通过 5 min 的角色扮演,练习与客户沟通,完成高压客户用电业务的模拟办理；

(5)班组内部进行客观评价,完成评价表。

【相关知识】

一、理论咨询

(一)高压新装或增容

高压新装或增容,是指客户提出新装用电、增加合同约定用电容量且电压等级为 10(6)kV 及以上的办电需求时,本供电企业为实现客户获得电力所开展的业扩报装业务。相应电压等级的装表临时用电、不增加容量只增设供电回路的业务也属于该业务范围。

（二）高压用户用电报装应提供的资料

（1）用电人有效身份证件（自然人提供有效身份证明，如身份证、军人证、护照、户口簿或公安机关户籍证明；非自然人提供营业执照、组织机构代码证等）。

（2）用电地址的物业权属证明（如不动产权证、土地使用证等）。

（3）用电工程项目批准文件（政府相关部门的项目批复、核准、备案文件等）。

（4）用电设备清单。

备注：①如客户授权从政府数据平台调取证照，无需重复提交。

②如客户资料或资质证件尚在有效期，无需再次提供。

③如委托他人办理需同时提供授权委托书和经办人有效身份证明。

④申请资料不齐时可"一证受理"，客户可在工作人员上门服务时提供所缺资料。

（三）高压新装业务办理流程

办理流程：业务受理→供电方案答复→验收装表送电。

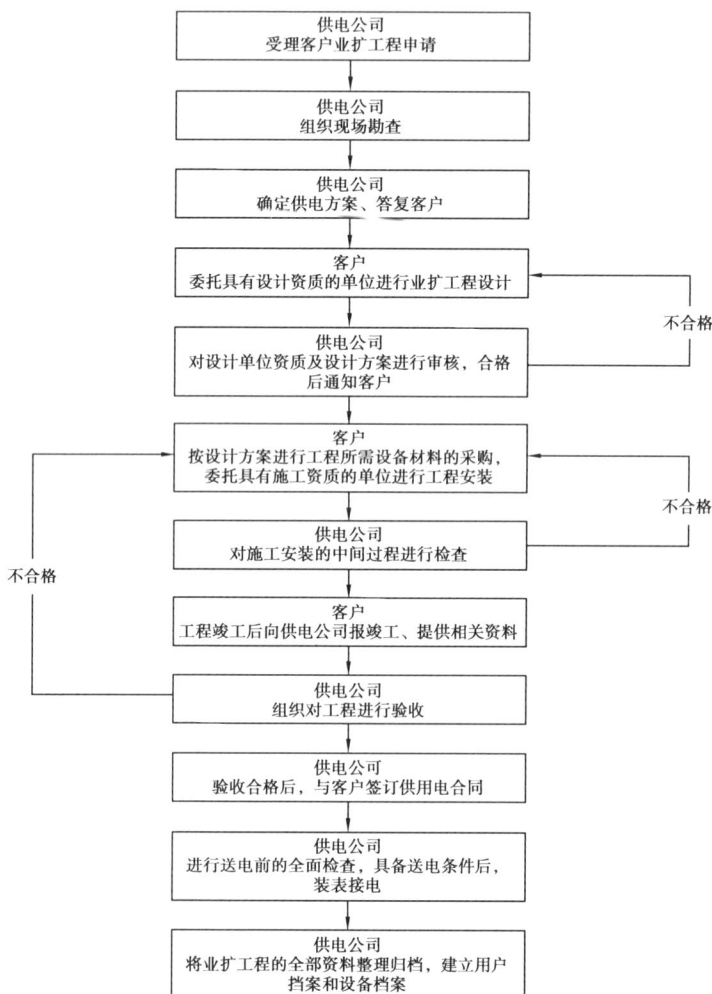

图 1.3.1　系统流程图

（四）高压客户新装、增容业务方案答复

受理申请后，供电企业将安排客户经理与客户约定时间进行现场查勘，尽快确定供电方案，在下列期限内正式书面通知用户：高压单电源用户不超过 10 个工作日，高压双电源用户不超过 20 个工作日。若不能如期确定供电方案时，供电企业应当向用户说明原因。用户对供电企业答复的供电方案有不同意见时，应当在一个月内提出意见，双方可以再行协商确定。用户应当根据确定的供电方案进行受电工程设计。

高压供电方案的有效期为一年。用户应当在有效期内依据供电方案开工建设受电工程，逾期不开工的，供电方案失效。用户遇有特殊情况，需延长供电方案有效期的，应当在有效期到期前十日向供电企业提出申请，供电企业应当视情况予以办理延长手续，但延长时间不得超过前款规定期限。

（五）高压客户新装、增容验收和装表送电

（1）客户在收到供电方案后，自主选择有相应资质的设计和施工单位开展受电工程设计和施工。

（2）客户的受电工程竣工并自验收合格后，客户需及时报验，供电企业将组织验收，单次验收时间不超过 3 个工作日。对验收发现的问题，客户需按《客户受电工程竣工检验意见单》及时整改，整改完成后进行复验，直至验收合格。验收合格后，3 个工作日内为客户装表接电。

（3）如客户属住宅小区、政府主管部门已发文认定的重要客户或由供电企业与客户协商一致后按相关技术规范先行认定的重要电力用户，设计完成后，请提供设计单位资质证明材料、设计文件及说明，供电企业将在 3 个工作日内完成设计审查。在电缆管沟、接地网等隐蔽工程覆盖前，客户需提供施工单位资质证明材料和隐蔽工程施工及试验记录，供电企业将在 2 个工作日内完成中间检查。若客户为普通电力用户，供电企业不组织设计审查和中间检查，客户应当在竣工检验环节合并提交设计单位资质证明材料、受电工程设计及说明书、隐蔽工程施工、试验单位资质证明材料，施工及试验记录，供电企业据此开展竣工检验。

备注：对于重要客户，按照《国家发展改革委、国家能源局关于全面提升"获得电力"服务水平持续优化用电营商环境的意见》（发改能源规〔2020〕1479 号）要求，供电企业将提供设计审查和中间检查服务。在设计完成后，客户需及时提交受电工程设计文件和相关资料，供电企业将在 3 个工作日内完成审核。在电缆管沟、接地网等隐蔽工程覆盖前，客户需及时通知供电企业进行中间检查，供电企业将在 2 个工作日内完成中间检查。

注意事项：任何单位和个人不得直接、间接或变相指定客户受电工程的设计、施工和设备材料供应单位，以保障客户的知情权和自主选择权。具备资质的承装（修、试）单位可登录信用能源网站（http://www.creditenergy.gov.cn/publicity）查询。

（4）在用电业务办理过程中，客户如需了解业务办理进度，可以登录"网上国网"APP 进行查询或咨询客户经理。

（5）根据国家《供电营业规则》规定，产权范围内部分由客户负责施工，产权范围外工程由供电企业负责，产权分界点由供电企业与客户在合同中约定。

（六）客户资料归档

（1）业扩报装资料应按照"一户一档"的原则归档。

（2）归档资料应完整、准确。电子档案和纸质档案信息应一致。

（3）客户营业档案实行集中管理。纸质档案由具体负责客户业扩报装业务的用电营业机构集中存放。

（4）归档后需要修改的，应按规定程序同时对电子档案和纸质档案进行修改。

（5）档案号确定后不得变动，销户的不再使用。

二、实践咨询

（一）工作准备

（1）班级学生形成 6～7 人的供电所营业厅班组，各班组自行选出组长。

（2）组长召集组员利用课外时间收集有关高压客户业务办理资料。

（3）分工协作撰写《高压客户新装、增容业务受理报告》，并团队合作进行情境模拟。

（二）操作步骤

（1）营业厅班组情境模拟"高压客户新装、增容业务受理"。

（2）班组成员记录指导老师和其他分析班组对本组汇报进行点评。

（3）负责人组织成员参照意见修改《高压客户新装、增容业务受理报告》。

（4）召开"高压客户新装、增容业务受理"工作总结会议，点评成员在本次任务中的表现。

（5）任务完成后，各班组将修改后的《高压客户新装、增容业务受理报告》文档、工作总结及成员成绩交给指导老师。

【任务实施】

任务描述：××供电所接到工作任务通知，某高压用户××提出要新装或增容用电。

1. 咨询（课外完成）

（1）高压客户新装、增容业务申请受理流程？

（2）高压客户新装、增容需提交哪些材料？

2. 决策

（1）岗位划分：

岗位 班组	班长	报告撰写员	报告撰写员	情境模拟角色	情境模拟角色	资料收集员	资料收集员

（2）编制《高压客户新装、增容业务受理报告》。

①高压客户新装、增容概念、主要内容。

②高压客户新装、增容业务需提交的申请资料。

③高压客户新装、增容业务办理流程。

3. 高压客户新装、增容业务情境模拟

4. 检查及评价

考评项目	自我评估	组长评估	教师评估	备注
团队合作 20%				
案例分析报告 35%				
情境模拟 30%				
安全文明 15%				

任务 1.4　变更用电的工作内容、工作流程

【教学目标】

知识目标:

(1)理解变更用电的含义,掌握其分类及各种变更类型的定义;

(2)熟悉变更用电业务的办理流程,包括业务受理、方案答复、工程实施等关键步骤;

(3)掌握变更用电业务中涉及的相关规定,包括减容、暂换、迁址等业务的具体要求。

能力目标:

(1)能够独立指导客户完成变更用电业务的申请和办理;

(2)能够根据业务类型,审核客户提供的资料是否齐全、合规;

(3)能够根据业务办理结果,与客户进行有效沟通,确保客户满意并理解业务变更的影响。

态度目标:

(1)能主动学习,在完成任务过程中发现问题、分析问题和解决问题;

(2)能与小组成员协商、交流配合完成本次学习任务,养成分工合作的团队意识;

(3)严格遵守安全规范、爱岗敬业、勤奋工作。

【任务描述】

任务内容:××供电所接到工作任务通知,某客户由于自身经营、生产、建设、生活等变化申请变更用电。

(1)班组协作分工,制订工作计划。

(2)班组收集整理变更用电的具体资料。

（3）班组梳理形成《变更用电业务受理报告》。

（4）班组通过 5 min 的角色扮演,练习与客户沟通,完成高压客户用电业务办理的模拟。

（5）班组内部进行客观评价,完成评价表。

【相关知识】

一、理论咨询

（一）变更用电的含义与分类

1. 含义

变更用电指客户在不增加用电容量和供电回路的情况下,由于自身经营、生产、建设、生活等变化而向供电企业申请,要求改变原《供用电合同》中约定的用电事宜的业务。

2. 分类

用户需变更用电时,应事先提出申请,并携带有关证明文件,到供电企业用电营业场所办理手续,变更供用电合同:

（1）停止部分或全部受电设施用电容量的(简称"减容");

（2）临时更换其他容量变压器的(简称"暂换");

（3）迁移受电设施用电地址的(简称"迁址");

（4）移动电能计量装置安装位置的(简称"移表");

（5）暂时停止全部用电并拆表的(简称"暂拆");

（6）用电地址物权变化引起用电人变更的(简称"过户");

（7）变更用户名称的(简称"更名");

（8）一户分立为两户以上用户的(简称"分户");

（9）两户以上用户合并为一户的(简称"并户");

（10）终止供用电关系的(简称"销户");

（11）改变供电电压等级的(简称"改压");

（12）改变电价类别、用电类别等计价计费信息的(简称"改类");

（13）改变行业分类、交费方式、银行账号、增值税信息、联系人信息等基础档案信息的(简称"其他变更")。

（二）减容业务办理

1. 减容的定义

减容是指用电户正式用电后,由于生产经营情况发生变化,用电户考虑到原用电容量过大,不能全部利用,为了减少(需)量电费支出或节能的需要,向供电企业提出申请减少供用电合同约定的用电容量的一种变更用电事宜。

用户减容分为永久性减容和非永久性减容,须向供电企业提出申请。

2. 减容业务办理流程

业务受理→方案答复→工程实施→封停送电。

（1）减容业务受理需提供的资料。

①用电主体资格证明：自然人需提供有效身份证明（身份证、军人证、外籍人士护照、港澳台居民居住证、户口簿或公安机关户籍证明）；法人或非法人组织需提供主体资格证明（营业执照、事业单位法人证书等）。

②如委托他人办理需同时提供授权委托书和经办人有效身份证明。

备注：①如客户授权从政府数据平台调取证照，无须重复提交；

②如客户资料或资质证件尚在有效期，无须再次提供；

③申请资料不齐时可"一证受理"，客户可在工作人员上门服务时提供所缺资料。

（2）减容业务方案答复。

在受理减容业务后，供电企业将安排工作人员与客户约定现场查勘时间并确定实施方案。

（3）减容业务工程实施。

如客户有受电工程还需配合开展以下工作：

①设计审查。若为高压重要电力用户或居民住宅小区，在受电工程设计完成后须提出设计审查申请，同步提供设计单位资质证明材料、受电工程设计及说明书。

②中间检查。若为高压重要电力用户或居民住宅小区，在受电工程中的隐蔽工程覆盖前须提出中间检查申请，同步提供施工单位资质证明材料和隐蔽工程施工及试验记录。

③竣工检验。在受电工程施工、试验完工后须提出竣工检验申请，同步提供工程竣工报告。对高压非重要电力用户（居民住宅小区除外），设计单位资质证明材料和受电工程设计及说明书、施工单位资质证明材料和隐蔽工程施工及试验记录等可在竣工检验环节合并提供。

（4）减容业务封停送电。

现场具备条件后，供电企业将与客户约定时间开展受电设备的封停/送电工作。

3. 减容办理的规定

（1）高低压用户均可以办理减容业务，自减容之日起，按照减容后的容量执行相应电价政策；高压供电的用户，减容应当是整台或整组变压器（含不通过受电变压器的高压电动机）的停止或更换小容量变压器用电，根据用户申请的减容日期，对非永久性减容的用户设备进行加封，对永久性减容的用户受电设备拆除电气连接。

（2）申请非永久性减容的，减容次数不受限制，每次减容时长不得少于 15 日，最长不得超过两年；两年内恢复的按照减容恢复办理，超过两年的应当按照新装或增容办理。

（3）用户申请恢复用电时，容（需）量电费从减容恢复之日起按照恢复后的容（需）量计收；实际减容时长少于 15 日的，停用期间容（需）量电费正常收取；非永久性减容期满后用户未申请恢复的，供电企业可以延长减容期限，但距用户申请非永久性减容时间最多不超过两年，超过两年仍未申请恢复的，按照永久性减容办理。

（4）申请永久性减容的，应当按照减容后的容量重新签订供用电合同；永久性减少全部用电容量的，按照销户办理；办理永久性减容后需恢复用电容量的，按照新装或增容业务办理。

4. 减容业务的注意事项

如涉及特殊情况办理,将另行以缺件告知书的形式向客户补充告知。

法人或非法人组织所提供的证件需原件或复印件加盖公章。

任何单位和个人无权直接、间接或变相指定客户受电工程的设计、施工和设备材料供应单位。客户可登录全国建筑市场监管公共平台及信用能源网站查询具备资质的设计、承装(修、试)单位。

(三)暂换业务办理

1. 暂换业务的定义

因受电变压器故障而无相同容量变压器替代,需要临时更换其他容量变压器,即为替换业务。

2. 暂换业务办理流程

业务受理→方案答复→工程实施→送电。

(1)暂换业务受理需提供的资料。

①用电主体资格证明:自然人需提供有效身份证明(身份证、军人证、外籍人士护照、港澳台居民居住证、户口簿或公安机关户籍证明);法人或非法人组织需提供主体资格证明(营业执照、事业单位法人证书等)。

②如委托他人办理需同时提供授权委托书和经办人有效身份证明。

备注:①如客户授权从政府数据平台调取证照,无须重复提交;

②如客户资料或资质证件尚在有效期,无须再次提供;

③申请资料不齐时可"一证受理",客户可在工作人员上门服务时提供所缺资料。

(2)暂换业务方案答复。

在受理暂换业务后,供电企业将安排工作人员与客户约定现场查勘时间并确定实施方案。

(3)暂换业务工程实施。

如客户有受电工程还需配合开展以下工作:

①设计审查。若为高压重要电力用户或居民住宅小区,在受电工程设计完成后须提出设计审查申请,同步提供设计单位资质证明材料、受电工程设计及说明书。

②中间检查。若为高压重要电力用户或居民住宅小区,在受电工程中的隐蔽工程覆盖前须提出中间检查申请,同步提供施工单位资质证明材料和隐蔽工程施工及试验记录。

③竣工检验。在受电工程施工、试验完工后须提出竣工检验申请,同步提供工程竣工报告。对高压非重要电力用户(居民住宅小区除外),设计单位资质证明材料和受电工程设计及说明书、施工单位资质证明材料和隐蔽工程施工及试验记录等可在竣工检验环节合并提供。

(4)暂换业务送电。

现场具备条件后,供电企业将与客户约定时间开展受电设备的送电工作。

3. 暂换办理的规定

(1)应当在原受电地点内暂换整台受电变压器。

(2)暂换变压器的使用时间,10(6.20)kV 以下的不得超过 2 个月,35 kV 以上的不得超过 3 个月,逾期不办理手续的,供电企业可以中止供电。

(3)暂换和暂换恢复的变压器经检验合格后才能投入运行。

(4)两部制电价用户须在暂换之日起,按照替换后的变压器容量计收容(需)量电费。

4. 暂换业务办理的注意事项

如涉及特殊情况办理,将另行以缺件告知书的形式向客户补充告知。

法人或非法人组织所提供的证件需原件或复印件加盖公章。

任何单位和个人无权直接、间接或变相指定客户受电工程的设计、施工和设备材料供应单位。客户可登录全国建筑市场监管公共平台及信用能源网站查询具备资质的设计、承装(修、试)单位。

(四)迁址业务办理

1. 迁址业务的定义

用户迁移受电设施用电地址即为迁址业务。

2. 迁址业务办理流程

业务受理→方案答复→工程实施→装表接电。

(1)迁址业务受理需提供的资料。

①用电主体资格证明:自然人需提供有效身份证明(身份证、军人证、外籍人士护照、港澳台居民居住证、户口簿或公安机关户籍证明);法人或非法人组织需提供主体资格证明(营业执照、事业单位法人证书等)。

②新址物权证件:包括不动产权证、工程建设规划许可证、土地承包经营权证、土地使用证、土地使用权出让合同、已正式备案的购房合同、乡镇及以上政府主管部门出具的证明材料等,租赁用户还需提供租赁协议。

③如委托他人办理需同时提供授权委托书和经办人有效身份证明。

备注:a. 如客户授权从政府数据平台调取证照,无须重复提交;

b. 如客户资料或资质证件尚在有效期,无须再次提供;

c. 申请资料不齐时可"一证受理",客户可在工作人员上门服务时提供所缺资料。

(2)迁址业务方案答复。

在受理迁址业务后,供电企业将安排工作人员与客户约定现场查勘时间并确定实施方案。

(3)迁址业务工程实施。

如客户有受电工程还需配合开展以下工作:

①设计审查。若为高压重要电力用户或居民住宅小区,在受电工程设计完成后须提出设计审查申请,同步提设计单位资质证明材料、受电工程设计及说明书。

②中间检查。若为高压重要电力用户或居民住宅小区,在受电工程中的隐蔽工程覆盖

前须提出中间检查申请,同步提供施工单位资质证明材料和隐蔽工程施工及试验记录。

③竣工检验。在受电工程施工、试验完工后须提出竣工检验申请,同步提供工程竣工报告。对高压非重要电力用户(居民住宅小区除外),设计单位资质证明材料和受电工程设计及说明书、施工单位资质证明材料和隐蔽工程施工及试验记录等可在竣工检验环节合并提供。

(4)迁址业务装表接电。

现场具备条件后,供电企业将与客户约定时间开展装表接电工作。

3. 迁址的规定

(1)原址按照终止用电办理,供电企业予以销户。新址用电优先受理。

(2)迁移后的新址不在原供电点供电的,新址用电按照新装用电办理。

(3)迁移后的新址仍在原供电点,但新址用电容量超过原址用电容量的,超过部分按照增容办理;新址用电引起的用户产权范围内工程费用由用户负担。

(4)私自迁移用电地址用电的,除按照本规则第101条第4项处理外,自迁新址不论是否引起供电点变动,一律按照新装用电办理。

4. 迁址业务办理的注意事项

如涉及特殊情况办理,将另行以缺件告知书的形式向客户补充告知。

法人或非法人组织所提供的证件需原件或复印件加盖公章。

任何单位和个人无权直接、间接或变相指定客户受电工程的设计、施工和设备材料供应单位。客户可登录全国建筑市场监管公共平台及信用能源网站查询具备资质的设计、承装(修、试)单位。

(五)移表业务办理

1. 移表业务的定义

因修缮房屋或其他原因需要移动电能计量装置安装位置即为移表业务。

2. 移表业务办理流程

业务受理→方案答复→工程实施→装表接电。

(1)移表业务受理需提供的资料。

①用电主体资格证明:自然人需提供有效身份证明(身份证、军人证、外籍人士护照、港澳台居民居住证、户口簿或公安机关户籍证明);法人或非法人组织需提供主体资格证明(营业执照、事业单位法人证书等)。

②如委托他人办理需同时提供授权委托书和经办人有效身份证明。

备注:a. 如客户授权从政府数据平台调取证照,无须重复提交;

b. 如客户资料或资质证件尚在有效期,无须再次提供;

c. 申请资料不齐时可"一证受理",客户可在工作人员上门服务时提供所缺资料。

(2)移表业务方案答复。

在受理移表业务后,供电企业将安排工作人员与客户约定现场查勘时间并确定实施方案。

（3）移表业务工程实施。

在受电工程施工、试验完工后须提出竣工检验申请,同步提供工程竣工报告。

（4）移表业务装表接电。

现场具备条件后,供电企业将与客户约定时间开展装表接电工作。

3. 移表业务的规定

（1）在用电地址、用电容量、用电类别、供电点等不变情况下,可以办理移表手续。

（2）移表所需的用户产权范围内工程费用由用户负担。

（3）用户不论何种原因,不得自行移动表位,否则,可以按照《供电营业规则》第101条第4款处理。

4. 移表注意事项

如涉及特殊情况办理,将另行以缺件告知书的形式向客户补充告知。

法人或非法人组织所提供的证件需原件或复印件加盖公章。

任何单位和个人无权直接、间接或变相指定客户受电工程的设计、施工和设备材料供应单位。客户可登录全国建筑市场监管公共平台及信用能源网站查询具备资质的设计、承装（修、试）单位。

（六）暂拆业务办理

1. 暂拆业务的定义

因修缮房屋等原因需要暂时停止用电并拆表。

2. 暂拆业务办理流程

业务受理→封停。

（1）暂拆业务受理需提供的资料。

①用电主体资格证明:自然人需提供有效身份证明（身份证、军人证、外籍人士护照、港澳台居民居住证、户口簿或公安机关户籍证明）;法人或非法人组织需提供主体资格证明（营业执照、事业单位法人证书等）。

②如委托他人办理需同时提供授权委托书和经办人有效身份证明。

备注:a. 如客户授权从政府数据平台调取证照,无须重复提交;

b. 如客户资料或资质证件尚在有效期,无须再次提供;

c. 申请资料不齐时可"一证受理",客户可在工作人员上门服务时提供所缺资料。

（2）封停。

在受理暂拆业务后,供电企业将安排工作人员与客户约定现场勘查。现场具备条件后,供电企业将与客户约定时间开展封停工作。

3. 暂拆业务的规定

（1）用户暂拆应当停止全部用电容量的使用并与供电企业结清电费。

（2）用户办理暂拆手续后,供电企业应当在5个工作日内执行暂拆。

（3）暂拆时间最长不得超过一年;暂拆期间,供电企业保留该用户原容量的使用权。

（4）暂拆原因消除,用户要求复装接电时,须向供电企业办理复装接电手续;上述手续完成后,供电企业应当在 5 个工作日内为该用户复装接电。

(5)超过暂拆规定时间要求复装接电的,按照新装办理。

4.暂拆注意事项

如涉及特殊情况办理,将另行以缺件告知书的形式向客户补充告知。

法人或非法人组织所提供的证件需原件或复印件加盖公章。

任何单位和个人无权直接、间接或变相指定客户受电工程的设计、施工和设备材料供应单位。客户可登录全国建筑市场监管公共平台、信用能源网站查询具备资质的设计、承装(修、试)单位。

(七)过户业务办理

1.过户业务的定义

用电地址物权变化引起用电人变更的即为过户。

2.过户业务办理流程

业务受理→合同变更→电费清算。

(1)过户业务受理需提供的资料。

①用电主体资格证明:自然人需提供有效身份证明(身份证、军人证、外籍人士护照、港澳台居民居住证、户口簿或公安机关户籍证明);法人或非法人组织需提供主体资格证明(营业执照、事业单位法人证书等)。

②用电地址物权证件:包括不动产权证、工程建设规划许可证、土地承包经营权证、土地使用证、土地使用出让合同、已正式备案的购房合同、乡镇及以上政府主管部门出具的证明材料等,租赁用户还需提供租赁协议。

③如委托他人办理需同时提供授权委托书和经办人有效身份证明。

备注:a.如客户授权从政府数据平台调取证照,无须重复提交;

b.如客户资料或资质证件尚在有效期,无须再次提供;

c.申请资料不齐时可"一证受理",客户可在工作人员上门服务时提供所缺资料。

(2)过户的合同变更。

在受理过户申请后,供电企业将安排工作人员与客户签订供用电合同,过户后若需供电代理购电,还需签订代理购电协议。

(3)过户的电费清算。

供电企业将为客户抄录电能表止码或换表。原用户应当与供电企业结清债务,才能解除原供用电关系。

3.过户业务的规定

(1)在用电地址、用电容量不变的条件下,可以办理过户。

(2)原用户应当与供电企业结清债务,才能解除原供用电关系。

(3)不申请办理过户手续而私自过户的,新用户应当承担原用户所负债务;供电企业发现用户私自过户时,供电企业应当通知该户补办手续,必要时可以中止供电。

4.过户注意事项

(1)居民用户申请过户。新、旧用电代表人须持双方签章、身份证或户口簿到供电企业填写"用户用电申请书",结清电费后,方可办理过户手续。

(2)非居民用电和各类用户办理过户。新、旧用户必须出具必要的函件,向供电企业申请办理过户,并在"用户用电过户申请书"上另盖新、旧用户单位公章,同时,供电企业应派专员赴现场核实,用电户提供营业执照及有关文件,确认用电性质,并应正确处理以下问题:

①用电类别是否有变化,是否改变电价类别。

②用电容量是否有变化,如果用电设备容量超过合同容量应按私增处理。

③核对电能表表位、表号及倍率。

④双电源供电户应先由用电检查人员审查新户供双电源的必要性,以确定是否保留其双电源供电。

⑤对实行照明、动力分算但未分表计量的用户,应核查其照明用电容量,合理调整原定照明、动力比例。

⑥供电企业应与新用户协商、重新签订供用电合同。

⑦过户完成后,原户号已失效,之前在支付宝、微信、银行等渠道办理的电费代扣业务均已失效,不再进行电费代扣。过户完成后生成新的用户号,客户可使用新用电户号查交电费或办理业务。

5.不申请办理过户手续而私自过户者的情况

(1)新用户应承担原用户所负债务。

(2)经供电企业检查发现用户私自过户时,供电企业应通知该户补办手续,必要时可中止供电。

(八)更名业务办理

1.更名业务的定义

原用电户不变而仅依法变更企业、单位名称的,称更名。用户更名,应当向供电企业提出申请。在用户用电主体、用电地址、用电容量、用电类别不变条件下,供电企业应当办理更名业务。

2.更名业务办理流程

业务受理→合同变更→业务办结。

(1)更名业务受理需提供的资料。

①用电主体资格证明:自然人需提供有效身份证明(身份证、军人证、外籍人士护照、港澳台居民居住证、户口簿或公安机关户籍证明);法人或非法人组织需提供主体资格证明(营业执照、事业单位法人证书等)。

②如委托他人办理须同时提供授权委托书和经办人有效身份证明。

备注:a.如客户授权从政府数据平台调取证照,无须重复提交;

b.如客户资料或资质证件尚在有效期,无须再次提供。

（2）更名的合同变更。

在受理更名业务申请后，供电企业将安排工作人员与客户重新签订供用电合同及其他协议。

（3）更名的业务办理。

受理客户的业务申请后，工作人员将为客户办理户名变更。

3.更名业务办理规定

①在用电主体、用电地址、用电容量、用电类别不变条件下，可办理更名。

②更名一般只针对同一法人或自然人名称的变更，需要用电人与供电人双方确认。

③直接参与电力市场交易的客户，更名后应在电力交易平台同步办理注册信息变更手续。

④如涉及特殊情况办理，将另行以缺件告知书的形式向用户补充告知。

⑤法人或非法人组织所提供的证件需原件或复印件加盖公章。

4.更名与过户的区别

原用电户迁出，新用电户迁入，改变了用电单位或用电代表人的，称过户。原用电户不变为改变名称的，称更名。

（九）销户业务办理

1.销户业务的定义

终止供用电关系的简称销户。

2.销户业务办理流程

业务受理→方案答复→电费清算。

（1）销户业务受理须提供的资料。

①用电主体资格证明：自然人须提供有效身份证明（身份证、军人证、外籍人士护照、港澳台居民居住证、户口簿或公安机关户籍证明）；法人或非法人组织须提供主体资格证明（营业执照、事业单位法人证书等）。

②如委托他人办理须同时提供授权委托书和经办人有效身份证明。

备注：a.如客户授权从政府数据平台调取证照，无须重复提交；

b.如客户资料或资质证件尚在有效期，无须再次提供；

c.申请资料不齐时可"一证受理"，客户可在工作人员上门服务时提供所缺资料；

d.若需办理电费银行转账退房时，还须提供收款银行账户、凭证等相关信息。（含收款人名称、开户银行、银行账号、联行号等）

（2）销户的方案答复。

在受理销户业务申请后，供电企业将安排工作人员与客户预约时间到现场进行停电并拆除计量装置，抄录电能表示数，需要客户予以配合。

3.销户的电费清算

电能表销户后，如有产生底度电费，请客户在接到电费清算通知后及时结清底度电费。

①在办理高压销户手续时，应在获得停电许可的情况下，委托有资质的施工单位拆尽所

有与外部供电设备连接的客户产权电气设备。

②客户申请销户前,应保证现场确实已不需用电,且停止全部用电容量的使用,如在销户过程中发现现场有计量装置故障、违约用电窃电等异常情况的需按相应流程处理结束后方可销户。

③完成拆表销户并结清所有电费后,仍有预收电费余额时,可选择"退费""预收互转(即余额结转)"两种方式办理,实际退费余额以电费清算结果为准。

4.下述事项、程序全部办理完毕后,方视为解除供用电关系

①销户应当停止全部用电容量的使用;

②供用电双方结清电费;

③查验用电计量装置完好性后,拆除进线电源和用电计量装置。

5.其他注意事项

①如客户办理过电费代扣、集团户等业务,请及时取消。如客户原参与市场化交易,请及时办理退市或用电单元删除。

②因用户之间存在用电纠纷导致业务办理过程受阻的,供电企业将暂缓客户的申请流程,请客户妥善处理后再行申请办理销户业务。

③如涉及特殊情况办理,将另行以缺件告知书的形式向客户补充告知。

④法人或非法人组织所提供的证件需原件或复印件加盖公章。

备注:用户连续 6 个月不用电,且经现场确认不具备继续用电条件或存在安全用电隐患的,供电企业应当向用户进行告知或公告一个月后予以销户。用户需再用电时,按照新装用电办理。

(十)分户业务办理

1.分户业务的定义

一户分立为两户以上用户的,简称分户。

2.分户业务办理流程

业务受理→方案答复→工程实施→装表接电。

(1)分户业务受理需提供的资料。

①分立后双(多)方用电主体资格证明:自然人须提供有效身份证明(身份证、军人证、外籍人士护照、港澳台居民居住证等);法人或非法人组织须提供主体资格证明(营业执照、事业单位法人证书等)。

②分立后双(多)方用电地址物权证件:不动产权证、工程建设规划许可证、土地承包经营权证、土地使用权证、土地使用权出让合同、已正式备案的购房合同等,租赁用户还需提供租赁协议。

③高压用户需提供项目批准文件。

④如委托他人办理需同时提供授权委托书和经办人有效身份证明。

备注:①如客户授权从政府数据平台调取证照,无须重复提交;

②如客户资料或资质证件尚在有效期,无须再次提供;

③申请资料不齐时可"一证受理",客户可在工作人员上门服务时提供所缺资料。

（2）分户业务的方案答复。

在受理客户的业务申请后,供电企业将安排工作人员与客户约定现场勘查时间并确定实施方案。

（3）分户业务的工程实施。

如客户有受电工程还需配合开展以下工作:

①设计审查。若为高压重要电力用户或居民住宅小区,在受电工程设计完成后须提出设计审查申请,同步提供设计单位资质证明材料,受电工程设计及说明书。

②中间检查。若为高压重要电力用户或居民住宅小区,在受电工程中的隐蔽工程覆盖前须提出中间检查申请,同步提供施工单位资质证明材料和隐蔽工程加工及试验记录。

③竣工检验。在受电工程施工,试验完工后须提出竣工检验申请,同步提供工程竣工报告。对高压非重要电力用户(居民住宅小区除外),设计单位资质证明材料和受电工程设计及说明书、施工单位资质证明材料和隐蔽工程施工及试验记录等可在竣工检验环节合并提供。

（4）分户业务的装表接电。

现场具备装表条件后,供电企业将与客户约定时间开展装表接电工作。

3.分户业务办理的规定

（1）在用电地址、供电点、用电容量不变且其受电装置具备分装的条件时,可以办理分户。

（2）分立后的用户按照地址均应当具有独立的不动产权属。

（3）在原用户与供电企业结清债务的情况下,再办理分户手续。

（4）分立后的新用户应当与供电企业重新建立供用电关系。

（5）原用户的用电容量由分户者自行协商分割,需要增容的,分户后另行向供电企业办理增容手续。

（6）分户引起的用户产权范围内工程费用由分户者负担。

（7）分户后受电装置应当经供电企业检验合格,由供电企业分别装表计费。

（8）原户、分立新户用电性质发生变化的,应按国家政策重新确定用户行业分类、用电类别、电价类别等基础信息。

（9）原户与分立的新户均应与供电企业签订供用电合同及其他协议。

（10）若客户为电力市场交易用户应在电力交易平台同步办理注册信息变更手续。

4.分户业务办理的注意事项

（1）单一制/两部制电价执行规则告知。

①工商业用户办理业务后运行容量在100 kVA及以下的,执行单一制电价;100 kVA至315 kVA之间的,可选择执行单一制或两部制电价;315 kVA及以上的,执行两部制电价。

②执行两部制电价的用户,请同步确认容(需)量电费计费方式。选择执行需量电价计费方式的两部制用户,每月每千伏安用电量达到260 kWh及以上的,当月需量电价按核定标

准的90%执行。每月每千伏安用电量为用户所属全部计量点当月总用电量除以用户合同变压器容量。定价策略变更办结后,下一个结算周期生效。

（2）工商业用电客户进入电力市场告知。

①10 kV 及以上工商业用户(含独立新型储能电站)原则上全部直接参与市场交易。

②工商业用户直接参与电力市场交易前,暂由电网企业代理购电,需与我公司签订代理购电相关合同。工商业用户可在电力交易平台办理注册手续,选择成为批发用户或者零售用户。批发用户在注册生效后的次月可参与电力市场交易;零售用户通过零售商城服务平台(电力交易平台和"e-交易"APP)与售电公司签约生效后,次月起由售电公司代理参与电力市场交易。

（3）如涉及特殊情况办理,将另行以缺件告知书的形式向客户补充告知。

（4）法人或非法人组织所提供的证件需原件或复印件加盖公章。

（5）任何单位和个人无权直接、间接或变相指定客户受电工程的设计、施工和设备材料供应单位。客户可登录全国建筑市场监管公共平台及信用能源网站查询具备资质的设计、承装(修、试)单位。

（十一）并户业务办理

1. 并户业务的定义

两户以上用户合并为一户的,简称并户。

2. 并户业务办理流程

业务受理→方案答复→工程实施→装表接电。

（1）并户业务受理需提供的资料。

①并户各方用电主体资格证明:自然人需提供有效身份证明(身份证、军人证、外籍人士护照、港澳台居民居住证等);法人或非法人组织需提供主体资格证明(营业执照、事业单位法人证书等)。

②用电地址物权证件:包括不动产权证、工程建设规划许可证、土地承包经营权证、土地使用权证、土地使用权出让合同、已正式备案的购房合同、乡镇及以上政府主管部门出具的证明材料等,租赁用户还需提供租赁协议。

③高压用户需提供项目批准文件。

④如委托他人办理需同时提供授权委托书和经办人有效身份证明。

备注:a. 如客户授权从政府数据平台调取证照,无须重复提交;

b. 如客户资料或资质证件尚在有效期,无须再次提供;

c. 申请资料不齐时可"一证受理",客户可在工作人员上门服务时提供所缺资料。

（2）并户业务的方案答复。

在受理业务申请后,供电企业将安排工作人员与客户约定现场勘查时间并确定实施方案。

（3）并户业务的工程实施。

如客户有受电工程还需配合开展以下工作：

①设计审查。若为高压重要电力用户或居民住宅小区，在受电工程设计完成后须提出设计审查申请，同步提供设计单位资质证明材料、受电工程设计及说明书。

②中间检查。若为高压重要电力用户或居民住宅小区，在受电工程中的隐蔽工程覆盖前须提出中间检查申请，同步提供施工单位资质证明材料和隐蔽工程施工及试验记录。

③竣工检验。在受电工程施工、试验完工后须提出竣工检验申请，同步提供工程竣工报告。对高压非重要电力用户（居民住宅小区除外），设计单位资质证明材料和受电工程设计及说明书、施工单位资质证明材料和隐蔽工程施工及试验记录等可在竣工检验环节合并提供。

（4）并户业务的装表接电。

现场具备条件后，供电企业将与客户约定时间开展装表接电工作。

3.并户业务办理的规定

①在同一供电点、同一用电地址的相邻两个以上用户允许办理并户。

②原用户应当在并户前与供电企业结清债务。

③新用户用电容量不得超过并户前各户容量之和。

④并户引起的用户产权范围内工程费用由并户者负担。

⑤并户受电装置应当经供电企业检验合格，由供电企业重新装表计费。

⑥新户用电性质发生变化的，会按国家政策重新确定行业分类、用电类别、电价类别等基础信息。

⑦若客户为电力市场交易用户，原户应在电力交易平台同步办理注册信息变更手续，并及时在电力交易平台将交易合同履行完毕或转让并处理好相关事宜。

⑧供电企业会与原户解除、新户签订供用电合同及其他协议。

4.并户业务办理的注意事项

（1）单一制/两部制电价执行规则告知。

①工商业用户办理业务后运行容量在100 kVA及以下的，执行单一制电价；100 kVA以上至315 kVA之间的，可选择执行单一制或两部制电价；315 kVA及以上的，执行两部制电价。

②执行两部制电价的用户，请同步确认容（需）量电费计费方式。选择执行需量电价计费方式的两部制用户，每月每千伏安用电量达到260 kWA及以上的，当月需量电价按核定标准的90%执行。每月每千伏安用电量为用户所属全部计量点当月总用电量除以用户合同变压器容量。定价策略变更办结后，下一个结算周期生效。

（2）工商业用电客户进入电力市场告知。

①10 kV及以上工商业用户（含独立新型储能电站）原则上全部直接参与市场交易。

②工商业用户直接参与电力市场交易前，暂由电网企业代理购电，需与售电公司签订代理购电相关合同。工商业用户可在电力交易平台办理注册手续，选择成为批发用户或者零

售用户。批发用户在注册生效后的次月可参与电力市场交易;零售用户通过零售商城服务平台(电力交易平台和"e-交易"APP)与售电公司签约生效后,次月起由售电公司代理参与电力市场交易。

③如涉及特殊情况办理,将另行以缺件告知书的形式向客户补充告知。

④法人或非法人组织所提供的证件需原件或复印件加盖公章。

⑤任何单位和个人无权直接、间接或变相指定客户受电工程的设计、施工和设备材料供应单位。客户可登录全国建筑市场监督公共平台及信用能源网站查询具备资质的设计、承装(修、试)单位。

(十二)改压业务办理

1. 改压业务的定义

因用户原因需要在原址改变供电电压等级的,简称改压。

2. 改压业务办理流程

业务受理→方案答复→工程实施→装表接电。

(1)改压业务受理需提供的资料。

①用电主体资格证明:自然人需提供有效身份证明(身份证、军人证、外籍人士护照、港澳台居民居住证等);法人或非法人组织需提供主体资格证明(营业执照、事业单位法人证书等)。

②用电地址物权证件:包括不动产权证、工程建设规划许可证、土地承包经营权证、土地使用权证、土地使用权出让合同、已正式备案的购房合同、乡镇及以上政府主管部门出具的证明材料等,租赁用户还需提供租赁协议。

③如委托他人办理需同时提供授权委托书和经办人有效身份证明。

备注:a.如客户授权从政府数据平台调取证照,无须重复提交;

b.如客户资料或资质证件尚在有效期,无须再次提供;

c.申请资料不齐时可"一证受理",客户可在工作人员上门服务时提供所缺资料。

(2)改压业务的方案答复。

在受理业务申请后,供电企业将安排工作人员与客户约定现场勘查时间并确定实施方案。

(3)改压业务的工程实施。

如客户有受电工程还需配合开展以下工作:

①设计审查。若为高压重要电力用户或居民住宅小区,在受电工程设计完成后须提出设计审查申请,同步提供设计单位资质证明材料、受电工程设计及说明书。

②中间检查。若为高压重要电力用户或居民住宅小区,在受电工程中的隐蔽工程覆盖前须提出中间检查申请,同步请提供施工单位资质证明材料和隐蔽工程施工及试验记录。

③竣工检验。在受电工程施工、试验完成后须提出竣工检验申请,同步提供工程竣工报告。对高压非重要电力用户(居民住宅小区除外),设计单位资质证明材料和受电工程设计及说明书、施工单位资质证明材料和隐蔽工程施工及试验记录等可在竣工检验环节合并

提供。

（4）改压业务的装表接电

现场具备条件后，供电企业将与客户约定时间开展装表接电工作。

3. 改压业务办理的规定

（1）因需求发生变化等原因需要改变供电电压等级的可办理改压业务。

（2）改变电压等级后用电容量不应超过原用电容量，超出原用电用量的，超出部分按增容办理。

（3）改压后按新的电压等级执行相应电价政策。

（4）改压引起的供用电资产分界点用户侧工程费用由客户负担。

（5）改压应重新与供电企业签订供用电合同及其他协议。

4. 改压业务办理的注意事项

（1）如涉及特殊情况办理，将另行以缺件告知书的形式向客户补充告知。

（2）法人或非法人组织所提供的证件需原件或复印件加盖公章。

（3）任何单位和个人无权直接、间接或变相指定客户受电工程的设计、施工和设备材料供应单位。客户可登录全国建筑市场监督公共平台及信用能源网站查询具备资质的设计、承装（修、试）单位。

（十三）改类业务办理

1. 改类业务的定义

改变电价类别、用电类别等计价计费信息的，简称改类。

2. 改类业务办理流程

业务受理→业务归档。

（1）改类业务受理需提供的资料。

①用电主体资格证明：自然人需提供有效身份证明（身份证、军人证、外籍人士护照、港澳台居民居住证等）；法人或非法人组织需提供主体资格证明（营业执照、事业单位法人证书等）。

②若客户办理阶梯基数变更用电业务，还需提供户口本、居住证等有效证明及用电地址权属证件。

③若客户办理用电补助维护业务，还需提供属地政府提供的发放对象清单。

④如委托他人办理需同时提供授权委托书和经办人有效身份证明。

备注：a. 如客户授权从政府数据平台调取证照，无须重复提交；

b. 如客户资料或资质证件尚在有效期，无须再次提供；

c. 申请资料不齐时可"一证受理"，客户可在工作人员上门服务时提供所缺资料。

（2）改类业务归档。

在受理业务后，供电企业将根据客户的需求进行变更工作。期间如需开展方案答复、计量装拆等工作，工作人员会将约定现场服务时间，完成后进行变更工作。

3.改类业务办理的规定

(1)在同一受电设施内,因电力用途发生变化而引起电价类别、用电类别变化的,应当办理改类手续。

(2)用户根据国家电价政策的规定,申请两部制电价、分时电价、阶梯电价等电价变更的,应当办理改类手续。

(3)擅自改变用电类别的,按照国家《供电营业规则》第101条第1项处理。

4.改类业务办理的注意事项

(1)用电类别变更。若客户的用电用途发生变化应变更电价类别、用电类别,须重签供用电合同及其他协议,如客户为电力市场交易用户,在用电类别变更后无法继续直接参与市场交易的,应在业务办理前将市场化交易合同履行完毕或转让并处理好相关事宜。

(2)容(需)量电价计费方式变更。若客户为执行两部制电价用户,可变更容(需)量电价计费方式,包括按容量计费、按合同最大需量计费、按实际最大需量计费。应提前15个工作日申请,最小变更周期为3个月,可选择生效月份。

(3)需量值变更。若客户为执行两部制电价选择合同最大需量计费方式的用户,可申请变更下一个月(抄表周期)的合同最大需量核定值。

(4)定价策略变更。若客户的用电容量大于100 kVA、小于315 kVA的,可选择变更执行单一制或两部制电价,变更周期按国家政策执行;运行容量在315 kVA及以上执行单一制电价的存量工商业用户,选择变更执行两部制电价后,不允许改回单一制电价。

(5)阶梯基数变更。满足属地一户多人口电价政策的居民用户可办理改类业务。业务办理以住宅为单位,一个产权证对应的住宅为一户(没有房产证的以电能表为单位),户内人口数量以产权证(电能表)地址对应的户口本、居住证等有效证明为准。

(6)用电补助维护。若客户是列入属地享受免费电量电费补贴政策的用户,可申请办理该业务,具体发放对象、发放标准、发放流程应按属地相关政策执行。

(7)峰谷电标志周期变更。满足分时电价政策的用户可以办理业务,分时变更周期按属地相关政策执行。

(8)如涉及特殊情况办理,将另行以缺件告知书的形式向客户补充告知。

(9)法人或非法人组织所提供的证件需原件或复印件加盖公章。

(十四)其他变更业务办理

1.其他变更业务的定义

改变行业分类、交费方式、银行账号、增值税信息、联系人信息等基础档案信息的,简称其他变更。

2.其他变更业务办理流程

业务受理→信息变更。

(1)其他变更业务受理需提供的资料。

①用电主体资格证明:自然人需提供有效身份证明(身份证、军人证、外籍人士护照、港澳台居民居住证等);法人或非法人组织需提供主体资格证明(营业执照、事业单位法人证

书等)。

②如委托他人办理需同时提供授权委托书和经办人有效身份证明。

备注:a.如客户授权从政府数据平台调取证照,无须重复提交;

b.如客户资料或资质证件尚在有效期,无须再次提供;

c.申请资料不齐时可"一证受理",客户可在工作人员上门服务时提供所缺资料。

(2)其他变更业务信息变更。

在受理客户的业务申请后,供电企业将根据客户的需求完成相应的信息变更。

3.其他变更业务办理的注意事项

(1)基础信息变更。在用户基础信息与实际情况不符或存在缺失时,可对行业类别、交费方式、用电地名(地理位置不变)、联系人信息进行信息维护。

(2)电费结算协议变更。变更支付方式、结算方式、付款账户,结合用户类型、用能特性、风险等级,选择对应的协议版本,完成支付方式、结算方式等基本策略配置,电费结算协议变更需重新签订电费结算协议。

(3)增值税信息变更。用户可增加或修改增值税信息,同时需提供增值税发票类型、统一社会信用代码、开户银行、注册地址、银行账号、联系电话等信息。

(4)如涉及特殊情况办理,将另行以缺件告知书的形式向客户补充告知。

(5)法人或非法人组织所提供的证件需原件或复印件加盖公章。

二、实践咨询

(一)工作准备

(1)班级学生形成6~7人的供电所营业厅班组,各班组自行选出组长。

(2)组长召集组员利用课外时间收集有关变更用电业务办理资料。

(3)分工协作撰写《变更用电的工作内容、工作流程》,并团队合作进行情景模拟。

(二)操作步骤

(1)营业厅班组情景模拟"变更用电业务受理"。

(2)班组成员记录指导老师和其他分析班组对本组汇报的点评。

(3)负责人组织成员参照意见修改《变更用电的工作内容、工作流程》。

(4)召开"变更用电业务受理"工作总结会议,点评成员在完成本次任务中的表现。

(5)任务完成,各班组将修改后的《变更用电的工作内容、工作流程报告》文档、工作总结及成员成绩交给指导老师。

【任务实施】

任务描述:××供电所接到工作任务通知,某客户由于自身经营、生产、建设、生活等变化申请变更用电。

1.咨询(课外完成)

(1)变更用电的含义与分类是什么?

（2）不同的变更用电类型办理流程分别是什么？

2. 决策

（1）岗位划分：

岗位 班组	班长	报告 撰写员	报告 撰写员	情境模 拟角色	情境模 拟角色	资料 收集员	资料 收集员

（2）编制《变更用电的工作内容、工作流程报告》。

①变更用电类型的概念、主要内容；

②变更用电类型需提交的申请资料；

③变更用电类型业务办理流程。

3. 变更用电业务情境模拟

4. 检查及评价

考评项目	自我评估	组长评估	教师评估	备注
团队合作 20%				
案例分析报告 35%				
情境模拟 30%				
安全文明 15%				

任务 1.5　制定供电方案

【教学目标】

知识目标：

（1）能简要说明供电方案的基本概念及主要内容；

（2）能简要说明制定供电方案基本原则和基本要求。

能力目标：

（1）能根据客户的用电需求,为客户配置变压器；

（2）能够根据变压器容量,为客户配置无功补偿；

（3）能够根据变压器容量,配置计量装置；

（4）能够填写供电方案答复单。

态度目标:

(1)能主动学习,在完成任务过程中发现问题、分析问题和解决问题;

(2)能与小组成员协商、交流配合完成本次学习任务,养成分工合作的团队意识;

(3)严格遵守安全规范,爱岗敬业、勤奋工作。

【任务描述】

任务内容:××食品加工厂,注册工商营业执照名为"××食品加工厂",法人代表为赵×;法人身份证号码为430122××××12240103;固定电话为88×××23;移动手机号139×××8888;邮政编码为410018 ,联系地址为:长沙市人民东路98 号;用电地址为:长沙市人民东路98 号;联系人:李×,联系电话:139×××8888,联系人身份证号码:430122×××12240103,组织机构代码:79×××92-1。具体负荷为食品生产线一条120 kW,办公区照明60 kW,生活区照明20 kW,同时使用系数为0.75,功率因数为0.7,最近3 年无扩大再生产需求。按0.85 考虑配变负载率。客户表示目前流动资金紧张,要求尽可能经济适用。

(1)根据给定的情况制定供电方案;

(2)填写供电方案会审单;

(3)填写供电方案答复函;

(4)班组内部进行客观评价,完成评价表。

【相关知识】

一、理论咨询

(一)企业工作技术标准

1.《国家电网公司业扩供电方案编制导则》(Q/GDW 12259—2022)

该文件规定了业扩供电方案的编制原则和主要内容,规范了供电方案基本要求、电力用户分级、供电方案的基本内容、用电容量及供电电压等级的确定、电气主接线及运行方式的确定、电能计量点及计量方式的确定、电能质量及无功补偿技术要求、继电保护及调度通信自动化技术要求、用户变(配)电站技术要求、供电方案其他事宜的要求。该文件适用于国家电网有限公司所属各省(自治区、直辖市)电力公司及供电企业对220(330)kV 及以下供电的各类用户业扩供电方案的制定。

2.《电能计量装置技术管理规程》(DL/T448—2016)

运行中的电能计量装置按计量对象重要程度和管理需要分为五类。分类细则及要求如下:

(1)Ⅰ类电能计量装置:220 kV 及以上贸易结算用电能计量装置;500 kV 及以上考核用电能计量装置;计量单机容量300 MW 及以上发电机发电量的电能计量装置。

(2)Ⅱ类电能计量装置:110(66)~220 kV 贸易结算用电能计量装置;220~500 kV 考核用电能计量装置;计量单机容量100~300 MW 发电机发电量的电能计量装置。

（3）Ⅲ类电能计量装置：10～110（66）kV 贸易结算用电能计量装置；10～220 kV 考核用电能计量装置；计量单机容量 100 MW 以下发电机发电量、发电企业厂（站）用电量的电能计量装置。

（4）Ⅳ类电能计量装置：380V～10 kV 电能计量装置。

（5）Ⅴ类电能计量装置：220V 单相电能计量装置。

（二）供电方案基本概念

1.供电方案的含义

供电方案是指供电方办理电力用户用电业务时，由供电方提出，经供用双方协商后确定，适应于用户接入电网，满足用户用电需求的电力供应具体方案。业扩供电方案至少包括电源方案、计量方案、计费方案等。

供电方案主要解决两个问题，即"供多少"和"如何供"。"供多少"是指批准变压器的容量是多少比较适宜；"如何供"的主要内容是确定供电电压等级，选择供电电源，明确供电方式与计量方式等。

2.供电方案的主要内容

客户供电方案主要依据客户的用电需求、用电性质、现场调查的信息以及电网结构和运行情况来确定。供电方案的主要内容包括客户接入系统方案、客户受电系统方案、计量方案、计费方案和相关说明组成。

客户接入系统方案：包括供电电压等级，供电容量，供电电源位置、供电电源数（单电源或多电源），供电回路数、路径、出线方式，供电线路敷设等。

客户受电系统方案：包括进线方式、受电装置容量、主接线、运行方式、继电保护方式、调度通信、保安措施、产权及维护责任分界点、主要电气设备技术参数等，并明确应急电源及保安措施配置，谐波治理等要求。

计量方案：包括计量点设置，电能计量装置配置类别及接线方式、计量方式、用电信息采集终端安装方案等。

计费方案：包括用电类别、电价分类及功率因数考核标准等信息。

供电方案按照电压等级分为低压供电方案和高压供电方案。

（三）制定供电方案应遵循的原则及应掌握的信息

1.制定供电方案的基本原则

（1）应能满足供用电安全、可靠、经济、运行灵活、管理方便的要求，并留有发展余地。

（2）符合电网建设、改造和发展规划的要求；满足客户近期、远期对电力的需求，具有最佳的综合经济效益。

（3）具有满足客户需求的供电可靠性及合格的电能质量。

（4）符合相关国家标准、电力行业技术标准和规程，以及技术装备先进要求，并应对多种供电方案进行技术经济比较，确定最佳方案。

2.制定供电方案应满足的基本要求

（1）根据客户的用电容量、用电性质、用电时间、用电负荷重要程度等因素，确定高压供电、低压供电、临时供电等供电方式。

（2）根据用电负荷的重要程度确定供电电源及数量,提出保安电源、自备应急电源及非电性质的应急措施的配置要求。

（3）客户的自备应急电源及非电性质保安措施的配置、谐波负荷治理的措施应与供用电工程同步设计、同步建设、同步投运、同步管理。

3. 制定供电方案时应掌握的信息

制定供电方案时,需要了解客户以下信息:

（1）用电地点。

（2）电力用途。

（3）用电性质。

（4）用电设备清单。

（5）用电负荷性质。

（6）保安电力。

（7）用电规划等。

现场勘察人员应当根据客户的用电申请,主动到客户现场核查上述信息,并将核查后的资料信息作为制定供电方案的依据。

（四）供电方案的制定

1. 供电方式及适用范围

（1）供电方式的含义。供电方式是指供电电力供应的方法与形式。包括:供电电源的参数,如频率、相数、电压;供电电源的地点、数量;受电装置位置、容量、进线方式、主接线及运行方式,供用电方之间的合同关系以及供电时间的时限等。

（2）供电方式的分类。

供电方式按电压分为高压与低压;按电源相数分为单相与三相;按电源数量分为单电源、双电源、多电源;按供电回路数分为单回路与多回路;按用电期限分为临时与正式;按供电计量形式分为非装表与装表;按管理关系分为直接与间接(委托转供、趸售)。

（3）低压供电方式适用范围。

低压供电方式是指采用低压单相 220 V 或三相 380 V 电压等级的供电。低压供电方式的适用范围为:

①客户单相用电设备总容量在 10 kW 及以下时可采用低压 220 V 供电。在经济发达地区用电设备容量可扩大到 16 kW。

②客户用电设备总容量在 100 kW 及以下或需用变压器容量在 50 kVA 及以下者,可采用低压 380 V 供电。在用电负荷密度较高的地区,经过经济技术比较,采用低压供电的技术经济性明显优于高压供电时,低压供电的容量可适当提高。

③农村地区低压供电容量,应根据当地农村电网综合配电小容量、多布点的配置特点确定。

（4）高压供电方式适用范围。

①用户受电变压器总容量为 50 kVA ~ 10 MVA 时（含 10 MVA），宜采用 10 kV 供电；采用 20 kV 供电时，用户受电变压器总容量为 50 kVA ~ 20 MVA（含 20 MVA）；无 20 kV、35 kV 电压等级的，10 kV 电压等级用户受电变压器总容量为 50 kVA ~ 20 MVA。

②用户受电变压器总容量在 100 MVA 及以上，宜采用 220 kV 及以上电压等级供电。

③10 kV 及以上电压等级供电的用户，当单回路电源线路容量不满足负荷需求且附近无上一级电压等级供电时，可合理增加供电回路数，采用多回路供电。

④用户受电变压器总容量为 5 MVA ~ 40 MVA 时，宜采用 35 kV 供电。

⑤用户受电变压器总容量为 20 MVA ~ 100 MVA 时，宜采用 110 kV 供电；采用 66 kV 供电时，用户受电变压器总容量为 15 MVA ~ 40 MVA。

⑥客户受电变压器总容量为 100 MVA 及以上，宜采用 220 kV 及以上电压等级供电。

⑦10 kV 及以上电压等级供电的客户，当单回路电源线路容量不满足负荷需求且附近无上一级电压等级供电时，可合理增加供电回路数，采用多回路供电。

⑧临时供电。基建施工、市政建设、抗旱打井、防汛排涝、抢险救灾、重要活动等非永久性用电，可实施临时供电。具体供电电压等级取决于用电容量和当地的供电条件。

2. 电力用户分级

（1）重要电力用户的界定。

重要电力用户是指在国家或者一个地区（城市）的社会、政治、经济生活中占有重要地位，对其中断供电将可能造成人身伤亡、较大环境污染、较大政治影响、较大经济损失、社会公共秩序严重混乱的用电单位或对供电可靠性有特殊要求的用电场所。

重要电力用户认定一般由各级供电企业或电力用户提出，经当地政府有关部门批准。

（2）重要电力用户的分级。

根据对供电可靠性的要求以及中断供电危害程度，重要电力用户可以分为特级、一级、二级重要电力用户和临时性重要电力用户。

①特级重要电力用户，是指在管理国家事务中具有特别重要作用，中断供电将可能危害国家安全的电力用户。

②一级重要电力用户，是指中断供电将可能产生下列后果之一的电力用户：

a. 直接引发人身伤亡的；

b. 造成严重环境污染的；

c. 发生中毒、爆炸或火灾的；

d. 造成重大政治影响的；

e. 造成重大经济损失的；

f. 造成较大范围社会公共秩序严重混乱的。

③二级重要用户，是指中断供电将可能产生下列后果之一的电力用户：

a. 造成较大环境污染的；

b. 造成较大政治影响的；

c.造成较大经济损失的;

d.造成一定范围社会公共秩序严重混乱的。

④临时性重要电力用户,是指需要临时特殊供电保障的电力用户。

(3)普通电力用户的界定。

除重要电力用户外的其他用户,统称为普通电力用户。

3.制定供电方案的步骤

(1)确定客户用电负荷性质及级别。

根据《国家电网公司业扩供电方案编制导则(试行)》规定的用电负荷分级原则及分级标准,分析客户用电负荷级别,明确客户的分类,以便确定供电方式。

①用电负荷分级。用电负荷分级应根据客户对供电可靠性的要求,以及中断供电将危害人身安全和公共安全,在政治或经济上造成损失或影响程度等因素进行分级,分为一级负荷、二级负荷、三级负荷。

②重要电力客户的分级。重要客户是指在国家或者一个地区(城市)的社会、政治、经济生活中占有重要地位,对其中断供电将可能造成人身伤亡、较大环境污染、较大政治影响、较大经济损失、社会公共秩序严重混乱的用电单位或对供电可靠性有特殊要求的用电场所。

③根据对供电可靠性的要求以及中断供电危害程度,可将电力客户可以分为特级、一级、二级重要电力客户、临时性重要电力客户和普通电力客户。

(2)确定供电电压。

对用户供电的电压,应根据用电容量、用电设备特性、供电距离、供电线路的回路数、当地公共电网现状、通道等社会资源利用效率及其发展规划等因素,经技术经济比较后确定。

供电企业对电力客户的供电电压,应从供用电的安全、经济、合理和便于管理等综合效益出发,依据国家的有关政策和规定、电网的规划、用电需求以及当地供电条件等因素,进行技术经济比较,与客户协商确定。

①客户单相用电设备总容量不足 10 kW 的可采用低压 220 V 供电,但有单台设备容量超过 1 kW 的单相电焊机、换流设备时,客户必须采取有效的技术措施以消除对电能质量的影响,否则应改为其他方式供电。

②客户用电设备总容量在 100 kW 及以下或需用变压器容量在 50 kVA 及以下者,可采用低压三相四线制 380 V 供电,特殊情况也可采用高压供电。

③对于用电设备总容量超过 100 kW 或需用变压器容量超过 160 kVA 的客户,一般采用 10 kV 供电。

④对于农村用电,应根据负荷大小和距离远近,采用 35～110 kV 输电,10 kV 配电。在灌溉用电较多的地区,10 kV 电压很难保证合格的电压质量,可采用 35 kV 直配电和 35 kV 降压 10 kV 配电两种联合供电的方式。

(3)确定供电容量。

供电容量确定的原则:综合考虑客户申请容量、用电设备总容量,并结合生产特性兼顾主要用电设备同时率、同时系数等因素后确定。

根据客户提供并经现场核实的负荷情况,合理选用需要系数法、二项式系数法、产品单耗定额法或负荷密度法等方法计算负荷,并确定供电容量。

①采用用电负荷密度法确定供电容量。

对于高层住宅和高层商业用电等,可采用用电负荷密度的方法,确定供电容量。

a. 繁华地区商贸用电 80 ~ 100 W/m²;

b. 商贸、写字楼、金融、高级公寓混合用电 80 ~ 100 W/m²。

居民住宅以及公共服务设施用电容量的确定应综合考虑所在城市的性质、社会经济、气候、民族、习俗及家庭能源使用种类等因素。一般为 50 W/m² 左右。

建筑面积在 50 m² 及以下的住宅客户,每户容量不小于 4 kW,建筑面积在 50 m² 以上的住宅客户,每户容量不小于 8 kW。

②采用需要系数法确定供电容量。

a. 一般用电设备的计算负荷。一般用电设备包括长时、短时工作制设备(电动机和照明电热设备)。这样的单个用电设备铭牌上标明的额定功率 P_N 即为计算负荷,即

$$P_c = P_N \tag{1.1}$$

式中,P_c——计算负荷,kW;

$\quad P_N$——用电设备额定功率,kW。

b. 反复短时工作制用电设备的计算负荷。包括反复短时工作制电动机和电焊设备两种。对于反复短时工作制的单台用电设备,计算额定容量 P_{CN}(或 S_{CN})即为计算负荷,即

$$P_c = P_{CN} \tag{1.2}$$

式中,P_c——计算负荷,kW;

$\quad P_{CN}$——用电设备计算额定容量,kW。

需要指出用电设备计算额定容量不是铭牌额定容量,需要依据铭牌额定容量,按照设备暂载率进行换算,即 $P_{CN} = \sqrt{\dfrac{\varepsilon_N}{\varepsilon_0}} P_N$。

c. 用电设备组的计算负荷。

当有多台工作性质相同或相似的一组用电设备时,其中有的设备可能满载运行,有的设备轻载或空载运行,还有的设备处于备用或检修状态。将所有影响计算负荷的诸多因素归并一个系数来表示,即为需要系数 K_d。不同工作性质的设备需要系数不同,其值一般可以查有关设计手册及设计标准中的需要系数表得到。

用电设备组的计算负荷,将用电设备组的设备容量之和乘以用电设备组的需用系数,即

$$P_c = K_d \sum P_N \tag{1.3}$$

式中,P_c——有功计算负荷,kW;

$\quad K_d$——需用系数;

$\quad \sum P_N$——用电设备组有功功率之和,kW。

d. 用电设备计算负荷确定后,可根据国家规定客户应达到的功率因数计算出用电负荷的视在功率,确定供电容量为

$$S_c = P_c / \cos\varphi \tag{1.4}$$

【例】有一木器加工厂,用电设备为三相交流电动机接在 380 V 电源上,其中功率为 4.8 kW 的有 5 台,4.5 kW 的有 6 台,2.5 kW 的有 10 台,求此用户的总负荷(需要系数取 0.35,综合功率因数为 0.65)。

解:因 $K_d = 0.35$,$\cos\varphi = 0.65$,所以 $\tan\varphi = 1.33$,则

$$\sum P_N = 5 \times 4.8 + 6 \times 4.5 + 10 \times 2.5 = 76(\text{kW})$$

$$P_c = K_d \sum P_N = 0.35 \times 76 = 27(\text{kW})$$

$$Q_c = P_c \tan\varphi = 26.6 \times 1.33 = 35(\text{kvar})$$

$$S_c = P_c/\cos\varphi = 27/0.65 = 42(\text{kVA})$$

(4)确定供电电源和进户线。

根据用电负荷性质和重要程度确定单电源、双电源或多电源供电,以及是否需要配置自备应急电源。

①供电电源配置的一般原则。

a.供电电源应依据客户的负荷等级、用电性质、用电容量、当地供电条件等因素进行技术经济比较,与客户协商确定。

对具有一、二级负荷的客户应采用双电源或多电源供电,其保安电源应符合独立电源的条件。该类客户应自备应急电源,同时应配备非电性质的应急措施。

对三级负荷的客户可采用单电源供电。

b.双电源、多电源供电时宜采用同一电压等级电源供电。

c.应根据客户的负荷性质及其对用电可靠性要求和城乡发展规划,选择采用架空线路、电缆线路或架空—电缆线路供电。

②供电电源点确定的一般原则。

a.电源点应具备足够的供电能力,能提供合格的电能质量,满足客户的用电需求,保证接电后电网安全运行和客户用电安全。

b.对多个可选的电源点,应进行技术经济比较后确定。

c.根据客户分级和用电需求,确定电源点的回路数和种类。

d.根据城市地形、地貌和城市道路规划要求,就近选择电源点。路径应短捷顺直,减少与道路交叉,避免近电远供、迂回供电。

③确定供电电源和进户线应注意。

a.进户线应尽可能接近供电电源线路处。

b.容量较大的客户应尽量接近负荷中心处。

c.进户线应错开泄雨水的沟、墙内烟道,并与煤气管道、暖气管道保持一定距离。

d.一般应在墙外地面上设置进户点,便于检查、维修。

e.进户点的墙面应坚固,能牢固安装进户线支持物。

(5)电气主接线及主设备配置。

①确定电气主接线的一般原则:

a.根据进出线回路数、设备特点及负荷性质等条件确定。

b.满足供电可靠、运行灵活、操作检修方便、节约投资和便于扩建等要求。

c.在满足可靠性要求的条件下,宜减少电压等级和简化接线。

②电气主接线形式。

电气主接线主要有桥形接线、单母线、单母线分段、双母线、线路变压器组等,根据需要进行合理选择。

③具有两回线路供电的一级负荷客户,其电气主接线的确定应符合下列要求:

a.35 kV 及以上电压等级应采用单母线分段接线或双母线接线。装设两台及以上主变压器的 6~10 kV 侧应采用单母线分段接线。

b.10 kV 电压等级应采用单母线分段接线。装设两台及以上变压器的 0.4 kV 侧应采用单母线分段接线。

④具有两回线路供电的二级负荷客户,其电气主接线的确定应符合下列要求:

a.35 kV 及以上电压等级宜采用桥形、单母线分段、线路变压器组接线。装设两台及以上主变压器的中压侧应采用单母线分段接线。

b.10 kV 电压等级宜采用单母线分段、线路变压器组接线。装设两台及以上变压器的 0.4 kV 侧应采用单母线分段接线。

⑤单回线路供电的三级负荷客户,其电气主接线,采用单母线或线路变压器组接线。

⑥受电主变压器的配置:

a.主变压器台数和容量应根据地区供电条件、负荷性质、用电容量和运行方式等条件综合考虑;设备选型应考虑低损耗、低噪声设备。目前我国常用的 10 kV 变压器型式主要有:S11、SC10、SG10、SCB10、SCR10 以及各种新型箱式变压器等。

b.安装于有特殊安全要求场所(如高层建筑、地下配电房等)的变压器应选择干式变压器。

c.装设有两台变压器及以上的配电站,其中任何变压器断开时,其余变压器容量应不小于全部负荷容量的 60%,并应能满足全部一类和二类负荷的用电。

(6)计量方式的确定、计量装置配置。

①计量点的确定。

计量点是计量装置或计费电能表的安装位置。电能计量点原则上应设定在供电设施与受电设施的产权分界处。

②计量方式的确定:

a.低压供电客户,负荷电流为 60 A 及以下时,电能计量装置接线宜采用直接接入式;负荷电流为 60 A 以上时,电能计量装置接线宜采用经电流互感器接入式。

b.高压供电的客户,宜在高压侧计量。但对 10 kV 供电且容量在 315 kVA 及以下、35 kV 供电且容量在 500 kVA 及以下的,高压侧计量确有困难时,可在低压侧计量,即采用高供低计方式。

c.有两路及以上线路分别来自不同供电点或有多个受电点的客户,应分别装设电能计量装置。

d. 客户一个受电点内不同电价类别的用电,应分别装设计费电能计量装置。

③电能计量装置的接线方式。

接入中性点绝缘系统的电能计量装置,宜采用三相三线接线方式;接入中性点非绝缘系统的电能计量装置,应采用三相四线接线方式。

④电能计量装置的配置。

根据《电能计量装置技术管理规程》(DL/T 448—2016)规定的电能计量装置的分类及技术要求进行配置。

a. Ⅰ、Ⅱ、Ⅲ类电能计量装置应按计量点配置计量专用电压、电流互感器。电能计量专用电压、电流互感器及其二次回路不得接入与电能计量无关的设备。

b. 计量装置中电压互感器二次回路,应不装设隔离开关辅助接点和熔断器。

c. 应配置全国统一标准的专用电能计量柜或计量箱。

d. 高压电能计量装置应装设电压失压计时器。

e. 互感器二次回路的连接导线应采用铜质单芯绝缘线。对电流二次回路,连接导线截面积应按电流互感器的额定二次负荷计算确定,至少应不小于 4 mm²。对电压二次回路,连接导线截面积应按允许的电压降计算确定,至少应不小于 2.5 mm²。

f. 互感器实际二次负荷应在 25% ~ 100% 额定二次负荷范围内;电流互感器额定二次负荷的功率因数应为 0.8 ~ 1.0;电压互感器额定二次功率因数应与实际二次负荷的功率因数接近。

g. 电流互感器额定一次电流的确定,应保证其在正常运行中的实际负荷电流达到额定值的 60% 左右,至少应不小于 30%,否则应选用高动热稳定电流互感器以减小变化。

h. 为提高低负荷计量的准确性,应选用过载 4 倍及以上的电能表。

i. 经电流互感器接入的电能表,其标定电流宜不超过电流互感器额定一次电流的 30%,其额定最大电流应为电流互感器额定二次电流的 120% 左右。直接接入式电能表的标定电流应按正常运行负荷电流的 30% 左右进行选择。

j. 执行功率因数调整电费的客户,应安装能计量有功电量、感性和容性无功电量的电能计量装置;按最大需量计收容(需)量电费的客户应装设具有最大需量计量功能的电能表;实行分时电价的客户应装设复费率电能表或多功能电能表。

k. 带有数据通信接口的电能表,其通信规约应符合《多功能电能表通信协议》(DL/T 645—2007)的要求。

l. 具有正、反向送电的计量点应装设计量正向和反向有功电量以及四象限无功电量的电能表。

m. 用电信息采集终端的配置。所有电能计量点均应安装用电信息采集终端。根据应用场所的不同选配用电信息采集终端。对高压供电的客户配置专变采集终端,对低压供电的客户配置集中抄表终端,对有需要接入公共电网分布式能源系统的客户配置分布式能源监控终端。

各类电能计量装置的配置电能表、互感器的准确度等级应不低于表1.5.1的需求。

表 1.5.1　电能表、互感器准确度等级

使用范围	电能计量装置类别	准确度等级（DL/T 448—2016）			
		有功电能表	无功电能表	电压互感器	电流互感器
220 kV 及以上	Ⅰ	0.2S	2.0	0.2	0.2S
110 kV ~ 220 kV	Ⅱ	0.5S	2.0	0.2	0.2S
10 kV ~ 110 kV	Ⅲ	0.5S	2.0	0.5	0.5S
380 V ~ 10 kV	Ⅳ	1.0	2.0	0.5	0.5S
220 V	Ⅴ	2.0	—	—	0.5S
注 1：发电机出口可选用非 S 级电流互感器					

（7）确定执行电价。

客户执行电价应按照国家电价政策和各省、自治区、直辖市电价政策及说明执行。

（8）功率因数要求及无功补偿装置配置。

①无功补偿装置的配置原则：

a. 无功电力应分层分区、就地平衡。客户应在提高自然功率因数的基础上，按有关标准设计并安装无功补偿设备；

b. 并联电容器装置，其容量和分组应根据就地补偿、便于调整电压及不发生谐振的原则进行配置；

c. 无功补偿装置宜采用成套装置，并应装设在变压器低压侧。

②功率因数要求：

100 kVA 及以上高压供电的电力客户，在高峰负荷时的功率因数不宜低于 0.95；其他电力客户和大、中型电力排灌站、趸购转售电企业，功率因数不宜低于 0.90；农业用电功率因数不宜低于 0.85。

③无功补偿容量计算：

a. 电容器的安装容量，应根据客户的自然功率因数计算后确定；

b. 当不具备设计计算条件时，10 kV 变电所电容器安装容量可按变压器容量的 20% ~ 30% 确定。

（五）供电方案制定风险点分析及防范措施

1. 风险点

（1）供电电源配置与用户负荷重要性不相符。

（2）供电线路容量不能满足用户用电负荷需求。

（3）特殊用户（谐波源、冲击性负荷）的供电电压、接入点、继电保护方式选择不合理。

（4）未向重要用户提供双电源，重要用户未配备电与非电性质的保安措施。

2. 风险影响

（1）不合理的供电方案将使得供电线路、受电装置等过载运行，直接影响电网安全稳定

运行和其他用户的正常用电。

（2）重要用户安全可靠供电得不到保障。

（3）影响公用电网的电能质量。

（4）影响用户与供电企业的投资和运行费用是否经济合理。

3. 风险防范措施

（1）提高业扩查勘质量，严格审核用户用电需求、负荷特性、负荷重要性、生产特性、用电设备类型等，掌握用户用电规划。

（2）根据用户负荷等级分类，尤其是重要用户，要严格按照《国家电网公司业扩供电方案编制导则（试行）》等相关规定来制定供电方案。

（3）非线性用户要求其进行电能质量评估，整治方案和措施必须做到同步。

（4）供电企业内部要建立供电方案审查的相关制度，规范供电方案的审查工作。

二、实践咨询

【任务实施】

任务描述：××食品加工厂，注册工商营业执照名为"××食品加工厂"，法人代表为赵×；法人身份证号码为 430122××××12240103；固定电话为 88×××23；移动手机号 139×××8888；邮政编码为 410018，联系地址：长沙市人民东路 98 号；用电地址：长沙市人民东路 98 号；联系人：李×，联系电话：139×××8888，联系人身份证号码：430122××××12240103，组织机构代码：79×××92-1。具体负荷为食品生产线一条 120 kW，办公区照明 60 kW，生活区照明 20 kW，同时使用系数为 0.75，功率因数 0.7，最近 3 年无扩大再生产需求。按 0.85 考虑配变负载率。客户表示目前流动资金紧张，要求尽可能经济适用。其中查勘知现场电源有两个，见表 1.5.2。

表 1.5.2　供电网电源情况

变电站名称	线路名称	"T"接杆号	相对位置	可接入负荷
110 kV 体育新城变	10 kV 白沙湾线	11 号杆	距离客户受电点 250 m	3 300 kVA
110 kV 合丰变	10 kV 武侯线	52 号杆	距离客户受电点 160 m	2 600 kVA

1. 咨询（课外完成）

（1）根据给定的情况完成现场勘察，填写客户用电设备清单，见表 1.5.3。

（2）试以客户受理员的身份受理盼盼食品加工厂用电，并画出供用电接线简图，确定其供电方案。

（3）填写供电方案会审单表 1.5.4。

（4）填写供电方案答复函表 1.5.5。

表 1.5.3 客户设备清单

	设备名称	相数	额定电压（kV）	额定容量（kVA）	台数	容量小计（kVA）	负荷等级	允许中断供电时间（小时）	同时系数（K_d）
动力设备									
小计							—	—	—
	设备名称	相数	额定电压（kV）	额定容量（kVA）	台数	容量小计（kVA）	负荷等级	允许中断供电时间（小时）	同时系数（K_d）
照明设备									
小计					104	45	—	—	—

负荷性质说明	非线性负荷、冲击负荷或不对称负荷	保安负荷(kVA)	中断供电超过允许时间可能带来的影响或后果
	有冲击负荷		

客户签字、盖章：	日期：

表 1.5.4 供电方案会审单

客户名称	
供电方案 一、客户基本信息 二、接入系统方案 三、受电系统方案 	

续表

四、受电系统方案
五、计费方案
六、告知事项
接线简图

领导审核：

备注				
部门会签				

表 1.5.5　供电方案答复函

贵公司的用电报装申请已收到,我公司根据电网现状及贵公司所提供的现有资料,经现场勘查,研究并确定了以下供电方式:

客户编号		户名		用电地址		申请容量	
供电方案				供电方案示意图			
供电变电站: 电压等级: 线路名称: T 接杆号: 计量方式: 计费方式: 主电价: 分类电价 1: 分类电价 2: 分类电价 3:							

本方案自发函之日起有效期为_____年。逾期失效。你单位接函后,请来我公司签订用电报装协议。如贵公司对上述供电方式有不同的意见或建议请与我公司联系,联系人:_____;联系电话:_____,您也可以直接拨打我公司服务热线,我公司全体员工将竭诚为您提供优质、方便、规范、快捷的服务,衷心地感谢您的合作!

客户意见:同意

客户签字:　　　　（盖章）　　　　　　　　　　经办人:　　　　（盖章）

日期:　　年　月　日　　　　　　　　　　　　日期:　　年　　月　　日

2. 决策

（1）岗位划分:

班组＼岗位	班长	报告撰写员	报告撰写员	PPT制作	PPT制作	资料收集员	资料收集员

（2）编制《供电方案》。

①配电线路外力破坏故障的原因;

②配电线路外力破坏故障的防范措施。

3. 供电方案汇报

4. 检查及评价

表 1.5.6　××食品加工厂供电方案制订任务评价表

供电方案制订任务评价表						
姓名		学号			成绩	
序号	评分项目	评分内容及要求	评分标准	满分	扣分	得分
1	1. 接入系统	1.1 确定负荷等级	正确确定负荷等级	5		
2		1.2 确定用户负荷接入系统方案	正确确定用户负荷接入系统方案	5		
3		1.3 确定进线方式	进线方式正确	10		
4	2. 受电系统	2.1 确定用户受电容量	理出计算公式,并计算受电容量大小	10		
5		2.2 确定配电方式	配电方式正确	5		
6		2.3 确定无功补偿方式及补偿容量	无功补偿方式及补偿容量确定正确	10		
7	3. 计量方案	3.1 确定用户计量方式	正确确定计量点、计量方式	10		
8		3.2 配置计量装置	通过计算正确配置互感器和电能表	15		
9	4. 计费方案	4.1 电价电费结算方式	电价电费结算方式确定正确	10		
10	5. 绘图	5.1 绘制供电方案草图	绘制草图	10		
11	综合素质	6.1 着装整齐,精神饱满 6.2 现场组织有序,工作人员之间配合良好 6.3 独立完成相关工作 6.4 执行工作任务时,大声呼唱 6.5 不违反电力安全规定及相关规程		10		
12	总分 100 分					
	教师					

任务 1.6 业务受理服务风险识别与防范

【教学目标】

知识目标：

(1)掌握国家电网有限公司员工服务"十个不准"的具体规定；

(2)掌握国家电网有限公司供电服务"十项承诺"的具体内容；

(3)掌握营业厅服务准则和优化营商环境的九项措施。

能力目标：

(1)能够依据"十个不准"和"十项承诺"在实际工作中规范自己的服务行为,提高服务效率和质量；

(2)能够运用营业厅服务准则有效地解决客户的问题,提升客户满意度；

(3)能够运用用电业务受理的服务技巧,有效处理客户咨询和业务办理。

态度目标：

(1)能主动学习,在完成任务过程中发现问题、分析问题和解决问题；

(2)能与小组成员协商、交流配合完成本次学习任务,养成分工合作的团队意识；

(3)严格遵守安全规范,爱岗敬业、勤奋工作。

【任务描述】

任务内容：模拟业扩报装与变更用电情境,梳理业务办理中的风险,讨论如何防范风险。

(1)班组协作分工,制订工作计划；

(2)班组讨论业务受理服务中的风险与防范；

(3)班组梳理形成《业务受理服务风险识别与防范》报告；

(4)班组通过 5 min 的角色扮演,练习与客户沟通,总结业务受理服务风险识别与防范的技巧；

(5)班组内部进行客观评价,完成评价表。

【相关知识】

一、理论咨询

(一)国家电网有限公司员工服务十个不准

第一条 不准违规停电,无故拖延检修抢修和延迟送电。

第二条 不准违反政府部门批准的收费项目和标准向客户收费。

第三条 不准无故拒绝或拖延客户用电申请、增设办理条件和环节。

第四条 不准为客户工程指定设计、施工、供货单位。

第五条 不准擅自变更客户用电信息、对外泄露客户个人信息及商业秘密。

第六条 不准漠视客户合理用电诉求,推诿搪塞怠慢客户。

第七条 不准阻塞客户投诉举报渠道。

第八条 不准营业窗口擅自离岗或做与工作无关的事。

第九条 不准接受客户吃请和收受客户礼品、礼金、有价证券等。

第十条 不准利用岗位与工作便利侵害客户利益、为个人及亲友谋取不正当利益。

(二)国家电网有限公司供电服务十项承诺

第一条 电力供应安全可靠。城市电网平均供电可靠率达到99.9%,居民客户端电压合格率达到98.5%;农村电网平均供电可靠率达到99.8%,居民客户端电压合格率达到97.5%;特殊边远地区电网平均供电可靠率和居民客户端电压合格率符合国家有关监管要求。

第二条 停电限电及时告知。供电设施计划检修停电,提前通知用户或进行公告;临时检修停电,提前通知重要用户。故障停电,及时发布信息。当电力供应不足、不能保证连续供电时,严格按照政府批准的有序用电方案实施错避峰、停限电。

第三条 快速抢修及时复电。提供24小时电力故障报修服务,供电抢修人员到达现场的平均时间一般为:城区范围45分钟;农村地区90分钟;特殊边远地区2小时。到达现场后恢复供电平均时间一般为:城区范围3小时,农村地区4小时。

第四条 价费政策公开透明。严格执行价格主管部门制定的电价和收费政策,及时在供电营业场所、网上国网APP(微信公众号)、"95598"网站等渠道公开电价、收费标准和服务程序。

第五条 渠道服务丰富便捷。通过供电营业场所、"95598"电话(网站)、网上国网APP(微信公众号)等渠道,提供咨询、办电、交费、报修、节能、电动汽车、新能源并网等服务,实现线上一网通办、线下一站式服务。

第六条 获得电力快捷高效。低压客户平均接电时间:居民客户5个工作日;非居民客户15个工作日。高压客户供电方案答复期限:单电源供电15个工作日,双电源供电30个工作日。高压客户装表接电期限:受电工程检验合格并办结相关手续后5个工作日。

第七条 电能表异常快速响应。受理客户计费电能表校验申请后,5个工作日内出具检测结果。客户提出电能表数据异常后,5个工作日内核实并答复。

第八条 电费服务温馨便利。通过短信、线上渠道信息推送等方式,告知客户电费发生及余额变化情况,提醒客户及时交费;通过邮箱订阅、线上渠道下载等方式,为客户提供电子发票、电子账单,推进客户电费交纳"一次都不跑"。

第九条 服务投诉快速处理。"95598"电话(网站)、网上国网APP(微信公众号)等渠道受理客户投诉后,24小时内联系客户,5个工作日内答复处理意见。

第十条 保底服务尽职履责。公开公平地向售电主体及其用户提供报装、计量、抄表、结算、维修等各类供电服务,并按约定履行保底供应商义务。

（三）营业厅服务准则

1. 首问负责制

供电营业厅应实行首问负责制,即第一位接待客户的供电营业窗口员工便是为客户解决需求的"首问责任者"。不论其岗位与客户所办理的用电业务和咨询查询等事项有无直接关系,都有责任答复或引导至相关部门办理。"首问负责制"既包含对客户面对面的服务,也包含客户打来电话或咨询服务项目时的服务。

2. 一次告知制

接受客户咨询、受理用电业务时,应主动向客户提供《新装、增容用电客户告知书》等,一次性说明该项业务需客户提供的相关资料、办理的基本流程、相关的收费项目和标准,不得违反业务办理告知要求,造成客户重复往返。

3. 限时办结制

居民客户收费办理时间每件不超过 5 分钟;用电业务办理时间每件不超过 20 分钟。

4. 导服制

主动询问客户办理业务类别,引导客户到相关业务柜台办理业务,回答客户业务咨询,指导、协助客户使用自动终端设施,派发宣传手册,维护营业厅正常营业秩序。

5. 绿色通道制

对重要客户(含 VIP 客户)及老人、残疾人等特殊人群提供优先服务;对确有需要的伤残、孤寡老人提供上门服务。

6. 综合柜员制

综合业务受理柜台需同时具备受理客户报装、咨询、查询、电费收取等功能,减少客户等候时间。

7. 领导接待制

B、C 级供电营业厅实行领导接待日制度,每月不少于一次,每次不少于 1 天。

8. 先外后内制

当有客户来办理业务时,应立即停下内部事务,马上接待客户。

9. 先接先办制

业务办理过程中,有其他客户上前咨询时,若客户需要在本柜台办理相关业务,请其稍候。当客户需要办理的业务不在本柜台时,使用标准手势热情地引导至相关岗位,不能因此而怠慢正在办理业务的客户。

（四）优化营商环境九项措施

（1）线上办电申请。

（2）线上交费。

（3）压缩办电环节。

（4）公开办电时限和工作要求。

（5）提高低压接入容量。

（6）制定供电方案。

（7）设施业扩配套项目包。

（8）建立网格化服务。

（9）提高供电可靠性。

（五）用电业务受理的服务技巧

（1）在受理用电业务时,必须明确客户的目的,将客户语言转化为规范业务类型,并和客户确认。

（2）通过系统查询客户信息,了解客户的基本情况。

（3）根据客户表述,确认客户业务办理类型。

（4）指导客户通过网上国网 APP 申请办理业务;与客户确认信息,办理结果。

（六）其他业务服务技巧

（1）因为政策的原因,无法满足客户的诉求,引发客户的不满,客户有投诉倾向时,安抚客户情绪;询问和分析客户的家庭情况和用电情况等;将客户的关注点从"不给我办理"引导到如何才能满足政策或规定的要求才能办理;利用同理心使客户明白他不是孤独无助的一个人。

（2）客户表达不满,直接要求找领导时,应安抚客户情绪,询问客户因何事不满;引导客户对自己产生信任感,表达倾听的欲望;让客户明白"我也可以帮忙解决您所遇到的问题。"

（3）遇到无法独立解决的问题时,向客户道歉,礼貌地请客户稍后;请其他的工作人员帮助客户解决问题。

（4）客户有投诉倾向时,向客户致歉,然后委婉地阻止客户离开或拨打投诉电话;站在客户的角度提出解决问题的方案;立刻通知班长或值班领导前来协助处理,将客户引导至接待室或办公室进一步处理。

（5）工作失误时,应第一时间向客户致歉;立刻向客户表明会尽快更正工作的失误;如果涉及费用应首先保证客户利益不受损害;处理完毕后再次向客户致歉和感谢。

二、实践咨询

（一）工作准备

（1）班级学生形成 6～7 人的供电所营业厅班组,各班组自行选出组长。

（2）组长召集组员利用课外时间收集有关业务受理服务风险识别与防范的资料。

（3）分工协作撰写《业务受理服务风险识别与防范报告》,并团队合作进行情景模拟。

（二）操作步骤

（1）营业厅班组情境模拟"业扩报装与变更用电受理时的风险情境"。

（2）班组成员记录指导老师和其他分析班组对本组汇报的点评。

（3）负责人组织成员参照意见修改《业务受理服务风险识别与防范报告》。

（4）召开"业务受理服务风险识别与防范"工作总结会议,点评成员在完成本次任务中的表现。

（5）任务完成，各班组将修改后的《业务受理服务风险识别与防范报告》文档、工作总结及成员成绩交给指导老师。

【任务实施】

任务描述：模拟业扩报装与变更用电情境，梳理业务办理中的风险，讨论如何防范风险。

1. 咨询（课外完成）

（1）用电业务受理的服务技巧有哪些？

（2）业务受理时，遇到情绪激动的客户应当如何服务？

2. 决策

（1）岗位划分：

岗位 班组	班长	报告 撰写员	报告 撰写员	PPT 制作	PPT 制作	资料 收集员	资料 收集员

（2）编制《业务受理服务风险识别与防范报告》。

①国家电网有限公司员工服务十个不准、十项承诺、营业厅服务准则；

②用电业务受理的服务技巧。

3. 业扩报装与变更用电受理时的风险情境模拟

4. 检查及评价

考评项目	自我评估	组长评估	教师评估	备注
团队合作20%				
案例分析报告35%				
案例分析汇报30%				
安全文明15%				

项目 2　电能计量管理

【项目描述】

让学生熟悉电能计量管理相关要求,熟悉电能计量装置故障定义,掌握电能计量装置故障排查方法和处理办法。

【教学目标】

(1)能分析电能表故障;
(2)能分析电能计量装置错误接线方式。

【教学环境】

电能计量装置运维实训场、多媒体教室、教学视频。

任务 2.1　电能表故障处理

【任务描述】

利用实训场地模拟台区电能表故障,同学们分组进行故障的识别、记录,并且进行故障处理,撰写分析与处理报告。

教师提前准备好实训装置,模拟台区现场失压、失流、时钟乱码、RS485 断线、RS485 接反等多种故障情况。

【相关知识】

一、理论咨询

智能电能表(以下简称"电能表")由测量单元、数据处理单元、通信单元等部分组成,具有电能计量、信息存储及处理、实时检测、自动控制、信息交互等功能。通常由以下几部分组成:电流采样电路、电压采样电路、计量芯片、微控制器(MCU)、显示部分、接口部分、电源部分、外壳等。

电能表工作原理是通过电压采样电路、电流采样电路对用户供电电压和电流进行实时采样,再利用集成计量芯片对采样电压和电流进行处理,转换成与电能成正比的脉冲输出,最后通过 MCU 进行处理、控制,把脉冲显示作为电量并输出。

常用的智能电能表类型有:单相费控智能电能表、单相本地费控智能电能表、三相费控智能电能表、三相本地费控智能电能表、三相智能电能表等。

智能电能表常见故障有烧表,误差超差确认、飞走倒走,失压失流,时钟超差等,远程停复电失败处理以及其他类型故障。本项目将对以上常见故障的故障现象、产生原因、排查方法、修复处理分别进行介绍。

(一)烧表

1. 故障现象

电能表端子起火、整表烧毁、电能表模块接口起火等。

2. 产生原因

(1)周边设备起火引发电能表烧坏。

(2)电能表零火线接线端子松动或接触不良,导致发热起火。

(3)台区相邻电能表共用零线,导致电能表零线端子电流过大而起火。

(4)客户用电负荷超过电能表允许最大负载,导致零火线端子发热烧表。

(5)电能表模块通信功耗过大,模块内部元件冗余不足导致接口发热起火。

(6)电能表遭受内部或外部过电压,导致电能表绝缘击穿,导致电能表内部烧表。

3. 故障排查

现场查看电能表外观、接线端子、模块等是否有烧毁痕迹,同时通过用电信息采集系统结合现场查勘,排查客户是否有窃电嫌疑,若无窃电嫌疑且有烧毁痕迹则可判断为电能表非人为烧表。

4. 修复处理

若为非人为烧表,则需要在确保现场安全后,按规范流程更换故障电能表。对故障电能表拍照备查,并抄录现场表码。如果无法抄录现场表码,则需要查看用电信息采集系统历史日冻结电量数据,同时查看营销业务信息系统电费结算等情况,与客户协商烧表的电费退(补)工作。如果因客户原因造成电能表起火,则可向客户索赔损失。需确认烧表原因,若是因为共用零线原因烧表,则需要拆除共用零线之后,才可采取上述操作。若是因为用电负荷超过电能表允许最大负载原因,则需要选用大量程的电能表或者经电流互感器介入式电能表计量,同时考虑客户是否需要办理增容手续,综合评估导线最大载流量,决定是否需要更换导线。

若为客户窃电导致的烧表,则需要通知用电检查人员做好现场窃电取证工作,按照《供用电营业规则》相关规定进行电费追补,并按规范流程更换故障电能表。

(二)计量失准

1. 故障现象

电能表出现走快、走慢、停走、飞走或在有电压无负荷情况下出现走字(潜动),或用电信息采集系统(以下简称"采集系统")抄见电量与现场电能表液晶显示电量不一致等现象。

2．产生原因

（1）电能表内部计量回路原件故障。

（2）电能表内校表参数丢失或错误。

（3）电能表因过载短路烧坏、电磁干扰、窃电等外部因素。

（4）电能表脉冲输出回路故障。

3．故障排查

用电能表现场校验仪检测电能表误差是否超差。

①飞走判断。采集系统召测电能表电压、电流、功率值异常大，不符合客户实际负荷情况，且电量快速增加。现场检查可看到电能表脉冲等快速闪烁，用现场作业终端抄读电能表电压、电流、功率、电量等数据，与采集系统反馈一致。

②停走判断。用户实际有负荷，但采集系统中召测电能表电压为零，或者火线电流为零，电能表不走字，实测进表有电压有电流。

③电能表脉冲输出异常判断。现场检查电能表脉冲等闪烁是否异常，用电能表现场校验仪检测电能表误差超差，但液晶显示的示值与用电信息采集终端采集的数据正常。

④电能表潜动判断。现场检查电能表，在正常供电电压下，断开电能表出线负荷开关，电能表有脉冲或走字情况。

⑤表内窃电。采集系统召测电能表运行状态有开盖记录，可判断为疑似窃电。

4．修复处理

若为以上①至⑤故障，按规范流程更换故障电能表，对故障电能表拍照备查，并抄录现场表码。如果无法抄录现场表码，则需要查看用电信息采集系统历史日冻结电量数据，同时查看营销业务信息系统电费结算等情况，与客户协商电费退（补）工作。

若因表内窃电存疑，则需要通知用电检查人员做好现场窃电取证工作，按照《供用电营业规则》相关规定进行电费追补，并按规范流程更换故障电能表。

（三）失压失流

1．故障现象

电能表某相电压或某相电流接近为零，而其他相电压、电流正常。

2．产生原因

（1）电能表内部元件故障，如电压、电流采样电阻故障等。

（2）该相线路停电。

（3）计量用电压、电流互感器烧坏。

3．故障排查

用万用表测量电能表电压或电流为零的故障相进线端子电压、电流，若测量值与电能表显示电压电流值一致，则排除电能表内部故障，考虑为该相线路停电或跳闸或互感器二次回路故障。可通过采集系统比对排除改相线路停电，从而确认互感器二次回路故障。遇此问题，需要外观检查电压、电流互感器是否有烧坏的痕迹，注意此项操作要按照安全规程执行，若有则需要停电检查。若测量值显示电压、电流有数据，与电能表显示值不一致，则为电能表内部故障。若以上问题均已排除,则可考虑用电客户有窃电嫌疑。

4.修复处理

若为电能表内部故障,则需要在确保现场安全后,按规范流程更换故障电能表。对故障电能表拍照备查,并抄录现场表码。如果无法抄录现场表码,则需要查看用电信息采集系统历史日冻结电量数据,同时查看营销业务信息系统电费结算等情况,与客户协商电费退(补)工作。

若为该相线路停电,通知相关部门进行处理。

若为互感器故障,按标准流程办理相关手续后将故障电压、电流互感器进行更换,并根据计量异常情况,进行电费退(补)工作。

若为客户窃电导致,则需要通知用电检查人员做好现场窃电取证工作,按照《供用电营业规则》相关规定进行电费追补,并按规范流程更换故障电能表。

(四)远程停复电失败

1.故障现象

(1)远程下发跳闸命令或本地电费低于设定的停电金额,电能表不能正常跳闸。客户缴费后,电能表不能及时合闸。

(2)电能表在未接到跳闸命令或电费未低于设定的停电金额时,自动跳闸。

2.产生原因

(1)电能表内部继电器本身存在质量问题,不能正常合闸。

(2)跳闸时负荷电流较大,产生的电弧烧坏继电器。

(3)继电器控制电路故障,如三极管短路或击穿、焊点短路等。

(4)电能表内表号、波特率、密码登录参数错误。

(5)加密芯片、加密电路故障,或密钥下载不成功,导致私钥状态下电能表身份认证不能通过。

(6)电能表处于保电状态。

(7)电能表电源故障。

3.故障排查

(1)首先排除通信信号、采集系统参数设置等故障,若无此问题,则需要携带现场作业终端,提前做好现场停复电准备,到现场进行排查。

(2)现场检查电能表是否有电源故障,如屏幕和指示灯均无显示;检查时钟是否乱码。

(3)现场读取电能表表号,与系统登记表号、电能表条形码进行比对,判断是否与表号错误有关。

4.修复处理

(1)如果是采集系统参数设置错误,应在修改后进行停复电测试。

(2)如果是通信个例问题,则可尝试更换模块或更正 RS485 接线。

(3)时钟乱码则可采取校时措施,若仍然失败,则按规范流程更换故障电能表。

(4)如果是电能表电源故障,按规范流程更换故障电能表。

(5)如果电能表内表号与条形码不一致,需按表内的表号设置分散因子,再次测试远程停复电是否成功。

二、实践咨询

(一)工作准备

(1)班级学生形成 6~7 人的电能计量运行班组,各组自行选出组长。

(2)组长召集组员利用相关工具去××台区相关现场收集实际数据,进行电能表故障分析并整理资料。

(3)分工协作撰写《××台区电能表故障分析与处理报告》,并形成汇报 PPT。

(二)操作步骤

(1)电能计量运行班向指导老师汇报"××台区电能表故障分析与处理报告"。

(2)班组成员记录指导老师和其他分析班组对本组汇报的点评。

(3)负责人组织员参照意见修改《××台区电能表故障分析与处理报告》。

(4)召开"××台区电能表故障分析与处理"工作总结会议,点评成员在完成本次任务中的表现。

(5)任务完成,线路运行班将修改后的《××台区电能表故障分析与处理报告》文档、汇报 PPT、工作总结及成员成绩交给指导老师。

【任务实施】

任务描述:××电能计量运行班组接到工作任务通知,编制台区电能表故障分析与处理报告。

1. 咨询(课外完成)

(1)电能表故障有几种类型?

(2)如何处理电能表故障?

2. 决策

(1)岗位划分:

岗位 班组	班长	报告 撰写员	报告 撰写员	PPT 制作	PPT 制作	资料 收集员	资料 收集员

(2)编制《××台区电能表故障分析与处理报告》。

①电能表故障的类型;

②电能表故障形成原因;

③电能表故障排查方法;

④解决电能表故障的措施。

3. 台区电能表故障分析与处理报告汇报

4. 检查及评价

考评项目	自我评估	组长评估	教师评估	备注
团队合作 20%				
案例分析报告 35%				
案例分析汇报 30%				
安全文明 15%				

任务 2.2　电能表接线异常处理

【教学目标】

知识目标：

(1)理解逆相序含义；

(2)了解串户含义；

(3)理解负电流含义。

能力目标：

(1)能够对逆相序进行分析及处理；

(2)能够对电能表串户进行判别及处理；

(3)能够对电能表负电流进行分析及处理；

(4)能够对电能表负功率进行分析及处理。

态度目标：

(1)能主动学习,在完成任务过程中发现问题、分析问题和解决问题；

(2)能与小组成员协商、交流配合完成本次学习任务,养成分工合作的团队意识；

(3)严格遵守安全规范,爱岗敬业、勤奋工作。

【相关知识】

一、理论咨询

电能表接线异常是指电能计量装置因二次接线造成的计量不准。常见的接线异常有逆相序、串户、负电流、负功率等。

(一)逆相序

1. 故障现象

电能表出现走快、走慢、停走、飞走或在有电压无负荷情况下出现走字(潜动)、或用电信息采集系统(以下简称"采集系统")抄见电量与现场电能表液晶显示电量不一致等现象。

电能表液晶显示屏正下方会出现"逆相序"字样,实时电流前面显示"-",如图 2.2.1 所示。(三相三线、三相四线两个液晶屏)

图 2.2.1 三相四线电能表逆相序显示图

2. 产生原因

(1)电能表侧电压或电流没有按照正确顺序(正相序)进行接线。

(2)电能表故障导致逆相序报警。

3. 故障排查

(1)采集主站故障分析。通过用电信息采集系统分析电能表电压、电流、有功功率、无功功率和功率因数等计量数据,初步分析电能表有无发生错误接线,并核实电能表各项参数数据是否正常。

(2)现场故障确认。现场查看电能表液晶屏是否显示有逆相序报警。同步用电能表现场校验仪或相序表在电能表侧判断是否有逆相序,若电能表液晶屏和现场测量均为逆相序,则判断为接线错误。若电能表液晶屏显示逆相序,但现场测量无逆相序事件,则为电能表故障。

4. 修复处理

若为电能表接线错误,则要按标准流程办理检修手续后,按正相序调整电能表电压或电流接线。在调整接线前,应抄录电能表电压、电流、功率、功率因数、正反向总电量(含有功、无功)、正反向各费率电量等信息,并请客户签字确认,便于后续电量追补。

若为电能表故障,按标准流程更换电能表,并根据计量异常情况,进行电量电费追补工作。

(二)电能表串户(低压客户)

1. 故障现象

A 客户电能表所计量电量实际为 B 客户使用电量,B 客户电能表所计量电量实际为 A 客户使用电量。

2. 产生原因

(1)电能表至出线侧负荷开关接线错误(未辨识 A 客户与 B 客户负荷开关)。

（2）电能表出线侧负荷开关接线正确，但至客户端接线错误。

3. 故障排查

（1）通过采集主站调取 A 客户与 B 客户实时用电情况，与客户进行核实，确认存在串户问题。

（2）使用电能表串户仪进行现场排查。

（3）试拉负荷开关：通过拉开 A 客户的负荷开关，检查 A 客户是否停电，若未停电，实际是 B 客户停电。同理，拉开 B 客户的负荷开关，检查 B 客户是否停电，若未停电，实际是 A 客户停电，则说明这两个客户串户。

4. 修复处理

按标准流程办理检修手续后，将 A 用户与 B 用户电能表至负荷侧开关的相线、零线分别互换。换表前，应将串户产生的电量与两个客户进行签字确认。

（三）电能表显示负功率

1. 故障现象

用电客户电能表显示有功功率为负值，电能表的实时电流状态 I_a、I_b、I_c 前面出现"−"，如图 2.2.2 所示。

图 2.2.2　三相四线电能表负功率显示图

2. 产生原因

（1）电能表接线错误，如电压电流的相别不对应或电压电流互感器极性接反，导致总有功功率为负值。

（2）电能表故障，如电能表计量模块故障、或电压、电流采样元器件故障等。

（3）客户负荷性质导致，计量出现负功率。

3. 故障排查

（1）采集主站故障分析，通过用电信息采集系统查询该电能表日冻结电量面对电压、电流、功率曲线数据进行分析，核实电能表正反向有功、无功示值。若正向有功示值接近零，反向有功示值不为零，则需要进行现场排查错误接线。若正反向有功示值均有数据，则需要结合用电客户的负荷性质和近几个月的用电情况进行比对，若用户存在电焊机、蓄电池放电、打桩机或光伏用户，则考虑此现象正常。

（2）判断是否为电能表故障。用电能表现场校验仪或相位伏安表现场检查错误接线。现场排除错误接线和用户负荷情况，电能表仍然显示负功率，则为电能表故障。

4. 故障修复

（1）若为电能表接线错误，根据电能表现场校验仪或相位伏安表测量结果恢复正确接线，并根据计量异常情况，进行电量电费追补工作。

（2）若为电能表故障，则按照标准流程更换电能表，并根据计量异常情况，进行电量电费追补工作。

（四）电能表显示负电流

1. 故障现象

用电客户电能表显示负电流，电能表的实时电流状态 I_a、I_b、I_c 前面出现"-"（不含电能表逆相序），如图 2.2.3 所示。

图 2.2.3　三相四线电能表负电流显示图

2. 产生原因

（1）电能表侧进出电能表线接反。

（2）电流互感器侧极性接反。

（3）客户负荷特性，部分客户用电设备使用过程中会向电网反送电，如余电上网的光伏客户、电焊机、蓄电池放电、打桩机客户等。

（4）电能表故障，如电能表计量模块故障或电压、电流采样元器件故障等。

3. 故障排查

（1）采集主站故障分析，通过用电信息采集系统查询该电能电流曲线，透抄电能表实时电流，核实故障发生事件和电能表是否显示负电流。若是，则需要进行现场排查。

（2）判断是否为电能表故障。用电能表现场校验仪或相位伏安表现场检查错误接线。现场排除电能表错误接线、电流互感器极性反接及用户负荷情况，电能表仍然显示负电流，则为电能表故障。

4. 故障修复

（1）若为电能表进出线接反或电流互感器极性接反，根据电能表现场校验仪或相位伏安表测量结果，按标准流程办理检修手续后恢复正确接线，并根据计量异常情况，进行电量电费追补工作。

（2）若为电能表故障，则按照标准流程更换电能表，并根据计量异常情况，进行电量电费追补工作。

二、实践咨询

（一）工作准备

（1）班级学生形成 6～7 人的电能计量运行班组，各组自行选出组长。

（2）组长召集组员利用相关工具去××台区相关现场收集实际数据，进行异常分析并整理资料。

（3）分工协作撰写《××台区电能表接线异常分析与处理报告》，并形成汇报 PPT。

（二）操作步骤

（1）电能计量运行班向指导老师汇报"××台区电能表接线异常分析与处理报告"。

（2）班组成员记录指导老师和其他分析班组对本组汇报的点评。

（3）负责人组织员参照意见修改《××台区电能表接线异常分析与处理报告》。

（4）召开"××台区电能表接线异常分析与处理"工作总结会议，点评成员在完成本次任务中的表现。

（5）任务完成，线路运行班将修改后的《××台区电能表接线异常分析与处理报告》文档、汇报 PPT、工作总结及成员成绩交给指导老师。

【任务实施】

任务描述：××电能计量运行班组接到工作任务通知，编制台区电能表接线异常分析与处理报告。

1. 咨询（课外完成）

（1）电能表接线异常有几种类型？

（2）如何处理电能表接线异常？

2. 决策

（1）岗位划分：

岗位 班组	班长	报告 撰写员	报告 撰写员	PPT 制作	PPT 制作	资料 收集员	资料 收集员

（2）编制《××台区电能表接线异常分析与处理报告》。

①电能表接线异常的类型；

②电能表接线异常形成原因；

③电能表接线异常排查方法；

④解决电能表接线异常的措施。

3. 台区电能表接线异常分析与处理报告汇报

4. 检查及评价

考评项目	自我评估	组长评估	教师评估	备注
团队合作 20%				
案例分析报告 35%				
案例分析汇报 30%				
安全文明 15%				

任务 2.3 二次回路故障处理

【教学目标】

知识目标：

(1)理解互感器工作原理；

(2)理解电压互感器二次回路电压异常的含义；

(3)理解电流互感器二次回路电流异常的含义。

能力目标：

(1)能够对电压互感器二次回路电压异常进行判别及处理；

(2)能够对电流互感器二次回路电流异常进行判别及处理。

态度目标：

(1)能主动学习,在完成任务过程中发现问题、分析问题和解决问题；

(2)能与小组成员协商、交流配合完成本次学习任务,养成分工合作的团队意识；

(3)严格遵守安全规范、爱岗敬业、勤奋工作。

【相关知识】

一、理论咨询

电能计量装置二次回路指计量用电压互感器、电流互感器与电能表之间的连接线路。二次回路故障主要指计量用互感器故障及其二次回路接线故障。

(一)电压互感器二次电压异常

1. 故障现象

电压互感器一次侧电压为额定值时,二次侧输出电压值与额定二次电压值（100 V 或 $100/\sqrt{3}$ V）的偏差率超过 10%（含正负偏差）。

2. 产生原因

(1)电压互感器一次侧断相或停电。

(2)电压互感器一次保险烧坏或接触不良。

(3)电压互感器本体故障,如电压互感器一次绕组或二次绕组匝间短路等。

(4)电压互感器一相二次绕组极性反接。

3. 故障排查

(1)判断是否为电压互感器一次侧断相或停电。查看用电信息采集系统与该客户在同一条高压线路的其他客户供电电压是否正常,若同样不正常,则可能是高压线路故障导致该客户电压互感器二次电压异常;若其他客户正常,则需进行以下步骤排查。

(2)判断是否为电压互感器一次保险烧坏或接触不良。在确保与互感器一次侧有足够的安全距离情况下,在其二次回路中断开最靠近互感器二次端子的电压联片,以便形成测量点,用万用表逐相测量该处线电压及相电压情况。

①当电压互感器采用 V/v 接线时。

以测量 U_{ab} 为例,进行故障判断。测量位置如图 2.3.1 所示。根据以下测量情况判断故障点位置:

若 $0\ \mathrm{V} \leqq U_{ab} << 100\ \mathrm{V}, U_{cb} \approx U_{ca} \approx 100\ \mathrm{V}$ 时,则判断为电压互感器 A 相一次断线或 A 相故障。

若 $U_{ca} \approx 100\ \mathrm{V}, U_{ab} \approx U_{cb} \approx 50\ \mathrm{V}$ 时,则判断为电压互感器 B 相一次断线或 B 相故障。

若 $0\ \mathrm{V} \leqq U_{cb} << 100\ \mathrm{V}, U_{ab} \approx U_{ca} \approx 100\ \mathrm{V}$ 时,则判断为电压互感器 C 相一次断线或 C 相故障。

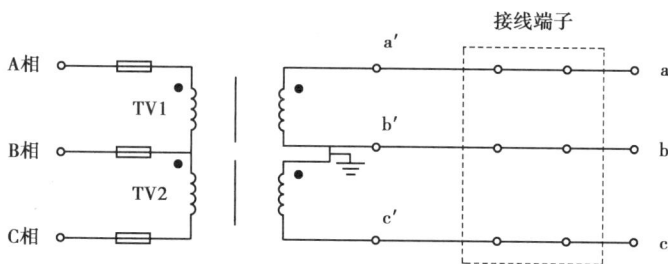

图 2.3.1　电压互感器 V/v 接线示意图

②当电压互感器采用 Y/y 接线时。

以测量 U_{ab} 为例,进行故障判断。测量位置如图 2.3.2 所示(需自己画图)。根据以下测量情况判断故障点:

若 $U_{ab} \approx 57.7\ \mathrm{V}, U_{ac} \approx 57.7\ \mathrm{V}, U_{cb} \approx 100\ \mathrm{V}, 0\ \mathrm{V} \leqq U_{an} << 57.7\ \mathrm{V}, U_{bn} \approx 57.7\ \mathrm{V}, U_{cn} \approx 57.7\ \mathrm{V}$ 时,判断为电压互感器 A 相一次断线或 A 相故障。

若 $U_{ab} \approx 57.7\ \mathrm{V}, U_{cb} \approx 57.7\ \mathrm{V}, U_{ac} \approx 100\ \mathrm{V}, U_{an} \approx 57.7\ \mathrm{V}, 0\ \mathrm{V} \leqq A_{bn} << 57.7\ \mathrm{V}, U_{cn} \approx 57.7\ \mathrm{V}$ 时,判断为电压互感器 B 相一次断线或 B 相故障。

若 $U_{cb} \approx 57.7\ \mathrm{V}, U_{ac} \approx 57.7\ \mathrm{V}, U_{ab} \approx 100\ \mathrm{V}, U_{an} \approx 57.7\ \mathrm{V}, U_{bn} \approx 57.7\ \mathrm{V}, 0\ \mathrm{V} \leqq U_{cn} << 57.7\ \mathrm{V}$ 时,判断为电压互感器 C 相一次断线或 C 相故障。

接线端子

A相 TV1 ●a

B相 TV2 ●b

C相 TV3 ●c

●N

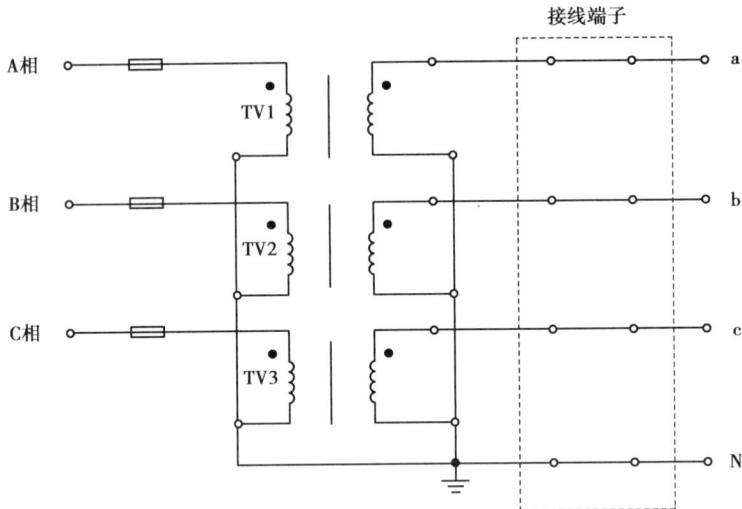

图 2.3.2　电压互感器 Y/y 接线示意图

通过上述原则初步判断异常后,停电取下电压互感器一次保险,用万用表测量一次保险是否断路。若断路,则为电压互感器一次保险烧坏,否则需再进行互感器本体故障排查。

判断是否为电压互感器本体故障。此时需停电对电压互感器进行外观检查,查看是否有放电等异常痕迹;同时,用互感器现场检验仪检测其误差是否超差,从而综合判断为电压互感器本体故障导致二次电压异常。

判断是否为电压互感器二次绕组极性反接:

①当电压互感器采用 V/v 接线时(需手工绘制 VV 接线图,含互感器极性标定,写出对应的公式计算);

②当电压互感器采用 Y/y 接线时(需手工绘制 VV 接线图,含互感器极性标定,写出对应的公式计算)。

4. 故障修复

(1)当为高压线路故障导致互感器二次电压异常时,由线路维修人员按相关程序处理,恢复线路供电。

(2)当为电压互感器一次保险烧坏导致互感器二次电压异常时,由设备维修人员按相关程序更换电压互感器一次保险后,计量人员确认二次电压恢复正常,并根据电压异常、发生时间及客户用电负荷等情况,进行电量追(退)补工作。

(3)当为电压互感器本体发生故障导致互感器二次电压异常时,由设备维修人员按相关程序更换电压互感器后,计量人员确认二次电压恢复正常,并根据电压异常、发生时间以及客户用电负荷等情况,进行电量电费追(退)补工作。

(二)电流互感器二次电流异常

1. 故障现象描述

电流互感器一次侧电流为额定值时,而二次侧输出电流值与额定二次电流值(5 A 或 1 A)的偏差率超过 10%(含正负超差)。

2. 产生原因

（1）电流互感器变比错误,如电流互感器铭牌信息错误、营销信息系统或采集系统客户电流互感器变比信息与实际不符。

（2）电流互感器本体故障,如电流互感器一次绕组或二次绕组匝间短路等。

3. 故障排查

（1）判断是否为电流互感器额定变比错误。在确保与互感器一次侧有足够的安全距离情况下,在其二次回路中最靠近互感器二次端子的接线盒处用专用电流短接线短接就近电流回路后,用钳形万用表测量二次回路电流,测量位置如图 2.3.3 所示(以 A 相电流为例)。若此处的电流值乘以互感器额定变比得出的电流值,与一次电流不一致,且偏差较大,则可能为额定变比错误。待设备停电后现场核对电流互感器铭牌参数,并用互感器现场检验仪进行变比测试,确定电流互感器实际变比 。

（2）判断是否为电流互感器本体故障。停电后对电流互感器进行现场检验,若误差超过电流互感器允许的误差,则为电流互感器本体故障。

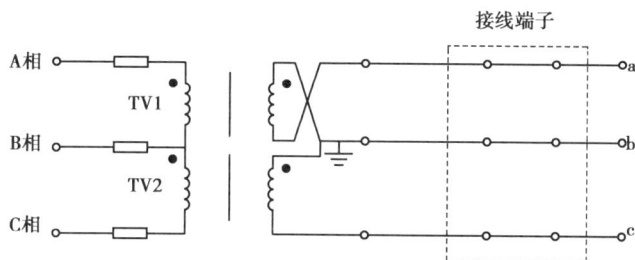

图 2.3.3　电压互感器 V/v 接线互感器极性 A 相反接示意图

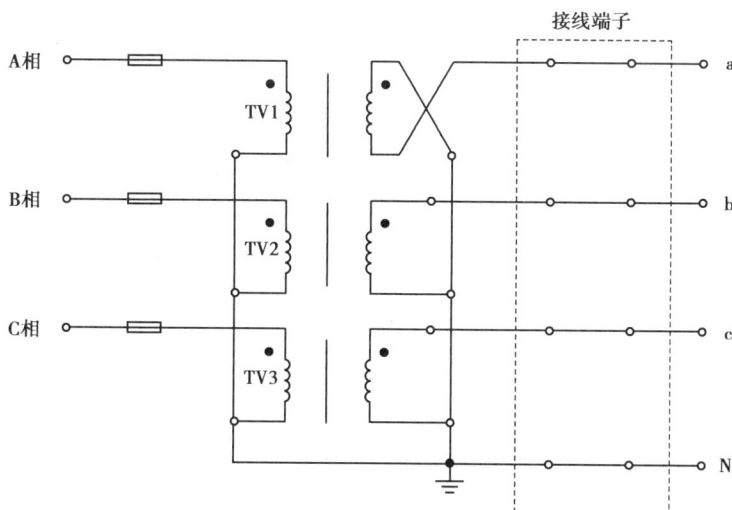

图 2.3.4　电压互感器 Y/y 接线互感器极性 A 相反接示意图

4. 故障修复

（1）当发生电流互感器铭牌变比错误时,计量人员按现场核实的实际电流变比情况,填写工作传单,按规范流程更正营销信息系统和采集系统客户互感器变比信息,确认电流恢复

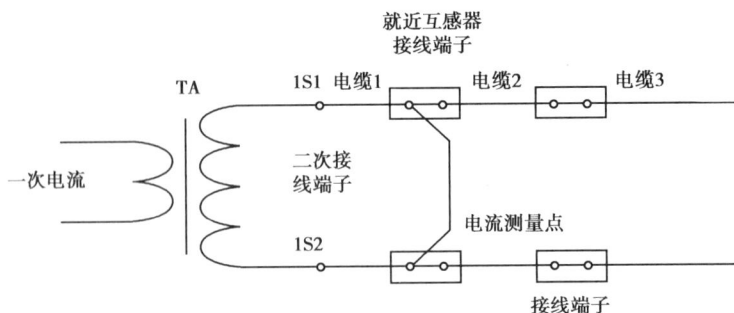

图 2.3.5　电流互感器二次侧电流测量点示意图

正常;并根据电流变比错误、发生时间及客户用电负荷等情况,进行电量电费退补工作。

(2)当发生营销信息系统客户电流互感器变比信息与实际不符时,由计量人员按规范流程在营销系统中更正电流互感器变比,并根据电流变比错误、发生时间及客户用电负荷等情况,进行电量电费退补工作。

(3)若电流互感器误差超差,由计量人员按规范流程办理停电手续后更换电流互感器,并根据电流变比错误、发生时间及客户用电负荷等情况,进行电量退补工作。

二、实践咨询

(一)工作准备

(1)班级学生形成 6~7 人的电能计量运行班组,各组自行选出组长。

(2)组长召集组员利用相关工具去××专变客户相关现场收集实际数据,进行异常分析并整理资料。

(3)分工协作撰写《××专变客户二次回路异常分析与处理报告》,并形成汇报 PPT。

(二)操作步骤

(1)电能计量运行班向指导老师汇报"××专变客户二次回路异常分析与处理报告"。

(2)班组成员记录指导老师和其他分析班组对本组汇报的点评。

(3)负责人组织员参照意见修改《××专变客户二次回路异常分析与处理报告》。

(4)召开"××专变客户二次回路异常分析与处理"工作总结会议,点评成员在完成本次任务中的表现。

(5)任务完成,线路运行班将修改后的《××专变客户二次回路异常分析与处理报告》文档、汇报 PPT、工作总结及成员成绩交给指导老师。

【任务实施】

任务描述:××电能计量运行班组接到工作任务通知,编制二次回路异常分析与处理报告。

1.咨询(课外完成)

(1)二次回路异常有几种类型?

（2）如何处理二次回路异常？

2. 决策

（1）岗位划分：

岗位 班组	班长	报告 撰写员	报告 撰写员	PPT 制作	PPT 制作	资料 收集员	资料 收集员

（2）编制《××专变客户二次回路异常分析与处理报告》。

①二次回路异常的类型；

②二次回路异常形成原因；

③二次回路异常排查方法；

④解决二次回路异常的措施。

3. 台区电能表接线异常分析与处理报告汇报

4. 检查及评价

考评项目	自我评估	组长评估	教师评估	备注
团队合作 20%				
案例分析报告 35%				
案例分析汇报 30%				
安全文明 15%				

任务 2.4　自动化抄表管理

【教学目标】

知识目标：

（1）理解上行通信的含义；

（2）理解下行通信的含义。

能力目标：

（1）能够对采集终端上行通信异常进行判别及处理；

（2）能够对采集终端下行通信异常进行判别及处理。

态度目标：

（1）能主动学习，在完成任务过程中发现问题、分析问题和解决问题；

（2）能与小组成员协商、交流配合完成本次学习任务，养成分工合作的团队意识；

（3）严格遵守安全规范，爱岗敬业、勤奋工作。

【相关知识】

一、理论咨询

自动抄表系统是将电能计量数据进行自动采集、传输和处理的系统。自动抄表异常是指因采集设备、通信通道、电能表异常等原因引起采集失败或抄表数据错误。常见自动抄表异常包括上行通信异常、下行通信异常和自动抄表数据错误。

（一）上行通信异常

上行通信异常是指采集终端因 GPRS、CDMA、以太网等通信故障引起采集终端登录主站异常。表现为采集终端无法登录或频繁登录用电信息采集系统主站，常见的通信异常有采集终端无信号或者信号弱、采集终端找不到 SIM 卡、采集终端无法获得 IP 地址、采集终端获取成功获取 IP 地址但无法连接主站、采集终端频繁掉线等。

1. 采集终端无信号或者信号弱

（1）故障现象：采集终端时而在线时而不在线。采集终端屏幕顶部显示信号强度弱，或者显示无信号。

（2）产生原因：

①采集终端所在位置无线公网信号弱。

②SIM 卡虚接、损坏及欠费。

③采集终端天线故障（未接、虚接、外部损坏）。

④天线安装在计量箱或箱变内，无线信号被屏蔽。

⑤上行通信模块故障。

⑥采集终端本体故障。

（3）故障排查：

①利用手机等工具检查现场信号强度。

②检查 SIM 卡是否接触良好，SIM 卡是否损坏。

③检查 SIM 卡是否欠费。取下 SIM 卡装入手机，发送短信，如未发成功则 SIM 卡欠费。

④检查天线是否存在未接、虚接、外部损坏，并查看天线是否安装在计量箱或箱变内，即是否受箱体金属屏蔽影响。

⑤检查上行通信模块是否出现故障，通过查看上行通信模块面板信号指示灯显示情况判断，或者更换新的上行通信模块查看终端是否上线。

⑥排除以上原因，则采集终端本体出现故障。

（4）故障修复：

①若无线公网信号强度弱，则调整天线位置、加装信号放大器等，或与运营商联系解决信号强度问题。若无线公网信号无法覆盖，可采用延长天线馈线、加装信号放大器、无线中

继器。

②若 SIM 卡松动,重新安装 SIM 卡,并确保接触良好;若 SIM 卡损坏,则更换;若 SIM 卡欠费,则充值。

③若天线未接、虚接,则重新接上天线,并检查连接是否紧固;若天线损坏,则更换天线。

④若上行通信模块故障,则更换上行通信模块。

⑤若采集终端本体故障,则按照规范流程更换采集终端。

2. 采集终端无法连接到主站

(1)故障现象:采集终端离线,现场终端屏幕显示"登录失败"。

(2)故障原因:

①无线公网信号强度弱。

②APN 参数设置错误,如 APN 名称、用户名、密码设置错误。

③采集终端配置的主站 IP 或端口号错误。

④主站路由器、防火墙、负载均衡器、通信服务器等设备故障。

(3)故障排查:

①检查现场无线公网信号强度是否正常。

②检查 APN 参数设置是否正确。

③检查采集终端配置的主站 IP 或端口号是否正确。

④若出现大面积终端离线的情况,则检查主站是否出现故障。

(4)故障修复:

①若无线公网信号强度弱,则调整天线位置、加装信号放大器等,或与运营商联系解决信号强度问题。

②若 APN 参数设置错误,根据不同通信运营商修正参数。

③若采集终端主站 IP、端口号参数设置错误,则现场修正。

④若主站出现问题,则联系信通公司解决。

3. 采集终端频繁掉线

(1)故障现象:采集终端频繁登录主站,频繁切换在线、离线状态。

(2)故障原因:

①现场无线信号弱。

②处于两个通信基站覆盖的交界点,信号不稳定。

③终端地址重复。

④主站负载均衡器故障,或前置机数量不足。

⑤无线通信运营商分配的 IP 地址数量不足。

(3)故障排查:

①检查信号强度,如信号弱,与运营商联系。

②关闭终端电源,若采集主站还能召测终端时钟等,则为地址重复,需修改终端地址。

③若多家通信运营商的设备均出现这种现象,则联系信通公司检查主站设备是否存在

故障。

④若只有某一通信运营商的设备有这种现象,则要运营商检查分配 IP 地址数量是否少于运行 SIM 卡数量。

(4)故障修复:

①若信号强度弱,则调整天线位置、加装信号放大器等,或与运营商联系解决信号强度问题。

②若终端地址重复,分别核实重复地址的终端其正确终端地址,并在现场修正。

③若多家通信运营商的设备均出现该现象,则联系信通公司从采集系统主站设备方面解决。

④若只有某一通信运营商的设备有这种现象,则联系运营商解决。

(二)下行通信异常

下行通信异常是指终端与电能表之间的通信异常,常见的下行通信异常包括电能表 RS485 抄表失败、集中器不能抄读部分户表、集中器不能抄读所有户表、数据采集失败,召测实时数据成功、数据采集失败、透抄电能表实时数据成功、数据采集失败、透抄电能表实时数据失败、数据采集失败,提示"终端有回码但数据无效"、数据采集失败,提示"终端否认"等。

1. 电能表 RS485 抄表失败

(1)故障现象:采用 RS485 抄表的电能表,主站召测采集终端在线,但电能表采集失败。

(2)故障原因:

①采集终端内电能表通信参数错误,如抄表端口、表地址、规约、波特率等。

②电能表更换后未对采集终端重新设置电能表相关参数。

③采集终端软件故障。

④电能表未通电。

⑤采集终端 RS485 接口故障。

⑥电能表 RS485 接口故障。

⑦采集终端与电能表 RS485 接线故障,如接触不良、反接、短接、断线等。

(3)故障排查:

①采集系统主站召测表计规约、通信地址、端口号、波特率等电能表通信参数,确认电能表通信参数是否错误。

②电能表更换后未重新校报设置参数,排查方法与前一致。

③采集系统主站透抄表计,或在规约允许的情况下利用采集终端抄读终端现场测试仪器数据或采用采集终端外设判断,若可以抄表,则可能是采集终端软件出现问题。

④现场查看电能表是否带电。

⑤现场查看 RS485 接线是否有接触不良,无则拆除采集终端 RS485 接线后,测量 RS485A、B 线路上电压是否正常,若电压为负(一般为 2 ~ 4.5 V),则 RS485 反接;若电压为0,则继续拆除电能表侧 RS485 接线,利用万用表分别测量 RS485 单根线路电阻,若电阻为无穷大,则为断线。

（4）故障修复：

①若采集终端内电能表通信参数错误或电能表更换后未重新设置参数,则重新下发电能表通信参数至采集终端。

②若采集终端软件故障,则联系厂家升级或更换采集终端。

③若电能表未通电,则按照标准流程给电能表通电。

④若采集终端 RS485 接口故障,则按照标准流程更换采集终端。

⑤若电能表 RS485 接口故障,则按照标准流程更换电能表。

⑥若 RS48 导线接触不良或 RS485 反接,则重新按照标准流程进行接线;若 RS485 线断线,则拆除原来接线并按照标准流程重新进行接线。

2. 集中器不能抄读部分户表

（1）故障现象:采集系统主站召测集中器抄表状态或者召测户表数据,部分户表未抄读成功。

（2）故障原因:

①采集终端内无部分电能表通信参数或参数错误。

②台区划分错误,抄不到的表不属于该集中器抄读的台区。

③集中器某相电压不正常。

④抄不到的电能表与抄得到的电能表之间距离过远,无法建立中继。

⑤电能表的载波模块故障或者与集中器的载波模块不兼容。

⑥电能表载波模块端口故障。

⑦现场存在干扰源。

（3）故障排查:

①采集系统主站远程召测集中器内电能表通信参数,与采集系统主站档案信息比对是否一致。

②现场通过线路或者采用台区归属识别仪判断电能表台区归属。

③采用万用电测量集中器三相电压是否正常。

④现场查看集中器与电能表之间距离是否过远,同时采用抄控器进行抄读或者采用采集外设进行验证是否是距离问题。

⑤更换电能表载波模块,验证集中器是否可以抄读电能表或采用采集外设验证载波模块是否合格。

⑥重新安装或更换电能表载波模块,通过模块指示灯显示是否正常,排除是否是电能表模块端口故障。

⑦现场分析抄读失败表计是否处于同一相或者同一区域,沿着变压器出线进行一一排查,主要通过关闭用户出线开关抄读表计来判断,找出干扰源。

（4）故障修复:

①若电能表通信参数出现问题,则重新下发电能表通信参数至集中器。

②若台区归属不正确,则按现场实际情况进行台区调整。

③若集中器某相电压不正常,则分析线路原因,进行相应处理。

④若抄不到的电能表与抄得到的电能表之间距离过远,则在集中器与电能表之间增加中继器,延长通信距离。

⑤若电能表载波模块故障,则更换电能表载波模块。若电能表载波模块与集中器载波模块不兼容,则更换电能表载波模块,保证与集中器载波模块兼容。

⑥若电能表载波模块端口故障,则按标准流程更换电能表。

⑦若现场存在干扰源,则找出并关闭干扰源,或采用双模模块,用其他通信方式桥接,或更换整个台区载波方案。

3. 集中器不能抄读所有户表

(1)故障现象:集中器在线,其下所有户表均采集失败。

(2)故障原因分析:

①集中器中所有户表档案电能表通信参数错误。

②集中器本地通信模块故障。

③集中器本地通信模块接口故障。

④集中器本地通信模块与电能表载波模块不匹配。

(3)故障诊断排查:

①采集系统主站召测集中器内电能表通信参数,核实是否正确。

②检查集中器本地通信模块是否出现故障,通过更换新的模块,然后进行抄表验证或采用采集外设进行验证。

③若更换新模块所有户表仍采集失败,则核实是否是集中器本地通信模块接口故障或采用采集外设进行验证。

④核实集中器模块是否与电能表载波模块匹配。

(4)故障修复:

①若电能表通信参数出现问题,则重新下发电能表通信参数至集中器。

②若集中器载波模块故障,则更换集中器载波模块。

③若集中器载波模块接口故障,则按标准流程更换集中器。

④若集中器模块与台区所有电能表载波模块不匹配,则更换集中器端载波模块,确保与电能表通信模块相匹配。

4. 数据采集失败,召测或透抄实时数据成功

(1)故障现象:采集系统主站召测电能表日冻结数据失败,但召测或透抄实时数据成功。

(2)故障原因:

①采集终端时钟错乱。

②电能表时钟错乱。

③用户电能表跨零点停电。

④电能表故障,表内无日冻结数据。

⑤采集终端软件或本体故障。

（3）故障诊断排查：

①召测采集终端时钟与标准时间比对,核对其是否错误。

②透抄电能表时钟与标准时间比对,核对其是否错误。

③通过查询电能表停电记录或向调度等相关部门核查用户电能表是否跨零点停电。

④透抄电能表日冻结数据,若失败则初步判断为电能表故障。

⑤以上原因都排除后初步判断为采集终端软件故障或本体故障。

（4）故障修复：

①若采集终端时钟错误,则按照标准流程对采集终端进行校时,校时失败则更换采集终端。

②若电能表时钟错乱,则按照标准流程对采集终端进行校时,校时失败则更换电能表。

③若用户跨零点停电,则无需处理。

④若电能表故障,则按标准流程更换电能表。

⑤若采集终端故障,则按标准流程对采集终端进行软件升级,若升级后仍无法消除故障,则更换采集终端。

5.数据采集失败,透抄电能表实时数据失败

（1）故障现象:采集系统主站召测电能表日冻结数据失败,透抄电能表实时数据失败。

（2）故障原因：

①电能表未通电。

②采集终端参数设置错误或未下发。

③采集终端故障。

④电能表故障。

⑤采集终端与电能表之间通信故障。

（3）故障排查：

①现场查看电能表是否带电、或查询电能表停电记录、或向调度等相关部门核查用户是否停电。

②召测采集终端任务,查看是否正确下发或正确设置。

③现场检查采集终端是否故障或透抄其他电能表实时数据是否成功。

④现场检查电能表是否故障。

⑤通信故障排查,假如是 RS485 通信,则参照电能表 RS485 抄表失败中方法排查。假如是载波通信,则参照集中器不能抄读部分户表、集中器不能抄读所有户表中的修复方法来处置。

（4）故障修复：

①若电能表未通电,则重新给电能表通电。

②若采集终端任务设置错误或未下发,则正确设置并重新下发。

③若采集终端软件故障,则按标准流程对采集终端进行升级或更换。

④若电能表故障,则按标准流程更换电能表。

⑤若是 RS485 通信,则参照电能表 RS485 抄表失败中故障修复方法来处置。若是载波通信,则参照集中器不能抄读部分户表、集中器不能抄读所有户表中故障的修复方法来处置。

(三)自动抄表数据错误

自动抄表数据错误指采集系统主站采集数据与电能表实际数据不一致。常见自动抄表数据错误包括采集系统主站与采集终端数据不一致、采集终端与电能表数据不一致等。

1. 采集系统主站与采集终端的数据不一致

(1)故障现象:采集系统主站查询电能表日冻结数据与召测电能表日冻结数据不一致。

(2)故障原因:

①采集终端时钟错乱。

②采集终端内的测量点编号与采集系统主站内测量点编号所对应的电能表表号不一致。

③采集终端地址重复,但采集系统主站同一地址只允许一台终端上线,另一台地址相同的终端登录上线后系统自动踢出之前上线的终端,导致采集系统主站采集错误终端数据。

(3)故障诊断:

①采集系统主站召测采集终端时钟,核对时钟是否错误。

②采集系统主站召测电能表通信参数,核对采集系统主站内测量点档案信息与采集终端内测量点档案信息是否一致。

③关闭终端电源,召测采集终端数据,若能召测到终端数据,则表明该终端地址被重复使用。

(4)故障修复:

①若采集终端时钟错误,则按照标准流程对采集终端进行校时或更换。

②若电能表通信参数设置错误,则重新下发电能表通信参数至采集终端。

③若采集终端地址重复,则需要更改采集终端地址和采集系统档案终端地址。

2. 采集终端与电能表数据不一致

(1)故障现象:采集系统主站召测电能表和透抄电能表日冻结数据不一致。

(2)故障原因:

①采集终端时钟错乱。

②采集终端内的测量点编号与采集系统主站内测量点编号所对应的电能表表号不一致。

③电能表时钟错误。

④电能表时钟正确,但电能表跨零点停电。

⑤电能表故障,表内无日冻结数据。

⑥采集终端故障。

（3）故障诊断排查：

①主站召测采集终端时钟，核对时钟是否错误。

②主站召测电能表通信参数，核对采集系统主站内测量点档案信息与采集终端内测量点档案信息是否一致。

③采集系统主站透抄电能表时钟，核对电能表时钟是否正确。

④通过召测采集终端停电信息或者向调度等单位咨询此台区是否跨零点停电。

⑤现场通过掌机确认电能表冻结数据是否正常。

⑥比对采集终端接入的其他电能表数据是否采集成功，判断是否是采集终端故障。

（4）故障修复处置：

①若采集终端时钟错误，则按照标准流程对采集终端进行校时或更换。

②若电能表通信参数设置错误，则重新下发电能表通信参数至采集终端。

③若电能表时钟错误，则按照标准流程对电能表进行校时或更换。

④若电能表跨零点停电，则无需处理或更换跨零点停电后仍能进行冻结日数据的电能表。

⑤若电能表故障，则按照标准流程更换电能表。

⑥若采集终端故障，则升级或更换采集终端。

二、实践咨询

（一）工作准备

（1）班级学生形成 6~7 人的电能计量运行班组，各组自行选出组长。

（2）组长召集组员去公变台区相关现场测量实际数据并结合主站系统，进行自动化抄表异常分析并整理资料。

（3）分工协作撰写《××公变台区自动化抄表异常分析与处理报告》，并形成汇报 PPT。

（二）操作步骤

（1）电能计量运行班向指导老师汇报《××公变台区自动化抄表异常分析与处理报告》。

（2）班组成员记录指导老师和其他分析班组对本组汇报的点评。

（3）负责人组织员参照意见修改《××公变台区自动化抄表异常分析与处理报告》。

（4）召开"××公变台区自动化抄表异常分析与处理"工作总结会议，点评成员在完成本次任务中的表现。

（5）任务完成，线路运行班将修改后的《××公变台区自动化抄表异常分析与处理报告》文档、汇报 PPT、工作总结及成员成绩交给指导老师。

【任务实施】

任务描述：××电能计量运行班组接到工作任务通知，编制××公变台区自动化抄表异常分析与处理报告。

1. 咨询（课外完成）

（1）自动化抄表异常有几种类型？

（2）如何处理自动化抄表异常？

2. 决策

（1）岗位划分：

岗位 班组	班长	报告 撰写员	报告 撰写员	PPT 制作	PPT 制作	资料 收集员	资料 收集员

（2）编制《××公变台区自动化抄表异常分析与处理报告》。

①自动化抄表异常的类型；

②自动化抄表异常形成原因；

③自动化抄表异常排查方法；

④解决自动化抄表异常的措施。

3. 自动化抄表异常分析与处理报告汇报

4. 检查及评价

考评项目	自我评估	组长评估	教师评估	备注
团队合作20%				
案例分析报告35%				
案例分析汇报30%				
安全文明15%				

项目 3　电费核算

【情景描述】

使学生了解我国电力体制的改革与发展及电价的基本概念、电价分类;掌握电价政策相关知识以及电量电费核算过程及相关要点。

【教学目标】

(1)能够根据客户现场用电情况选择合理电价;
(2)能够根据系统抄录示值准确核算客户电量电费;
(3)能够对发行的电量电费进行纠错分析。

【教学环境】

多媒体教室、机房、教学视频。

任务 3.1　居民客户电费核算

【教学目标】

知识目标:
(1)了解居民阶梯电价与居民合表电价、"一户多人口"的内容与区别;
(2)掌握低压用户的电费计算规则。

能力目标:
(1)能根据电价政策正确计算居民客户阶梯电费;
(2)能正确计算低压客户的抄见电量、电度电费、代征费;
(3)能向居民用户正确解释电费的构成规则;
(4)能正确受理客户有关电价的咨询。

素质目标:
(1)养成良好的沟通意识和服务意识;
(2)养成自我学习的习惯,善于发现问题并主动分析问题的习惯;

（3）养成团队协作意识，能与小组成员协商、交流，配合完成学习任务。

【任务描述】

本任务包括居民电价电费核算的相关规定及电费计算。通过学习，掌握居民客户电费的计算方法。居民生活电价包括居民阶梯、居民合表和"一户多人口"。其中，居民阶梯电价制度是利用价格杠杆促进节能减排，通过划分一、二、三档电量，较大幅度提高第三档电量电价水平，在促进社会公平的同时，也可以培养全民节约资源、保护环境的意识，逐步养成节能减排的习惯。

【相关知识】

一、理论咨询

（一）电价的基本概念

电价是电力企业参与市场经济活动中，进行贸易结算的货币表现形式，它是电能价值的货币表现，是电力商品价格的总称。

《中华人民共和国电力法》第三十六条规定：制定电价，应当合理补偿成本，合理确定收益，依法计入税金，坚持公平负担，促进电力建设。

所以，电价＝电能成本+税金+利润。

（二）客户分类

用户分类包括高压、低压非居民、低压居民、公用配变、变电站、统调电厂、非统调电厂、自用电及其他。用电客户一般选择高压、低压非居民、低压居民这三种。

客户按市场化属性，可以分为非市场化客户、市场化零售客户、普通代购客户、退市代购用户等。

非市场化客户：适用于执行居民生活和农业生产电价的客户。

市场化零售客户：适用于参与市场化交易的客户。

普通代购客户：适用于电网企业代理购电的客户。

退市代购用户：适用于无正当理由退市、由电网企业代理购电的用户。

（三）电价分类

按生产和流通环节，电价可以分为电力生产企业的上网电价、输配电价、电网间互供电价、销售电价等。

上网电价：发电企业上网电量的电价。按发电资源类型分为煤电、气电、水电、抽水蓄能发电、核电、生物质发电、风电、光伏发电、光热发电等上网电价。

输配电价：是电网企业提供接入系统、联网、电能输送和销售服务的价格总称。《省级电网输配电价定价办法》[发改价格规〔2020〕101 号]规定，省级电网输配电价格以成本监制为基础，按照"准许成本加合理收益"方法核定输配电准许收入，再核定分电压等级和各类用户输配电价。省级电网输配电价在每一监管周期开始前核定，监管周期为三年。第三监管周期省级电网输配电价于 2023 年 5 月公布,自 2023 年 6 月 1 日起执行。

电网互供电价:各电力网间有互供电关系时而执行的一种电价,仅适用于各电力网间彼此隶属关系不同,不能统一核算,在各网结算电费时应用。

销售电价:电力供应企业向电力使用者供给、销售电力的价格。

(四)湖南省现行销售电价及实施范围

根据《湖南省发展和改革委员会关于省电网第三监管周期输配电价格及有关事项的通知》[湘发改价调规〔2023〕302 号],湖南省用户用电价格分为居民生活、农业生产及工商业用电(除执行居民生活和农业生产用电价格以外的用电)三类。

1. 居民生活用电电价

居民生活用电包括城乡居民家庭住宅生活用电(含城乡居民家庭租赁住房生活用电)、城乡居民住宅小区公用附属设施用电(不包括从事生产、经营活动用电)、学校教学和学生生活用电、社会福利场所生活用电、宗教场所生活用电、城乡社区居民委员会(农村村民委员会)服务设施用电、农村饮水安全工程用电、监狱监房生活用电、托育机构用电等。

(1)城乡居民住宅生活用电:是指城乡居民家庭住宅、机关、部队、学校、企事业单位集体宿舍的生活用电。

(2)城乡居民住宅小区公用附属设施用电:是指城乡居民家庭住宅小区内的公共场所照明、电梯、电子防盗门、电子门铃、二次供水水泵、消防、绿地、门户、车库、物业管理、集中供暖或制冷设施以及为居民服务和非经营性用电。

(3)学校教学和学生生活用电:是指学校的教室、图书馆、实验室、体育用房、学校行政用房等教学设施,以及学生食堂、澡堂、宿舍等学生生活设施用电。

执行居民生活用电价格的学校,是指经国家有关部门批准,由政府及其有关部门、社会组织和公民个人举办的公办、民办学校,包括:

①普通高等学校(包括大学、独立设置的学院和高等专科学校)。

②普通高中、成人高中和中等职业学校(包括普通中专、成人中专、职业高中、技工学校)。

③普通初中、职业初中、成人初中。

④普通小学、成人小学。

⑤幼儿园(托儿所)。

⑥特殊教育学校(对残障儿童、少年实施义务教育的机构)及残疾人技能培训机构。

⑦党校行政学院、电大、函大、职大、夜大等非经营性成人高等教育机构。

执行居民生活用电价格的学校,除残疾人技能培训机构外的各类经营性培训机构(如驾校、烹饪、美容美发、语言、继续教育、电脑培训等)和各类企事业单位培训中心等。

(4)社会福利场所生活用电:是指经县级及以上人民政府民政部门批准,由国家、社会组织和公民个人举办的,为老年人、残疾人、孤儿、弃婴提供养护、康复、托管等服务场所的生活用电。

(5)宗教场所生活用电:是指经县级及以上人民政府宗教事务部门登记的寺院、官观、清真寺、教堂等宗教活动场所常住人员和外来暂住人员的生活用电。

(6)城乡社区居民委员会(农村村民委员会)服务设施用电:是指城乡社区居民委员会(农村村民委员会)的工作场所及非经营性服务设施的用电。具体包括:城乡社区居民委员会(农村村民委员会)办公场所用电;附属的非经营公益性的图书阅览室、警务室、医务室、健身室等用电;附属的福利院、敬老院以及为老年人提供膳宿服务的养老服务设施的用电。不包括街道办事处用电。

(7)农村饮水安全工程居民供水用电:是指列入国家和省农村饮水安全规划,以解决农村居民饮用水为主要目标的乡镇及其以下供水工程中,居民饮水的取水、抽水、输水等生产用电,不包括办公等用电。

(8)监狱监房生活用电:主要包括监狱、看守所、拘留所中监房的生活用电及场所内的食堂、澡堂等非经营性生活设施用电,不包括监狱、看守所、拘留所等办公及其他用电。

(9)市州政府所在城市的社区农超对接店用电。农超对接店指农产品生产者直接供应农产品的超市、便民店。

以上范围,城乡居民家庭住宅用电执行居民生活用电价格,即电网企业抄表到户的居民用户执行居民阶梯电价,未抄表到户的合表居民用户和其他执行居民生活用电价格的非居民用户执行居民合表用户电价。凡利用居民住宅及执行居民生活用电的学校、场所从事生产、经营活动的用电,不执行居民生活用电电价,应按用电类别分表计量。

2.农业生产用电

农业生产用电,是指农业、林业培育和种植、畜牧业、渔业生产用电、农业灌溉用电,农村保鲜仓储设施用电,以及农业服务业中的农产品初加工用电,不包括农、林、牧、渔服务业用电和农副食品加工业用电。脱贫县农业排灌用电价格暂单列。

(1)农业、林业、牧业和渔业用电。

农业用电:是指各种农作物的种植活动用电。包括谷物、豆类、薯类、棉花、油料、糖料、麻类、烟草、蔬菜、食用菌、园艺作物、水果、坚果、含油果、饮料和香料作物、中药材及其他农作物种植用电。

林木培育和种植用电:是指林木育种和育苗、造林和更新、森林经营和管护等活动用电。其中,森林经营和管护用电指在林木生长的不同时期进行的促进林木生长发育的活动用电。

畜牧业用电:是指为了获得各种畜禽产品而从事的动物繁殖、饲养活动用电,包括畜禽养殖场、养殖小区的畜禽养殖污染防治设施运行用电。不包括专门供体育活动和休闲等活动相关的禽畜饲养用电。

渔业用电:是指对各种水生动物进行养殖、捕捞活动用电。不包括专门供体育活动和休闲钓鱼等活动用电以及水产品的加工用电。

(2)农业灌溉用电:是指为农业生产服务的灌溉及排涝用电。

(3)脱贫县农业排灌用电:是指《湖南省发展和改革委员会关于省电网2020—2022年输配电价有关问题的通知》(湘发改价调规〔2020〕833号)规定的已摘帽国家和省两级扶贫开发工作重点县(市、区)的为农业生产服务的灌溉及排涝用电。

（4）农村保鲜仓储设施用电：是指对家庭农场、农民合作社、供销合作社、邮政快递企业、产业化龙头企业、农产品流通企业在农村建设的保鲜仓储设施用电。其中：农民合作社、供销合作社、邮政快递企业、农产品流通企业为市场主体，以营业执照确认；家庭农场按《湖南省家庭农场认定管理办法（试行）》（湘农发〔2016〕294 号）规定，由县级农村经营管理部门发布并颁发、由省农业委员会统一监制的《湖南省家庭农场认定证书》；农业产业化龙头企业由政府相关部门认定，不仅具备营业执照，同时应有相关证书。"农村"是指以民政部门确认的村民委员会辖区为划分对象，范围在城镇以外的区域。按照湖南省统计局公布的《2019年湖南省行政区划和城乡分类代码》，对"行政区划代码"中第 10 ～ 12 位在"200 ～ 399"范围内的村，界定为"农村"。"保鲜仓储设施"是指上述企业在农村建设的具备冷藏、冷冻、保温等温度控制的恒温库、冷库，同时直接向电网企业进行报装用电的，在产品初加工生产环节或之前环节执行农业生产用电价格。国家粮食储备仓库等普通仓储设施，不属于保鲜仓储设施。

（5）农产品初加工用电：是指对各种农产品（包括天然橡胶、纺织纤维原料）进行脱水、凝固、去籽、净化、分类、晒干（烘干）、剥皮、初烤、沤软或大批包装以提供初级市场的用电。具体包括：

①粮食初加工用电：是指小麦、稻谷的净化、晒干（烘干）及米糠清理用电；原粮初清、烘干、清杂、奢谷、谷糠分享环节的用电；玉米的筛选、脱皮、净化、晒干（烘干）用电；薯类的清洗、去皮用电；食用豆类的清理去杂、浸洗、晾晒（烘干）用电；燕麦、荞麦、高粱、谷子等杂粮清理去杂、晾晒（烘干）及米糠等粮食的副产品的清理用电。

②水果初加工用电：是指新鲜水果（含各类山野果）的清洗、剥皮、分类用电。

③花卉及观赏植物初加工用电：是指各种用途的花卉及植物的分类、剪切用电。

④油、糖料植物初加工用电：是指菜籽、花生、大豆、葵花籽、蓖麻籽、芝麻、胡麻籽、茶子、桐子、棉籽、红花籽、甘蔗等各种糖、油料植物的清理、清洗、破碎等简单加工用电。

⑤茶叶初加工用电：是指对茶树鲜叶通过筛选、切、选、拣、炒等工序制成毛茶或半成品原料茶的用电。

⑥药用植物初加工用电：是指各种药用植物的挑选、整理、捆扎、清洗、晾晒用电。

⑦纤维植物初加工用电：是指棉花去籽、麻类沤软用电。

⑧天然橡胶初加工用电：是指天然橡胶去除杂质、脱水（烘干）用电。

⑨烟草初加工用电：是指烟草的初烤用电。

⑩大批包装用电：是指各类农产品初加工过程中的大批包装以提供初级市场的用电。

⑪秸秆初加工用电：是指秸秆捡拾、打捆、切割、粉碎、压块等初加工用电。

3. 工商业用电

工商业用电是指除居民生活及农业生产用电外的用电。

（1）非居民照明用电：除居民生活用电、商业用电、大工业用户生产车间的照明和空调用电外的照明、空调、办公设备用电。

（2）商业用电：从事商品交换或提供商业性、金融性、服务性、娱乐性有偿服务的所有用电,包括:批发零售贸易业的用电、餐饮业的用电、金融保险业的用电、邮电通信业的用电、旅游旅馆业的用电、娱乐业的用电、信息广告业的用电、对外收费的公园、公厕、展览馆、公路收费站等单位的用电。

(3)非工业用电:凡以电为原动力,或以电冶炼、烘焙、电解、电化的试验和非工业生产,其总容量在 3 kW 及以上。

(4)普通工业用电:凡以电为原动力,或以电冶炼、烘焙、电解、电化的一切工业生产及修理业务,且受电变压器总容量不足 315 kVA 的用电,其电价实行单一制电价制度。

(5)大工业用电:指受电变压器(含不通过受电变压器的高压电动机)容量在 315 kVA 及以上的,可根据自身用电特性,自愿选择执行大工业用电(两部制)价格,确认后保持一年不变。

4.其他用电

(1)电动汽车充换电设施用电:对向电网经营企业直接报装接电的经营性集中式充换电设施用电,执行大工业(两部制)用电价格。2025 年前,暂免收容(需)量电费。其他充电设施按其所在场所执行分类电价。其中,居民家庭住宅、居民住宅小区、执行居民电价的非居民用户中设置的充电设施用电,执行居民用电价格中的合表用户电价(经营性充电设施除外),是否执行分时电价,由居民用户自行选择,选定后一年内不得变更,选择次月生效;党政机关、企事业单位和社会公共停车场中设置的充电设施用电执行工商业(单一制)用电价格。

(2)按照《湖南省发展和改革委员会关于我省居民阶梯电价制度及有关事项的通知》(湘发改价调规〔2024〕14 号),对全省"最低生活保障户"和"城乡特困人员救助户"家庭每户每月免费 10 kWh。供电企业以县级及以上民政部门提供的最低生活保障户和城乡特困人员救助户数据为依据进行减免;免费用电量纳入第一档分档电量,自 2024 年 2 月 1 日起施行,有效期 5 年。

(3)按照《关于进一步做好全省易地扶贫搬迁后续扶持工作 巩固拓展脱贫攻坚成果的实施意见》(湘发改西开〔2021〕851 号),对易地扶贫搬迁户生活用电价格给予扶持:

①对全省易地扶贫搬迁户每月每户免收 10 kWh 电费;

②对全省易地扶贫搬迁户生活用电价格暂按 0.588 元/kW 执行。

(五)政府性基金及附加

政府性基金及附加是按照国务院授权部门批准,根据国家发改委电价相关政策,随结算有功电量征收的基金及附加所对应的费用,主要包括国家重大水利工程建设基金、农网还贷资金、大中型水库移民后期扶持基金、地方水库移民后期扶持基金、可再生能源电价附加。每一种用电类别,都有按规定代征的基金及附加。国家逐渐降低政府性基金及附加,从而合理调整电价结构,进一步降低用能成本,助力企业减负,促进供给侧结构性改革。

1.国家重大水利工程建设基金

除国家级贫困县农业排灌用电外的各类用电均应收取,自 2010 年 1 月 1 日起执行征收,在此之前是三峡工程建设基金。

2. 农网还贷资金

除贫困县农业排灌用电外的各类用电均应收取,用于农村电网改造贷款还本付息。农网还贷资金按每 kWh 电 2 分钱收取,农网还贷资金自 2001 年 1 月 1 日起执行征收。

3. 水库移民后期扶持基金

除农业生产用电外,其他所有用电均应征收,包括大中型水库移民后期扶持基金、地方水库移民后期扶持基金,用于扶持农村移民改善生产生活条件,促进库区和移民安置区经济社会和谐发展。

4. 可再生能源电价附加

除农业生产用电外,其他所有用电均应征收可再生能源电价附加,用于支持我国可再生能源的发展。2012 年居民生活用电每 kWh 附加 0.1 分钱,其他用电每 kWh 附加 0.8 分钱;2016 年以后居民生活用电每 kWh 附加 0.1 分钱,其他用电每 kWh 附加 1.9 分钱。

(六)电价政策知识点

我国对城乡"一户一表"居民用电实行单一制电价制度和阶梯电价制度。

1. 居民阶梯电价

全省由供电企业(含地方供电企业)实行"一户一表"抄表结算到户的城乡居民用电户。

根据国家发展改革委《印发关于居民生活用电试行阶梯电价的指导意见的通知》(发改价格〔2011〕2617 号)文件,居民阶梯电价执行中"户"的概念定义如下。

"户"定义:居民用户原则上以住宅为单位,一个房产证明对应的住宅为一"户",没有房产证明的,以供电企业为居民安装的电能表为单位。

"一户一表"居民客户定义:一个房产证明对应的住宅为一"户",且用电分类为居民,行业为城镇居民、农村居民,执行居民电价,只有一个计量点,安装一套计量表计。

根据国家发改委《关于我省居民阶梯电价制度及有关事项的通知》(湘发改价调规〔2024〕14 号)要求,城乡居民自建房执行居民阶梯电价,其中属于多层多套且实际多户居住的,可按实际分户装表,分别执行居民阶梯电价。

2. 居民合表电价

根据国家发改委《关于我省居民阶梯电价制度及有关事项的通知》(湘发改价调规〔2024〕14 号)要求,居民合表区分为居民及非居民两类。

表 3.1.1 电度电价分类

用电分类	电度电价(元/kWh)		
	不满 1 kV	1~10 kV	35 kV 及以上
一、居民生活用电	0.588 0	0.573 0	0.563 0
其中:居民合表-居民用电	0.604 0	0.589 0	0.579 0
其中:居民合表-非居民用电	0.634 0	0.619 0	0.609 0

居民类指尚未由供电企业实行"一户一表"直接抄表到户的商品房、保障性住房、企事业

单位小区(宿舍)等城乡居民住宅小区合表用户,不执行居民阶梯电价,其用电价格在居民用户基准电价的基础上,每 kWh 提高 0.016 元。

非居民类是指除城乡居民住宅生活用电外、执行居民生活用电类别价格的用户。具体包括城乡居民住宅小区公用附属设施用电、学校教学和学生生活用电、社会福利场所生活用电、宗教场所生活用电、城乡社区居民委员会(农村村民委员会)服务设施用电、农村饮水安全工程用电、监狱监房生活用电、托育机构等。执行标准为:其用电价格在居民用户基准电价的基础上,每 kWh 提高 0.046 元。

3."一户多人口"电价

家庭人口五人及以上且未将住宅用于经营活动的居民用户,可持户口簿、居住证、房产证等相关证件到当地电力营业厅申请办理"一户多人口"用电企业,户口簿、居住证、房产证地址应与用电地址一致。经供电企业核实确认后,该居民用户自次月起第一档居民阶梯电量基数每月增加 100 kWh。

(七)电费计算规则

居民用电的收费标准并非全国统一,而是由各地区根据自身情况制定。居民电费的计算主要依据用电量以及当地的电价标准。我国实行的是分类电价和分时电价制度,同时,很多地区都采用阶梯定价的方式,即不同档次的用电量对应不同的电价。

居民阶梯电价电费按递增法计算,即先按照总用电量和基准电价标准计算全部电量的电费,再按照第二档、第三档加价电价标准,分别计算递增电费,以上三部分电费之和为居民用户的总电费。

1.居民用户的阶梯分档电量标准

抄表周期为一个月的居民用户,按月确定各档电量,并以各档电量执行阶梯电价;抄表周期为两个月的居民用户,按照两个月阶梯分档电量标准相加确定各分档电量。

①第一档电量,不分季节。

普通居民阶梯用户为每户每月 200 kWh 及以内的用电量;享受一户多人口优惠用户为每户每月 300 kWh 及以内的用电量。

②二档、三档用电量,分季节。

春秋季(3、4、5、9、10、11 月):普通居民阶梯用户二档电量为 200~350 kWh、三档电量为 350 kWh 以上;享受一户多人口优惠用户二档电量为 300~450 kWh、三档电量为 450 kWh 以上。

冬夏季(1、2、6、7、8、12 月):普通居民阶梯用户二档电量为 200~450 kWh、三档电量为 450 kWh 以上;享受一户多人口优惠用户二档电量为 300~550 kWh、三档电量为 550 kWh 以上。

2.居民用户办理用电业务后的阶梯分档电量标准

居民用户因新装、销户、过户、改类等业务原因,业务变更前(后)用电天数不足 1 个月的,电量计算可按照按月分档和按日分档两个处理方法。

①按月分档:用电时间不为整月的,分档电量标准按照整月标准处理。

②按日分档:以 30 天为标准,将分档电量标准折算到天,乘以实际用电天数确定结算分档电量标准。

以按月分档的计算方法处理,用电客户易于接受,便于操作和解读,但增加了抄表管理的难度,对抄表工作提出了更高的要求;以按日分档的方法处理,电量分档标准相对精确,电费结算比较复杂,用户咨询需求较多,发票解读难度增大,用户不易接受,对电费复核工作提出了更高的要求。

3.计算方法

基准电费=总用电量×基准电价

二档递增电费=二档递增电量×二档递增电价

三档递增电费=三档递增电量×三档递增电价

总电费=基准电费+二档递增电费+三档递增电费

二、例题学习

【例1】某居民客户,7月1日电能表示数为710,8月1日电能表示数为220,表计倍率为1倍,请计算该用户7月应交电费。(居民生活电价为0.588元/kWh,第二档加价0.05元/kWh,第三档加价0.3元/kWh)

解:7月份属于夏季,一档电量为200 kWh,二档电量为200~450 kWh,三档电量为大于450 kWh。该户用电750 kWh,已达到三档阶梯。

基准电量=710-220=490(kWh)

基准电费=490×0.588=288.12(元)

二档递增电费=(450-200)×0.05=12.5(元)

三档递增电费=(490-450)×0.3=12(元)

合计电费=288.12+12.5+12=312.62(元)

答:该用户7月应交电费为312.62元。

【例2】某国际双语幼儿园,380 V供电,综合倍率为40倍,本月抄码为1 851.31,上月抄码为1 795.38,请判断该幼儿园应执行电价并计算本月应缴纳电费。

解:该幼儿园应执行居民合表-非居民(不满1 kV),电价0.634元/kWh。

抄见电量:(1 851.31-1 795.38)×40=2 237(kWh)

结算电费:2 237×0.634=1 418.26(元)

答:该幼儿园应执行居民合表-非居民(不满1 kV),本月应缴纳电费1 418.26元。

【例3】某市第一中学,10 kV供电,主要用于学校教学用电,综合倍率800倍,上月抄码为1 732.05,本月抄码为1 759.26,试计算该客户本月电量电费。(居民合表-非居民(1~10 kV)0.619元/kWh))

解:该客户表计用于第一中学学校教学用电,应执行居民合表-非居民(1~10 kV),电价0.619元/kWh。

抄见电量:(1 759.26-1 732.05)×800=21 768(kWh)

结算电费:21 768×0.619＝13 474.39(元)

答:该学校本月电量为 21 768 kWh,应缴纳电费 13 474.39 元。

【例4】客户新购置一台电动汽车,安装充电桩用于自家电动汽车充电,该表计 2024 年 6 月示抄码示数为 1 328,上月示数为 1 174,请试算该用户 5 月的电费。

解:该用户安装充电桩用于自家汽车用电,应执行居民合表-充电桩,电价 0.604 元/kWh。

应计电量:1 328−1 174＝154(kWh)

应缴电费:154×0.604＝93.02(元)

答:该户 5 月应交纳电费为 93.02 元。

【例5】某小区客户安装充电桩自用,向供电企业申请装表,客户申请选择充电桩分时电价,表计抄见示数如下,请试算该用户 7 月的电费。(居民充电桩平段电价 0.604 元/kWh)

时间	高峰	平段	低谷
本月抄码	125	160	90
上月抄码	70	60	50

解:该用户充电桩用于自家汽车充电,同时,客户申请充电桩分时电价,应执行居民合表-充电桩分时电价,执行标准:平段电价 0.604 元/kWh;低谷电价在平段电价基础上下浮 0.1 元/kWh,标准为 0.504 元/kWh;高峰电价在平段电量基础上上浮 0.1 元/kWh,标准为 0.704 元/kWh。

高峰抄见电量:125−70＝55(kWh)

平段抄见电量:160−60＝100(kWh)

低谷抄见电量:90−50＝40(kWh)

高峰电费:55×(0.604+0.1)＝38.72(元)

平段电费:100×0.604＝60.4(元)

低谷电费:40×(0.604−0.1)＝20.16(元)

合计电费:38.72+60.4+20.16＝119.28(元)

答:该用户 5 月应交纳电费为 119.28 元。

【例6】某居民客户办理了一户多人口业务,该用户 4 月份抄见电量 400 kWh,计算 4 月份电费。

解:户籍人口 5 人及以上的"一户一表"居民用户,可申请执行一户多人口优惠政策,居民阶梯电量基数每月增加 100 kWh。4 月份属于春季,一档电量为 200 kWh,二档电量为 200 ~ 350 kWh,三档电量为大于 350 kWh。因该户申请了一户多人口,则每档阶梯电量增加 100 kWh。该户用电 400 kWh,达到二档阶梯。

基准电费＝400×0.588＝235.2(元)

二档递增电费＝(400−300)×0.05＝5(元)

合计电费＝235.2+5＝240.2(元)

答:该用户 4 月应交纳电费为 240.2 元。

【例7】某居民客户为易地扶贫搬迁用户,7月、8月用电量分别为300 kWh、5 kWh,分别计算客户7月和8月电费。

解:根据政策要求,对全省易地扶贫搬迁户每月每户免收10 kWh电费。(指居民生活用电量,月用电量不足10 kWh的,按实际用电量免收);对全省易地扶贫搬迁户生活用电价格暂按0.588元/kWh执行;自2023年1月1日起执行,有效期5年。

(1)客户7月电费

电度电费=300×0.588=176.4(元)

免费基数电量=min(10,300)=10(kWh)

减免电费=−10×0.588=−5.88(元)

7月合计电费=176.4−5.88=170.52(元)

(2)客户8月电费

电度电费=5×0.588=2.94(元)

免费基数电量=min(10,5)=5(kWh)

减免电费=−5×0.588=−2.94(元)

8月合计电费=2.94−2.94=0(元)

答:该用户7月电费为170.52元,8月电费为0元。

【任务实施】

表3.1.2　客户电价咨询任务

任务名称	客户电价咨询	学时	2课时
任务描述	某中学客户申请用电,容量为400 kVA,有教学楼、办公楼、食堂、门卫、商店、体育馆等,客户前台咨询。前台受理员模拟接待客户咨询		
任务要求	2人1组,1人扮客户,1人扮前台受理员;依据最新电价政策和服务规范,正确回答客户电价咨询		
注意事项	每位学员应认真学习有关电价知识,有不懂之处及时咨询指导老师		
任务实施	1.危险点分析与控制措施电价类别、标准执行错误 2.作业前准备 知识准备:各电价制度及其执行范围。资料准备:电价政策文件。 3.操作步骤及质量标准 (1)确定客户用电类别、容量、供电电压等级; (2)确定客户用电设备执行的电价制度及标准 4.清理现场整理资料		

表3.1.3　居民客户电费计算任务指导书

任务名称	居民客户阶梯电费计算	学时	2课时
任务描述	经现场核实,某执行居民阶梯电价的客户,2024年3月抄表时误将实际抄码2270错录为2678,造成多抄录电量,已知上月抄表码为2270,请问应退补的电量电费是多少?		
任务要求	按居民客户阶梯电价政策及有关规定计算居民客户本月电费		
注意事项	电量保留到整数,电费保留2位小数		
任务实施	1. 风险点辨识:阶梯电价的执行,差错电费的计算 2. 作业前准备:电价表、阶梯电价的政策文件 3. 操作步骤及质量标准: (1)电量计算(基准电量计算、客户抄表季节确定、分档电量计算); (2)电费计算(计算本月实际应收电费、计算本月已发行电费、计算差错电费)		

任务3.2　低压非居民客户电费核算

【教学目标】

知识目标:

(1)掌握农业用户电价政策;

(2)掌握农业用户电量计算规则;

(3)掌握农业用户电费核算的方法。

能力目标:

(1)能根据电价政策正确计算农业用电客户电费;

(2)能正确计算农业用电客户的目录电度电费、功率因数调整电费、代征费;

(3)能向农业用电客户正确解释电费的构成规则。

态度目标:

(1)养成良好的沟通意识和服务意识;

(2)养成自我学习的习惯,善于发现问题并主动分析问题的习惯;

(3)养成团队协作意识,能与小组成员协商、交流,配合完成学习任务。

【任务描述】

本任务包括农业用户电价电费核算的相关规定及电费计算。通过学习,掌握农业用电客户电费的计算方法。

【相关知识】

一、理论咨询

（一）电价政策知识点

农业用电电费主要依据用电量和当地电价标准进行计算，同时还需参考当地电力部门制定的电价标准，这些标准可能因地区、用电时段及用电类型（如居民用电、农业用电等）的不同而有所差异。

（1）根据《湖南省发展和改革委员会关于省电网第三监管周期输配电价格及有关事项的通知》（湘发改价调规〔2023〕302 号），农业生产用电继续执行（湘发改价调规〔2020〕833 号）文件规定的目录销售电价政策。

（2）用电容量在 100 kVA（kW）及以上的农业生产用电（默认不执行分时）可选择执行分时电价。

（3）用电容量 100 kVA（kW）及以上的农业电价用户（含农业排灌），执行功率因数标准为 0.8。

（二）电费计算规则

农业用户电费＝目录电度电费+（功率因数调整电费）+代征电费

1. 不满 1 kV 的农业生产用户，电价峰谷执行标志为"否"，不执行分时电价

目录电度电费＝结算有功电量×目录电度电价

2. 选择执行分时的农业生产用户，电价峰谷执行标志为"是"，执行分时电价

用户电度电费＝销售目录电价电费

销售目录电价电费＝用户分时段结算电量×分时段销售目录电价

（1）峰谷分时时段。

2 月、3 月、4 月、5 月、6 月、10 月、11 月

高峰：11：00-14：00、18：00-23：00

平段：7：00-11：00、14：00-18：00

低谷：23：00-次日 7：00

1 月、7 月、8 月、9 月、12 月

尖峰：18：00-22：00

高峰：11：00-14：00、22：00-23：00

平段：7：00-11：00、14：00-18：00

低谷：23：00-次日 7：00

（2）峰谷分时价格。

高峰时段价格在平段电价基础上每 kWh 上浮 60%，低谷时段价格在平段电价基础上每 kWh 下浮 60%，尖峰时段价格在平段电价基础上每 kWh 上浮 92%（在高峰时段价格基础上每 kWh 上浮 20%）。尖峰、高峰、平段、低谷价格比为 1.92：1.6：1：0.4。

3.用电容量 100 kVA(kW)及以上的农业电价用户(含农业排灌),功率因素标准 0.80

功率因数调整电费=参与力调计算电费×调整系数

(1)功率因数实际值:以受电点为单位计算,取该受电点下所有计量点有功结算电量、无功结算电量进行计算。

(2)参与力调计算电费金额:目录电度电费。

(3)调整系数:根据执行的功率因数标准和计算出的实际功率因数,从功率因数调整电费表中获取。

(4)对执行功率因数标准为"不考核"的计量点,不计算功率因数调整电费。

(5)当增容或变更用电引起用户执行的电价或功率因数标准发生变化时,需根据变化前后的电量数据分段计算实际功率因数和力调电费。

(6)存在转供关系的两个用户,计算转供户功率因数时,需扣除被转供户、公用线路与变压器消耗的有功、无功电量。

4.代征电费计算

代征电费=结算有功电量×政府性基金及附加

农业用产的城市附加及代征电费包含:农网还贷资金 2 分钱、重大水利工程建设基金 0.105 分钱。

二、例题学习

【例 1】某村民委员会抗旱表,交流 380 V 供电,上月抄码为 620,本月抄码为 1379,综合倍率为 1 倍,试计算该客户本月电费。(农业生产不满 1 kV 目录电价 0.527 65 元/kWh,农网还贷 0.02 元/kWh,国家重大水利工程建设基金 0.001 05 元/kWh)

解:电量=1 379-620=759(kWh)

目录电度电费=759×0.527 65=400.48(元)

代征电费=759×(0.02+0.001 05)=15.98(元)

合计电费=400.48+15.98=416.46(元)

答:该用户本月应交电费为 416.46 元。

【例 2】某村委机埠用于村部抗旱排渍,低压供电,用电容量为 150 kVA,综合倍率 50 倍,客户选择不执行分时电价,该户 9 月有功总电量为 700 kWh,请计算该户 9 月排灌电量及电费。(农业排灌 1~10 kV 目录电价 0.548 7 元/kWh,国家重大水利工程建设基金 0.001 05 元/kWh)

日期	总有功	尖峰	高峰	低谷	平段	总无功
8月1日	64.11	6.19	17.66	20.55	19.7	179.68
9月1日	65.11	6.35	17.83	20.88	20.03	183.39

解:客户用电容量达到 100 kVA,应执行功率因数标准 0.8。

（1）电度电量

有功总电量 = (65.11-64.11)×600 = 600(kWh)

无功电量 = (183.39-179.68)×600 = 2 226(kVarh)

（2）目录电度电费

600×0.462 65 = 277.59(元)

（3）功率因数调整电费

根据执行的功率因数标准 0.8 和计算出的实际功率因数 0.26,从功率因数调整电费表中得到调整系数为 0.73%。

功率因数调整电费 = 277.59×73% = 202.64(元)

（3）代征电费

代征电费 = 600×0.00105 = 0.63(元)

（4）总电费

合计电费 = 277.59+202.64+0.63 = 480.86(元)

答:该用户 8 月排灌电量为 600 kWh,应缴纳电费为 480.86 元。

【任务实施】

表 3.2.1　低压非居民客户电费计算任务指导书

任务名称	低压非居民客户电费计算	学时	2 课时
任务描述	某村委机埠用于村部抗旱排渍,低压供电,用电容量为 150 kVA,综合倍率 50 倍,客户选择不执行分时电价,该户 9 月有功总电量为 700 kWh,请计算该户 9 月排灌电量及电费。(农业排灌不满 1 kV 目录电价 0.548 7 元/kWh,国家重大水利工程建设基金 0.001 05 元/kWh)		
任务要求	按低压非居民客户电价政策及有关规定计算客户本月电费		
注意事项	电量保留到整数,电费保留 2 位小数		
任务实施	1. 风险点辨识:农业用电电价的执行,电费的计算		
	2. 作业前准备:电价表、农业用电电价的政策文件		
步骤	操作步骤及质量标准: (1)电量计算 (2)电费计算		

任务 3.3　单一制客户电费核算

【教学目标】

知识目标：

(1)熟悉单一制用户的电价标准；

(2)掌握单一制用户的抄见电量、变损电量、结算电量的计算方法；

(3)掌握单一制用户的电度电费、功率因数调整电费计算方法。

能力目标：

(1)能正确执行单一制客户的电价标准；

(2)能正确计算单一制专变客户的抄见电量、变损电量、结算电量；

(3)能正确计算单一制专变客户的电度电费、功率因数调整电费等。

素质目标：

(1)养成良好的沟通意识和服务意识；

(2)养成自我学习的习惯,善于发现问题并主动分析问题的习惯；

(3)养成团队协作意识,能与小组成员协商、交流,配合完成学习任务。

【任务描述】

本任务包括单一制电价的适用范围、电费计算方法以及注意事项。通过概念描述、术语说明、公式解析、计算举例,掌握单一制电价用户电费计算方法。

【相关知识】

一、理论咨询

(一)电价政策知识点

1.分时电价

根据《国家发展改革委关于进一步完善分时电价机制的通知》(发改价格〔2021〕1093号)要求,为充分发挥价格杠杆作用,合理引导用户削峰填谷,促进构建以新能源为主体的新型电力系统,切实保障电力系统安全稳定经济运行,湖南省发改委发布《关于进一步完善我省分时电价政策及有关事项的通知》。

(1)除电气化铁路牵引、监狱生产企业及城镇供水企业生产、广播电视台无线发射台(站)、转播台(站)、差转台(站)、监测台(站)、医院等用电不执行分时电价外,大工业用电和用电容量达到 100 kVA(kW)及以上的一般工商业及其他用电执行分时电价。用电容量在 100 kVA(kW)及以上的农业生产、部分不适宜错峰用电的一般工商业及其他电力用户,可自行选择执行分时电价,确认后保持一年不变。

(2)全年峰谷时段按每日 24 小时分为高峰、平段、低谷,具体时段划分:

高峰:11:00—14:00、18:00—23:00,平段:7:00—11:00、14:00—18:00,低谷:23:00—次日 7:00,实施季节性尖峰电价政策,每年 1 月、7 月、8 月、9 月、12 月,对执行分时电价的工商业用户,每日 18—22 时用电价格在高峰电价基础上上浮 20%。

(3)高峰时段价格在平段电价基础上每 kWh 上浮 60%,低谷时段价格在平段电价基础上每 kWh 下浮 60%,尖峰时段价格在平段电价基础上每 kWh 上浮 92%(在高峰时段价格基础上上浮 20%)。尖峰、高峰、平段、低谷价格比为 1.92:1.6:1:0.4。

根据《国家发展改革委办公厅关于组织开展电网企业代理购电工作有关事项的通知》(发改办价格〔2021〕809 号)和《国家发展改革委办公厅关于进一步做好电网企业代理购电工作的通知》(发改办价格〔2022〕1047 号)相关要求,建立电网企业代理购电机制,对暂未直接参与市场交易的工商业用户,由电网企业以代理购电方式从电力市场进行购电。

根据(湘发改价调〔2022〕300 号文),要逐步缩小代理购电用户范围,规定 10 kV 及以上的存量(2022 年 5 月 1 日以前用户)大工业用户要在 2023 年 1 月 1 日前直接参与市场交易,10 kV 及以上的存量一般工商业及其他用户要在 2023 年 5 月 1 日直接参与市场交易;10 kV 及以上的新投产工商业用户要在并网运行 3 个月内直接参与市场交易。

《湖南省电力中长期交易规则(2022 年修订版)》(湘监能市场〔2022〕56 号)文件规定:目前,湖南省 35 kV 及以上供电电压等级电力用户可以选择参与批发交易或零售交易;35 kV 以下供电电压等级电力用户,只可选择参与零售交易。电网企业代理购电的工商业用户,可在每月 5 日前选择下一月起直接向发电企业或售电公司购电,电网企业代理购电相应终止。

代理购电用户电价,是指针对通过电网企业代理购电间接参与市场的工商代理购电的工商业用户的售电价格,以及因主动退出市场或售电商停止购电服务等原因,转由电网企业代理购电的工商业用户的售电价格。

零售电价通常指在零售市场中,独立售电公司面向代理用户所制定的市场化用电价格。

工商业用户的电度电价包含上网电价、上网环节线损费用折价、输配电度电价、系统运行费用折价和政府性基金及附加。

(1)输配电价:指电网企业提供接入系统、联网、电能输送和销售服务的价格总称,包括输配电度电价和容(需)量电价。

(2)上网电价:指工商业用户的购电价格。电网企业代理购电用户的上网电价由月前交易平均上网电价、偏差电费、平滑资金组成。其中:

①月前交易平均上网电价按照《湖南省电网企业代理购电实施细则(暂行)》(湘发改价调〔2022〕300 号)规定的加权平均购电价格执行。

②偏差电费包括偏差电量的偏差电费和交易价格的偏差电费。其中,偏差电量的偏差电费为代理购电用户偏差电量的偏差电价与合同均价差的价差资金。按照(湘发改价调〔2022〕300 号)规定,偏差电量的偏差电价暂按合同均价差结算。交易价格的偏差电费为代

理购电用户月内交易平均上网电价与月前交易平均上网电价的价差资金。

③平滑资金按(湘发改价调〔2022〕300 号)有关规定执行。

市场化零售用户的上网电价由市场交易电价和平滑资金组成,市场交易价格由购电基准价加上市场交易价差确定,市场化交易不改变执行现行峰谷电价、容(需)量电价、功率因素考核等价格政策。

(3)上网环节线损费用:指用户在直接参与市场购电或由电网企业代理购电过程中产生的线损电量所应支付的购电费用。其中:

代理购电用户上网环节线损费用折价=代理购电用户月前交易平均上网电价×核定综合线损率÷(1-核定综合线损率),零售用户上网环节线损费用折价=零售用户零售交易电价×核定综合线损率÷(1-核定综合线损率)

(4)系统运行费:指根据国家或地方政策及市场规则确定的由全体工商业用户分摊或分享的系统运行费用。包括辅助服务费用、抽水蓄能容量电费、电价交叉补贴新增损益、力调电费损益、分时电价损益等。

(5)功率因数调整电费:用户功率因数低于或高于规定标准时,按照《功率因数调整电费办法》所规定的调整系数计算增减电费。

$$实际功率因数=\frac{结算有功电量}{\sqrt{结算有功电量^2+结算无功电量^2}}$$

功率因数调整电费=参与力调计算电费×调整系数

执行工商业两部制电价的用户,功率因数标准 0.90;用电容量 100 kVA(kW) 及以上执行工商业单一制电价的用户(含地方电网、增量配电网),功率因数标准 0.85;用电容量 100 kVA(kW) 及以上的农业电价用户(含农业排灌),功率因素标准 0.80。力调电费的计费基数为不含政府性基金附加的用户电费。

工商业用户参与力调金额包括输配电度电费、电网代购(零售交易)购电电费、上网环节线损费用、系统运行费、容(需)量电费和系统备用费。

政府性基金附加、容(需)电价不参与分时电价浮动,用电容量在 100 kW 及以上的不宜错峰用电的工商业单一制电力用户,可选择执行分时电价或分时平均用电价格,分时平均浮动电价仍按《关于进一步明确趸售电价与分时电价有关事项的通知》(湘发改价调〔2022〕251 号)规定标准执行。

2. 目录电价

电量电价扣除政府性基金及附加之后得到目录电价。目录电度电费是客户的结算有功电量与该结算有功电量所对应的目录电度电价单价的乘积。

目录电价=电量电价-政府性基金及附加

若客户执行分时电价,则目录电价应分为尖峰目录电价、高峰目录电价、平段目录电价和低谷目录电价。

3. 代理购电

代理购电是对暂未直接从电力市场购电的工商业用户,由电网企业以代理方式从电力市场进行购电。

按照《国家发展改革委关于进一步深化燃煤发电上网电价市场化改革的通知》(发改价格〔2021〕1439 号)、《国家发展改革委办公厅关于组织开展电网企业代理购电工作有关事项的通知》(发改办价格〔2021〕809 号)等相关文件要求,自 2021 年 10 月 15 日起,有序推进工商业用户全部进入电力市场,按照市场价格购电,取消工商业目录销售电价。10 kV 及以上工商业用户要直接参与市场交易(直接向发电企业或售电公司购电),暂无法直接参与市场交易的工商业用户由电网企业代理购电,代理购电价格主要通过场内集中竞价或竞争性招标形成,首次向代理用户售电时,至少提前 1 个月通知用户。已直接参与市场交易又退出的工商业用户,其价格按电网企业代理其他用户购电价格的 1.5 倍执行。根据电力市场发展情况,逐步缩小电网企业代理购电范围。

电网企业市场化采购电量,通过参与场内集中交易方式(不含撮合交易)代理购电,以报量不报价方式,作为价格接受者参与市场出清,其中采取挂牌交易方式的,价格按当月燃煤发电集中竞价交易价格确定。

电网企业代理购电价格由上网电价、上网环节线损费用、输配电价、系统运行费用、政府性基金及附加组成。

保持居民、农业用电价格稳定。居民、农业用电由电网企业保障供应,执行现行目录销售电价政策。

(二)电费计算规则

工商业用户电费=输配电度电费+电网代购(零售交易)购电电费+上网环节线损费+系统运行费+功率因数调整电费+代征电费

1. 电量计算

(1)抄见电量。

$$抄见电量\,i=(本次示数\,i-上次示数\,i)\times综合倍率$$

其中:i 代表各种时段用电类型,如尖、峰、平、谷、无功等。

(2)主分表时段扣减。

①主表不分时。

$$主表剩余抄见电量 = 主表抄见电量 - \sum_{i=1}^{n} 分表\,i\,抄见电量$$

②主表分时子表分时。

主表和子表的尖峰平谷对应时间范围相等,主表分时、分表分时,各时段一对一扣减。

$$主表剩余\,j\,抄见电量 = 主表\,j\,抄见电量 - \sum_{i=1}^{n} 分表\,ij\,抄见电量$$

其中,j 表示尖、峰、平、谷各时段。

(3)变损电量计算。

变损包含铜损和铁损。铁损是指电流流过铁芯时,铁芯内部的损耗,包括磁滞损耗和涡流损耗,与运行的时间有关系(空载损耗);铜损是指电流流过线圈时,在线圈内产生的损耗,与负荷的大小有关系(负载损耗)。

变损电量计算方式分为三种:公式法(分为标准公式和铜铁损公式)、查表法、协议值

（定比、定量）。

①公式法：分为标准公式和铜铁损公式。

有功损耗＝有功空载损耗×24×变压器运行天数+修正系数 K 值×（有功抄见电量 2+无功抄见电量 2）×有功负载损耗/（额定容量 2×24×变压器运行天数）

无功损耗＝无功空载损耗×24×变压器运行天数+修正系数 K 值×（有功抄见电量 2+无功抄见电量 2）×无功负载损耗/（额定容量 2×24×变压器运行天数）

其中：

无功空载损耗＝额定容量×空载电流百分比；

无功负载损耗＝额定容量×短路电压百分比；

修正系数 K 值根据用户生产班次确定，连续生产或三班 $K=1$，二班 $K=1.5$，单班 $K=3$。

铜铁损公式法：

有功损耗＝有功空载损耗×24×变压器运行天数+有功抄见电量×有功损耗系数

无功损耗＝无功空载损耗×24×变压器运行天数+有功抄见电量×有功损耗系数×无功 K 值

③查表法。根据变损编号、有功抄见电量获取查表变损电量标准表中的有功变损、无功变损。

④协议值。按定比或按定量计算变损的，取变压器档案中的"有功变损协议值""无功变损协议值"作为按定比的比例值或按定量的固定值。

（4）变损分摊。

一级主表下存在分表时，分表的损耗按其抄见电量和主表抄见电量比分摊。分时计量点的变损按各时段剩余抄见电量比例（总表抄见电量减分表抄见电量后各时段剩余电量）进行分摊。

$$分表损耗\ i=\frac{分表\ i\ 抄见电量}{主表抄见电量}×主表总损耗$$

（5）线损电量计算。

线损电量计算方式分为三种：按定比、按定量、按标准公式。

①按定比：

有功线损电量＝（有功总抄见电量+总有功变损）×有功线损系数

无功线损电量＝（有功总抄见电量+总有功变损）×无功线损系数

若用电客户的计量方式是高供高计，则公式中的总有功变损、总无功变损都为零。

②按定量：

有功线损电量＝有功线损计算值

无功线损电量＝无功线损计算值

③按标准公式：

有功线损电量＝单位长度线路电阻×导线长度/（1 000×供电电压等级×供电电压等级×线路运行时间）×（计算线损有功电量 2+计算线损无功电量 2）

无功线损电量＝单位长度线路电抗×导线长度/（1 000×供电电压等级×供电电压等级×

线路运行时间)×(计算线损有功电量 2+计算线损无功电量 2)

结算电量=剩余抄见电量+变损电量+线损电量

2. 电费计算

(1)输配电度电费计算。

输配电度电费是依据客户的结算有功电量与该结算电量所对应的输配电度电价的乘积计算。

①电价峰谷执行标志为"否",不执行分时电价。

输配电度电费=结算有功电量×电度输配电价

②电价峰谷执行标志为"否",执行"分时平均"电价。

输配电度电费=结算有功电量×(电度输配电价+分时平均浮动电价)

其中,分时平均浮动电价 1、7、8、9、12 月为 0.097 29 元/kWh,2、3、4、5、6、10、11 月为 0.063 4 元/kWh。

③电价峰谷执行标志为"是",执行分时电价。

输配电度电费 i=结算有功电量 i×电度输配电价 i

其中:i 表示各时段。

(2)电网代购(零售交易)购电电费计算。

购电电费是依据客户的结算有功电量与该结算电量所对应的上网电价的乘积计算。

①电价峰谷执行标志为"否":

购电电度电费=结算有功电量×上网电价

②电价峰谷执行标志为"是":

购电电度电费 i=结算有功电量 i×上网电价 i

其中:i 表示各时段。

③执行 1.5 倍代理购电价格用户:

惩罚电费 i=结算有功电量 i×(1.5 倍代理购电电价 i-代理购电电价 i)

(3)上网环节线损费用计算。

上网环节线损费是依据客户的结算有功电量与该结算电量所对应的上网环节线损费用折价的乘积计算的。

上网环节线损费用按照实际购电上网电价和综合线损率计算。其中:

代理购电用户上网环节线损费用折价=代理购电用户月前交易平均上网电价×核定综合线损率/(1-核定综合线损率);

直接交易用户上网环节线损费用折价=直接交易用户市场交易电价×核定综合线损率/(1-核定综合线损率);

零售用户上网环节线损费用折价=零售用户零售交易电价×核定综合线损率-(1-核定综合线损率)。

其中,综合线损率为 5.57%。

（4）系统运行费计算。

系统运行费是依据客户的结算有功电量与该结算电量所对应的系统运行费用折价的乘积计算。

（5）功率因数

$$\cos\varphi = \frac{Ap}{\sqrt{Ap^2 + A_Q^2}}$$

或计算无功电量与有功电量之比，即

$$\tan\varphi = \frac{A_Q}{A_P}$$

再查 $\tan\varphi$ 与 $\cos\varphi$ 对照表，得到 $\cos\varphi$ 值，查功率因数增减百分数。

功率因数调整电费＝电度电费×功率因数增减百分比

（6）代征电费。

代征电费＝结算有功电量×政府性基金及附加

工商业用户的城市附加及代征电费包含：农网还贷资金 2 分钱、重大水利工程建设基金 0.105 分钱、可再生能源电价附加 1.9 分钱，水库移民后期扶持基金 0.62 分钱。

二、例题学习

【例1】某百货商场，10 kV 供电，专用变压器容量为 400 kVA，低压计量电流互感器变比为 600/5，变压器参数为：空载损耗 747.2 W，短路损耗 4 510 W，空载电流 0.747 5%，阻抗电压 3.893%，该酒店运行班制为一班制。本月表码为：有功 804、无功 266，上月表码为：有功 551、无功 205。请计算该户本月的结算电量为多少。

解：（1）总表抄见电量

有功电量：A_P =（804-551）×120 = 30 360（kWh）

无功电量：A_Q =（266-205）×120 = 7 320（kvarh）

（2）变损电量

有功变损 = 0.747 2×720+4.51×3×（303 602+73 202）/（4 002×720）= 653（kWh）

有功变损 = 0.747 5/100×400×720+3.893/100×400×3×（303 602+73 202）/（4 002×720）= 2 548（kvarh）

（3）结算电量

总结算有功电量＝抄见有功电量+有功变损＝30 360+653 = 31 013（kWh）

总结算无功电量＝抄见无功电量+无功变损＝7 320+2 548 = 9 868（kVarh）

答：该客户总有功结算电量为 31 013 kWh，无功结算电量为 9 868 kVarh。

【例2】某商业用户，供电电压为 10 kV，变压器容量 250 kVA，高供低计，子表为居民生活用电，线损定比比例为 0.5%。已知该客户变压器按铜铁损法计算变损，损耗参数分别为：有功空载损耗 0.6403、有功损耗系数 0.012、无功空载损耗 5、无功 K 值 2.0833。用户抄表示数及电价信息见下表，计算用户商业表和居民表用电量。

用电类别	倍率	示数类型	正向有功（总）	正向有功（尖峰）	正向有功（峰）	正向有功（谷）	正向有功（平）	正向无功（总）
商业总表	80	上次	4 134.84	445.71	1 205.6	1 162.41	1 321.1	642.97
		本次	4 447.95	503.93	1 264.8	1 264.1	1 415.11	691.36
居民分表	60	上次	3 686.87	386.59	1 029.11	1 174.98	1 096.17	612.73
		本次	3 991.44	442.72	1 081.21	1 290.79	1 176.71	668.86

解:(1)抄见电量

①商业总表抄见电量:

商业总有功抄见电量 = (4 447.95 − 4 134.84) × 80 = 25 049(kWh)

商业尖峰有功抄见电量 = (503.93 − 445.71) × 80 = 4 658(kWh)

商业高峰有功抄见电量 = (1 264.8 − 1 205.6) × 80 = 4 736(kWh)

商业低谷有功抄见电量 = (1 264.1 − 1 162.41) × 80 = 8 135(kWh)

商业平段有功抄见电量 = 25 049 − 4 658 − 4 736 − 8 135 = 7 520(kWh)

商业总无功抄见电量 = (691.36 − 642.97) × 80 = 3 871(kVarh)

②居民分表抄见电量:

居民总有功抄见电量 = (3 991.44 − 3 686.87) × 60 = 18 274(kWh)

居民尖峰有功抄见电量 = (442.72 − 386.59) × 60 = 3 368(kWh)

居民高峰有功抄见电量 = (1 081.21 − 1 029.11) × 60 = 3 126(kWh)

居民低谷有功抄见电量 = (1 290.79 − 1 174.98) × 60 = 6 949(kWh)

居民平段有功抄见电量 = 18 274 − 3 368 − 3 126 − 6 949 = 4 831(kWh)

居民总无功抄见电量 = (668.86 − 612.73) × 60 = 3 368(kVarh)

③商业总表剩余抄见电量:

商业总有功剩余抄见电量 = 25 049 − 18 274 = 6 775(kWh)

商业尖峰有功剩余抄见电量 = 4 658 − 3 368 = 1 290(kWh)

商业高峰有功剩余抄见电量 = 4 736 − 3 126 = 1 610(kWh)

商业低谷有功剩余抄见电量 = 8 135 − 6 949 = 1 186(kWh)

商业平段有功剩余抄见电量 = 7 520 − 4 831 = 2 689(kWh)

(2)变损电量

总有功变损 = 0.640 3 × 24 × 30 + 25 049 × 0.012 = 762(kWh)

总无功变损 = 5 × 24 × 30 + 25 049 × 0.012 × 2.083 3 = 4 226(kVarh)

①居民分表分摊变损:

居民有功变损 = 18 274/25 049 × 762 = 556(kWh)

居民有功尖峰变损 = 3 368/18 274 × 556 = 102(kWh)

居民有功高峰变损 = 3 126/18 274 × 556 = 95(kWh)

居民有功低谷变损 = 6 949/18 274 × 556 = 211(kWh)

居民有功平段变损=556−102−95−211=148(kWh)

②商业总表分摊变损:

商业有功变损=762−556=206(kWh)

商业有功尖峰变损=1 290/6 775×206=39(kWh)

商业有功高峰变损=1 610/6 775×206=49(kWh)

商业有功低谷变损=1 186/6 775×206=36(kWh)

商业有功平段变损=206−39−49−36=82(kWh)

(3)线损电量

总有功线损=(25 049+762)×0.005=129(kWh)

总无功线损=(25 049+762)×0.005=129(kVarh)

①居民分表线损:

居民有功线损=(18 274+556)×0.005=94(kWh)

居民有功尖峰线损=(3 368+102)/(18 274+556)×94=17(kWh)

居民有功高峰线损=(3 126+95)/(18 274+556)×94=16(kWh)

居民有功低谷线损=(6 949+211)/(18 274+556)×94=36(kWh)

居民有功平段线损=94−17−16−36=25(kWh)

②商业总表线损:

商业有功线损=129−94=35(kWh)

商业有功尖峰线损=(1 290+39)/(6 775+206)×35=7(kWh)

商业有功高峰线损=(1 610+49)/(6 775+206)×35=8(kWh)

商业有功低谷线损=(1 186+36)/(6 775+206)×35=6(kWh)

商业有功平段线损=35−7−8−6=14(kWh)

(4)结算电量

总有功结算电量=25 049+762+129=25 940(kWh)

总无功结算电量=3 871+4 226+129=8 226(kVarh)

①商业结算电量:

商业总有功结算电量=6 775+206+35=7 016(kWh)

商业尖峰有功结算电量=1 290+39+7=1 336(kWh)

商业高峰有功结算电量=1 610+49+8=1 667(kWh)

商业低谷有功结算电量=1 186+36+6=1 228(kWh)

商业平段有功结算电量=2 689+82+14=2785(kWh)

②居民结算电量:

居民总有功结算电量=18 274+556+94=18 924(kWh)

答:该客户 7 月份商业总表电量 7 016 kWh,居民表电量 18 924 kWh,共计用电量 25 940 kWh。

【例3】某销售公司,10 kV 供电,变压器容量为 200 kVA,由售电公司代理入市购电,其结算电量见下表,试计算该用户本月电费。(已知:零售交易电价 0.474 51 元/kWh,上网环节线损费用折算 0.028 26 元/kWh,输配电价 0.235 8 元/kWh,系统运行费用折价−0.006 79 元/kWh,政府基金及附加 0.046 25 元/kWh)

结算电量	正向有功 (总)	正向有功 (尖峰)	正向有功 (峰)	正向有功 (谷)	正向有功 (平)	正向无功 (总)
本月	412 451	1 946	2 917	2 515	5 073	2 688

解:(1)电费计算

①输配电度电费:

尖峰输配电度电费 = 1 946×(0.474 51×1.92) = 1 772.92(元)

高峰输配电度电费 = 2 917×(0.474 51×1.6) = 2 214.64(元)

平段输配电度电费 = 5 073×0.474 51 = 2 407.19(元)

低谷输配电度电费 = 2 515×(0.474 51×0.4) = 477.35(元)

输配电度电费 = 1 772.92+2 214.64+2 407.19+477.35 = 6 872.1(元)

②电网代购购电电费:

尖峰购电电度电费 = 1 946×(0.235 8×1.92) = 881.03(元)

高峰购电电度电费 = 2 917×(0.235 8×1.6) = 1 100.53(元)

平段购电电度电费 = 5 073×0.235 8 = 1196.21(元)

低谷购电电度电费 = 2 515×(0.235 8×0.4) = 237.21(元)

购电电度电费 = 881.03+1 100.53+1 196.21+237.21 = 3 414.98(元)

③上网环节线损费:

尖峰上网环节线损费 = 1 946×(0.028 26×1.92) = 105.59(元)

高峰上网环节线损费 = 2 917×(0.028 26×1.6) = 131.91(元)

平段上网环节线损费 = 5 073×0.028 26 = 143.36(元)

低谷上网环节线损费 = 2 515×(0.028 26×0.4) = 28.42(元)

上网环节线损费 = 105.59+131.91+143.36+28.42 = 409.28(元)

④系统运行费:

尖峰系统运行费 = 1 946×(−0.006 79×1.92) = −25.38(元)

高峰系统运行费 = 2 917×(−0.006 79×1.6) = −31.68(元)

平段系统运行费 = 5 073×(−0.006 79) = −34.45(元)

低谷系统运行费 = 2 515×(−0.006 79×0.4) = −6.84(元)

系统运行费 = −25.38−31.68−34.45−6.84 = −98.35(元)

合计电费 = 6 872.1+3 414.98+409.28+(−98.35) = 10 598.01(元)

(2)功率因数调整电费

$$\tan \varphi = \frac{2\ 688}{12\ 451} = 0.215\ 886$$

根据执行的功率因数标准 0.85,查表查得的实际功率因数 98%,从功率因数调整电费表中得到调整系数为−1.1%。

功率因数调整电费 = 10 598.01×(−1.1%) = −116.58(元)

(3)代征电费

代征电费 = 12 451×0.04 625 = 575.86(元)

(4)总电费

10 598.01+(−116.58)+575.86 = 11 057.29(元)

答:该客户本月电费为 11 057.29 元。

【任务实施】

表 3.3.1　单一制客户电费核算任务指导书

任务名称	单一制客户电费核算	学时	2 课时
任务描述	某电气设备制造厂 10 kV 供电,变压器容量为 250 kVA,高供高计,电流互感器的变比为 30/5。如果该户 8 月底抄见有功总表码为 315,无功总表码为 119,有功尖峰表码、有功高峰表码、有功平段表码和有功低谷表码分别为 25、56、56、89;7 月底抄见有功总表码为 115,无功总表码为 19,有功尖峰表码,有功高峰表码,有功平段表码和有功低谷表码分别为 5、6、6、9;该客户本月应缴多少电费?		
任务要求	1. 分小组配合作业。 2. 依据电价政策和有关电费计算规定正确计算客户的电费。		
注意事项	每位学员应认真学习有关电费计算规定,计算的电量保留整数,电费保留 2 位小数。		
任务实施	1. 风险点辨识 电价的执行、电量的计算、变线损计算及分摊、力调电费计算。 2. 作业前准备 (1)资料准备:电价政策、功率因数调整标准等资料。 (2)登录营销系统,抄表段签收等。 3. 操作步骤及质量标准 抄表段提交—抄表段签收—电量电费计算—电量电费核查—异常处理—电费发行。 4. 清理现场 关闭营销系统、整理相关资料。		

任务 3.4　两部制客户电费核算

【教学目标】

知识目标：

(1)熟悉两部制电价的相关政策、容(需)量电费的相关规定；

(2)掌握两部制用户的抄见电量、线损电量、结算电量的计算方法；

(3)掌握大工业客户的容(需)量电费、电度电费、功率因数调整电费的计算方法。

能力目标：

(1)能正确执行客户的电价标准；

(2)能正确计算两部制用户的抄见电量、线损电量、结算电量；

(3)能正确计算大工业客户的容(需)量电费、电度电费、功率因数调整电费等。

素质目标：

(1)养成良好的沟通意识和服务意识；

(2)养成自我学习的习惯,善于发现问题并主动分析问题的习惯；

(3)养成团队协作意识,能与小组成员协商、交流,配合完成学习任务。

【任务描述】

本任务包括两部制电价的相关政策、容(需)量电费的相关规定、电费计算方法以及注意事项。通过概念描述、公式解析、计算举例,掌握两部制电价用户容(需)量电费和电费计算方法。

【相关知识】

一、理论咨询

(一)电价政策知识点

1. 两部制电价的定义

两部制电价就是将电价分为两个部分:一是容(需)量电价,以客户用电的最高需求量或变压器容量计算容(需)量电费;二是电度电价,以客户实际使用电量(kWh)为单位来计算电度电费。对实行两部制电价的客户,还需根据功率因数调整电费。

2. 两部制电价的构成

两部制电价是由容(需)量电价和电度电价构成的。

3. 两部制电价的适用范围

大工业用电指受电变压器(含不通过受电变压器的高压电动机)容量在 315 kVA 及以上

的下列用电：

(1)以电为原动力，或以电冶炼、烘焙、熔焊、电解、电化、电热的工业生产用电；

(2)铁路(包括地下铁路、城铁)、航运、电车及石油(天然气、热力)加压站生产用电；

(3)自来水、工业实验、电子计算中心、垃圾处理、污水处理等生产用电。

销售电价分类结构中明确表示，在5年调整过渡期内，将现行大工业用电中的电解铝、电炉铁合金、电解烧碱、黄磷、电石、中小化肥等用电逐步归并于大工业用电类。

4. 容(需)量电费的相关规定

容(需)量电费指执行两部制电价用户根据计费容量或需量乘以容(需)量电价得到的电费。容(需)量电费的计算依据《供电营业规则》可以有两种方法：一个是依据客户的最大需量，一个是客户的使用电力的容量(含直流电动机，每1 kW视同1 kV)。

容(需)量电价是代表电力企业中的容量成本，即固定资产的投资费用。

根据国家发改委《关于完善两部制电价用户容(需)量电价执行方式的通知》(发改办价格〔2016〕1583号)文件的相关规定，大工业用户容(需)量电价按变压器容量或按最大需量，由用户自愿选择。计费方式变更周期从现行按年调整为按季(三个月)变更，电力用户提前15个工作日向电网企业申请变更下三个月的容(需)量电价计费方式，申请变更当月的容(需)量电费仍按原方式计收。

(1)按最大需量或按变压器容量。

按照变压器容量收取容(需)量电费的原则为：容(需)量电费以月计算，但新装、增容、变更与终止用电当月的容(需)量电费，应当按照实用天数计算，每日按照全月容(需)量电费除以当月日历天数收取，日用电不足24小时的，按照一天计算。事故停电、检修停电、有序用电不扣减容(需)量电费。

(2)对转供容量的计算。

转供户扣除转供容量不足两部制电价标准的，按单一制电价执行，被转供户的容量达到两部制电价时，实行两部制电价。

(3)对备用设备容量可参照下列原则与客户以协议方式规定。

《供电营业规则》以变压器容量计算容(需)量电费的客户，其备用的变压器(含不通过变压器的高压电动机)，属冷备用状态并经供电企业加封的，不收容(需)量电费；属热备用状态的或未经加封的，不论使用与否都计收容(需)量电费。用户专门为调整用电功率因数的设备，如电容器、调相机等，不计收容(需)量电费。

在受电设施一次侧装有连锁装置互为备用的变压器(含不通过变压器的高压电动机)，按照可能同时使用的变压器(含不通过变压器的高压电动机)容量之和的最大值计算其容(需)量电费。

(4)减容后容量达不到实施两部制电价规定容量标准的，应改为相应电类别单一制电价计费，并执行相应的分类电价标准、峰谷分时电价标准，功率因数调整电费标准按照供用电合同执行；无论采取何种容(需)量电费结算方式，对实际最大容量超出减容后约定容量的，遵照国家《供电营业规则》第101条第2款规定按私自增容进行违约用电处理。

（二）**大工业客户容（需）量电费的计费方式**

（1）按变压器容量（含高压电动机）计费。

运行容量以受电点为单位，汇总受电点下大工业计量点对应台区关联的状态为"运行"的变压器（含高压电机）"铭牌容量+变动容量"之和。

容（需）量电费＝容量容（需）量电价×计费容量

（容（需）量电价–价格部门核定的单位容量费用，元/kVA·月）。

（2）按实际最大需量

计算公式：

当用户月每 kVA 用电量<260 kWh 时，容（需）量电费＝实际最大需量×需量电价

当用户月每 kVA 用电量≥260 kWh 时，容（需）量电费＝实际最大需量×（需量电价×0.9）

其中：

月每 kVA 用电量＝（用户总电量–不执行需量电价的受电点电量）/（用户合同容量–不执行需量电价的受电点容量）

实际最大需量＝抄见最大需量+变损需量+线损需量

（3）按合约最大需量

选择按合约最大需量计算方式的，需与供电企业协议确定最大需量核定值。用户可提前 5 个工作日变更下一个日历月（或抄表结算周期）的需量核定值。

当用户月每 kVA 用电量<260 kWh 时：

①当实际最大需量≤1.05×合约最大需量，容（需）量电费＝合约最大需量×需量电价；

②当实际最大需量>1.05×合约最大需量，容（需）量电费＝[核定需量值+（实际最大需量–合约最大需量×1.05）×2]×需量电价。

当用户月每 kVA 用电量≥260 kWh 时：

①当实际最大需量≤1.05×合约最大需量，容（需）量电费＝合约最大需量×（需量电价×0.9）；

②当实际最大需量>1.05×合约最大需量，容（需）量电费＝[核定需量值+（实际最大需量–合约最大需量×1.05）×2]×（需量电价×0.9）。

二、例题学习

【例1】某大工业用户，供电电压为 110 kV，双电源一主一备，高供高计，不计算线损，选择按实际最大需量计收容（需）量电费。已知该客户 5 月备用电源投入使用，主供电源计量点抄见最大需量为 10 731 kW，备用电源计量点抄见最大需量为 12 070 kW。计算该用户 5 月容（需）量电费。[容（需）量电价 30 元/（kVA·月）]

解：用户双电源一主一备，且高供高计，应取两个大工业计量点中需量值较大者计收容（需）量电费，即：

计费需量＝12 070（kW）

容(需)量电费=12 070×30=362 100(元)

答:该客户容(需)量电费为362 100元。

【例2】某大工业用户,供电电压为10 kV,新装400 kVA变压器一台,4月28日送电,按容量计收容(需)量电费,计算4月容(需)量电费。[容(需)量电价21.1元/(kVA·月)]

解:4月用户变压器实际运行天数为4月28日—4月30日共计3天。

计费容量=400×3/30=40(kVA)

容(需)量电费=50×21.1=844(元)

答:该客户容(需)量电费为844元。

【例3】某工商业两部制用户,供电电压为10 kV,单电源,高供高计,按合约最大需量计收容(需)量电费。已知该客户2024年2月需量核定值252 kW,有功抄见电量48 225 kWh,抄见最大需量200 kW,线损电量1 302 kWh。计算用户2月容(需)量电费。[容(需)量电价:30元/(kW·月)]

解:线损需量=1 302/48 225×200=5(kW)

实际最大需量=200+5=205(kW)

因实际最大需量205 kW小于需量核定值252 kW的1.05倍,按核定需量值计收容(需)量电费。

即:计费需量=252(kW)

容(需)量电费=252×30=7 560(元)

答:该客户容(需)量电费为7 560元。

【例4】某工业用户,供电电压为10 kV,变压器容量500 kVA,高供高计,定比线损1%,选择按合约最大需量计收容(需)量电费,需量核定值200 kW。用户2024年7月份抄表示数及电价信息见下表,计算用户2024年7月电费。

用电类别	倍率	示数类型	正向有功(总)	正向有功(尖峰)	正向有功(峰)	正向有功(谷)	正向有功(平)	正向无功(总)	最大需量
大工业总表	600	上次	800.2	44.78	379.18	79.74	296.48	83.62	0
		本次	875.05	57.48	392.22	95.3	330.03	120.92	0.353 7

时段	输配电度电价	上网电价	上网环节线损费用折价	系统运行费用折价	政府性基金及附加	容量电价	需量电价
尖	0.325 25	1.033 79	0.061 44	0.005 68			
峰	0.271 04	0.861 49	0.051 2	0.004 74	0.046 25	21.1	33.8
平	0.169 4	0.538 43	0.032	0.002 96			
谷	0.067 76	0.215 37	0.012 8	0.001 18			

解：

（1）抄见电量

总有功抄见电量＝（875.05－800.2）×600＝44 910（kWh）

尖有功抄见电量＝（57.48－44.78）×600＝7 620（kWh）

峰有功抄见电量＝（392.22－379.18）×600＝7 824（kWh）

谷有功抄见电量＝（95.3－79.74）×600＝9 336（kWh）

平有功抄见电量＝44 910－7 620－7 824－9 336＝20 130（kWh）

总无功抄见电量＝（120.92－83.62）×600＝22 380（kVarh）

（2）线损电量

总有功线损＝4 4910×0.01＝449（kWh）

总无功线损＝4 4910×0.01＝449（kVarh）

有功尖线损＝7 620/4 4910×449＝76（kWh）

有功峰线损＝7 824/4 4910×449＝78（kWh）

有功谷线损＝9 336/4 4910×449＝93（kWh）

有功平线损＝449－76－78－93＝202（kWh）

（3）结算电量

总有功结算电量＝44 910＋449＝45 359（kWh）

总无功结算电量＝22 380＋449＝22 829（kVarh）

尖有功结算电量＝7 620＋76＝7 696（kWh）

峰有功结算电量＝7 824＋78＝7 902（kWh）

谷有功结算电量＝9 336＋93＝9 429（kWh）

平有功结算电量＝20 130＋202＝20 332（kWh）

（4）计算电度电费

①输配电度电费：

尖输配电度电费＝7 696×0.325 25＝2 503.12（元）

峰输配电度电费＝7 902×0.271 04＝2 141.76（元）

平输配电度电费＝20 332×0.169 4＝3 444.24（元）

谷输配电度电费＝9 429×0.067 76＝638.91（元）

输配电度电费＝2 503.12＋2 141.76＋3 444.24＋638.91＝8 728.03（元）

②电网代购购电电费：

尖购电度电费＝7 696×1.033 79＝7 956.05（元）

峰购电度电费＝7 902×0.861 49＝6 807.49（元）

平购电度电费＝20 332×0.538 43＝10 947.36（元）

谷购电度电费＝9 429×0.215 37＝2 030.72（元）

购电度电费＝7 956.05＋6 807.49＋10 947.36＋2 030.72＝27 741.62（元）

③上网环节线损费：

尖上网环节线损费＝7 696×0.061 44＝472.84(元)

峰上网环节线损费＝7 902×0.051 2＝404.58(元)

平上网环节线损费＝20 332×0.032＝650.62(元)

谷上网环节线损费＝9 429×0.012 8＝120.69(元)

上网环节线损费＝472.84＋404.58＋650.62＋120.69＝1 648.73(元)

④系统运行费：

尖系统运行费＝7 696×0.005 68＝43.71(元)

峰系统运行费＝7 902×0.004 74＝37.46(元)

平系统运行费＝20 332×0.002 96＝60.18(元)

谷系统运行费＝9 429×0.001 18＝11.13(元)

系统运行费＝43.71＋37.46＋60.18＋11.13＝152.48(元)

(5)容(需)量电费

抄见最大需量＝0.353 7×600＝212(kW)

线损需量＝449×212/44 910＝2(kW)

合约最大需量的1.05倍：200×1.05＝210(kW)

实际最大需量＝212＋2＝214(kW)＞210(kW)

计费需量＝200＋(214－210)×2＝208(kW)

月每kVA用电量＝45 359/500＝90(kWh)＜260(kWh)

容(需)量电费＝208×33.8＝7030.4(元)

(6)功率因数调整电费

$$\cos\varphi=\frac{A_{P}}{\sqrt{A_{P}^{2}+A_{Q}^{2}}}=\frac{45359}{\sqrt{45359^{2}+20332^{2}}}=0.90$$

根据执行的功率因数标准0.9和计算出的实际功率因数0.90,从功率因数调整电费表中得到调整系数为0。

功率因数调整电费＝0×(8 728.03＋27 741.62＋1 648.73＋152.48＋7 030.4)＝0(元)

(7)代征电费

代征电费＝45 359×0.046 25＝2 097.85(元)

(8)总电费

合计电费＝8 728.03＋27 741.62＋1 648.73＋152.48＋7 030.4＋0＋2 097.85＝47 399.11(元)

答：该客户7月电费为47 399.11元。

【任务实施】

表 3.4.1　大工业客户电费计算任务指导书

任务名称	某大工业客户电费计算			学时		4 课时	
任务描述	某大工业客户,变压器容量为 500 kVA,高供低计,单班生产,综合倍率为 160 倍,2024 年 5 月 3 号新装送电。合同约定按容量计收容(需)量电费。抄表例日为每月 25 号,求 5 月结算电量和容(需)量电费。已知:有功空载 1.1 kW,有功负载 4.41 kW;无功空载 1.8 kVar·h;无功负载 12.6 kVar·h。						

表码	有功					无功
	有总	尖	峰	谷	平	
上次	400.00	40.00	60.00	250.00	50.00	170.00
本次	520.00	65.00	90.00	290.00	75.00	280.00
需量	3.63	1.47	3.63	1.55	2.01	

任务要求	按照两部制专变客户电费核算作业指导书流程分步骤计算抄见电量、结算电量、电度电费、容(需)量电费、功率因数调整电费、代征电费和总电费,书写计算过程。
注意事项	每位学员应认真学习有关电费计算规定,有不懂之处及时咨询指导老师。
任务实施	1. 风险点辨识 电价的执行、电量的计算、变线损计算及分摊、力调电费计算、容(需)量电费计算。 2. 作业前准备 (1)资料准备:电价政策、功率因数调整标准等资料。(2)登录营销系统,抄表段签收等。 3. 操作步骤及质量标准 抄表段提交—抄表段签收—电量电费计算—电量电费核查—异常处理—电费发行。 4. 清理现场 关闭营销系统、整理相关资料。

任务 3.5　电量电费服务风险识别与防范

【教学目标】

知识目标:

(1)了解客户新装、增容、变更用电的用电信息复核及复核过程中的异常;

(2)了解上述异常问题的解决方法;

(3)掌握上述异常的预控措施。

能力目标：

（1）能根据客户电费核算依据，发现客户新装、增容、变更用电的用电信息复核及复核过程中的异常；

（2）能对上述异常问题进行解决；

（3）能提出相应异常问题的预控措施。

素质目标：

（1）能主动学习，并在完成任务过程中发现问题、分析问题和解决问题；

（2）能与小组成员协商、交流，配合完成本次学习任务；

（3）养成团队协作意识，能与小组成员协商、交流，配合完成学习任务。

【任务描述】

本任务包括客户电费核算依据，客户新装、增容、变更用电的用电信息复核及复核中发现异常的处理方法，有效防范电量电费服务风险。

【相关知识】

（一）电费核算的依据

电费核算人员应依据用电信息采集系统、抄表数据、营销信息系统档案等资料开展电费核算工作。

（二）电费核算工作的内容

（1）对客户基本信息、电价执行情况和电费计算结果进行核算，确保电费准确。

（2）对电力营销信息管理系统内的电费台账进行核算，确保抄表信息、电费台账电量、电费发行等信息一致。

（3）做好分次抄表、分次收费的核算工作。

（三）电量电费服务风险识别

（1）计量风险：电能表等计量设备可能存在故障、老化等情况，导致电量计量不准确；安装位置不当、接线有误等，同样会造成计量偏差。

（2）抄表风险：采用远程抄表系统时，可能存在信号传输问题、系统故障等，造成数据获取不完整或不准确；人工抄表时可能出现抄录数据错误，使记录的电量数据失真。

（3）电价执行风险：对用户用电性质判断失误，导致电价执行错误，电费收取出现偏差；电价政策调整后，未能及时准确地对相应用户按新政策计费，容易引起服务风险。

（四）电量电费服务风险防范

（1）定期对计量设备进行巡检、维护以及校准，及时更换有问题的电能表等装置，确保其正常准确运行。

（2）严格按照安装规范进行计量装置的安装与调试工作，安装后履行严格验收手续。

（3）完善远程抄表管理，设置数据校验机制，及时发现异常数据，保障数据传输的稳定可靠。

（4）准确核实用户用电性质，建立用电性质定期复核机制，确保电价准确执行。

（5）及时关注电价政策变化，通过多种渠道对工作人员进行培训，并做好向用户的宣传解释工作，保证按新政策准确计费。

【任务实施】

表 3.5.1 单相表电量异常处理任务指导书

任务名称	单相表电量异常处理	学时	2 课时
任务描述	判断单相智能电能表电量异常原因，计算追补电量电费。		
任务要求	安全措施：不触碰未经验电设备，作业符合安全工作规程要求。		
注意事项	设备：抄表核算收费员培训装置 工具：验电笔、自备黑色中性笔 图表资料清单：工作任务单、台区档案信息表、电价表		
任务实施	准备工作：正确选择工器具；按要求着装；正确检查工器具。 现场作业：判断单相智能电能表电量异常原因；确定追补电量；计算追补电费；遵守安全生产规程。		

项目 4　电费收取与账务管理

【项目描述】

使学生掌握电费收取的方式和方法,为所有电力客户提供网上国网、电 E 宝、电费网银、95598 网站等线上自助查询和缴费渠道,还可以通过网上国网 APP、"国网湖南电力"微信公众号等随时获得用电相关问题的咨询和帮助,以及掌握用电情况,让广大电力客户用电更舒心,消费更放心。

【教学目标】

(1)能采取智能方式收取电费;
(2)能用多种方式推广网上国网 APP,并为客户提供电费账单、电费发票等;
(3)能全面应用智能账务系统,规范账务业务操作,实现电费收入自动清分、电费资金自动销根。
(4)能提升电费资金安全及电费回收风险防控水平。

【教学环境】

线路实训场、多媒体教室、教学视频。

任务 4.1　电费收取

【教学目标】

知识目标:
(1)了解自然人电费收取方式和方法;
(2)了解非自然人电费收取方式和方法。
能力目标:
(1)具备收取电费的能力;
(2)能够根据收取电费现场状况评估电费资金风险。

态度目标：

（1）能主动学习，在完成任务过程中发现问题、分析问题和解决问题；

（2）能与小组成员协商、交流配合完成本次学习任务，养成分工合作的团队意识；

（3）严格遵守安全规范，爱岗敬业、勤奋工作。

【任务描述】

任务内容：××接到工作任务通知，为客户提供服务方式单一而引发的投诉案例。

投诉内容：

××月××日9点，客户来电投诉营业厅交电费业务时，营业厅工作人员存在对客户不耐烦、服务态度差的问题，要求客户去其他营业厅缴费，存在推诿情况，客户表示不满，要求相关部门尽快核实处理并尽快给客户合理解释。

投诉回复：

投诉不属实。12日租户到××（D级厅）进行缴费，由于系统中投诉客户名字与房主实际名字有出入，因此无法确定该户号未交费成功。13日上午，房主单××到××营业厅（D级厅）缴费，收费人员杨××打开系统给投诉客户单××看，询问客户户名是否正确时，客户提出名字不对，收费员询问客户能否提供户号或表号等信息，并核对地址是否正确，收费员便建议客户最好先别交，交错了调账会很麻烦，并告知客户，如果名字不对，可带身份证到××供电营业厅（B级厅）进行更名手续。13日中午，投诉客户××在儿子回家后，便告诉儿子今天缴费又没交成，称工作人员要其到北街三小附近的营业厅去交。投诉客户儿子不信，便于当天下午2点50分左右到××营业厅进行交费，由于投诉客户儿子缴费时带上了原来缴费的单据，因此很快便缴费成功了。

实际情况：

营业人员在以客户所提供的户名查询不到正确户号的情况下，未及时有效地引导客户通过地址、表号或门牌号等相关信息查找，且造成客户三次往返营业厅而最终引发投诉。

改进方式：

营业人员应采取多种方式为客户提供查询，如地址、表号或门牌号、电话号码等相关信息查找。

参考上述案例，进行情景剧的编写，内容为因为收费服务引发的投诉演示，该演示需要剧情完整，每个人物的台词必须符合人物身份，每个成员都要有明确的职责分工，并制作PPT完成展示。具体任务如下：

（1）班组协作分工，制订工作计划；

（2）班组收集有关××为客户提供收费服务引发的投诉案例资料；

（3）班组撰写《收费服务投诉案例》；

（4）班组准备5 min演练PPT配合完成进行演练；

（5）班组内部进行客观评价，完成评价表。

【相关知识】

一、理论咨询

(一)电费催收

1. 电费催收及流程

电费催收涵盖远程费控和非费控两类客户催收业务,其中远程费控客户电费催收包括欠费客户查询、停电申请、人工核查等主要业务环节,非费控客户电费催收包括催费发起、派送停电通知单、现场停电申请等主要业务环节,其流程如图4.1.1所示。

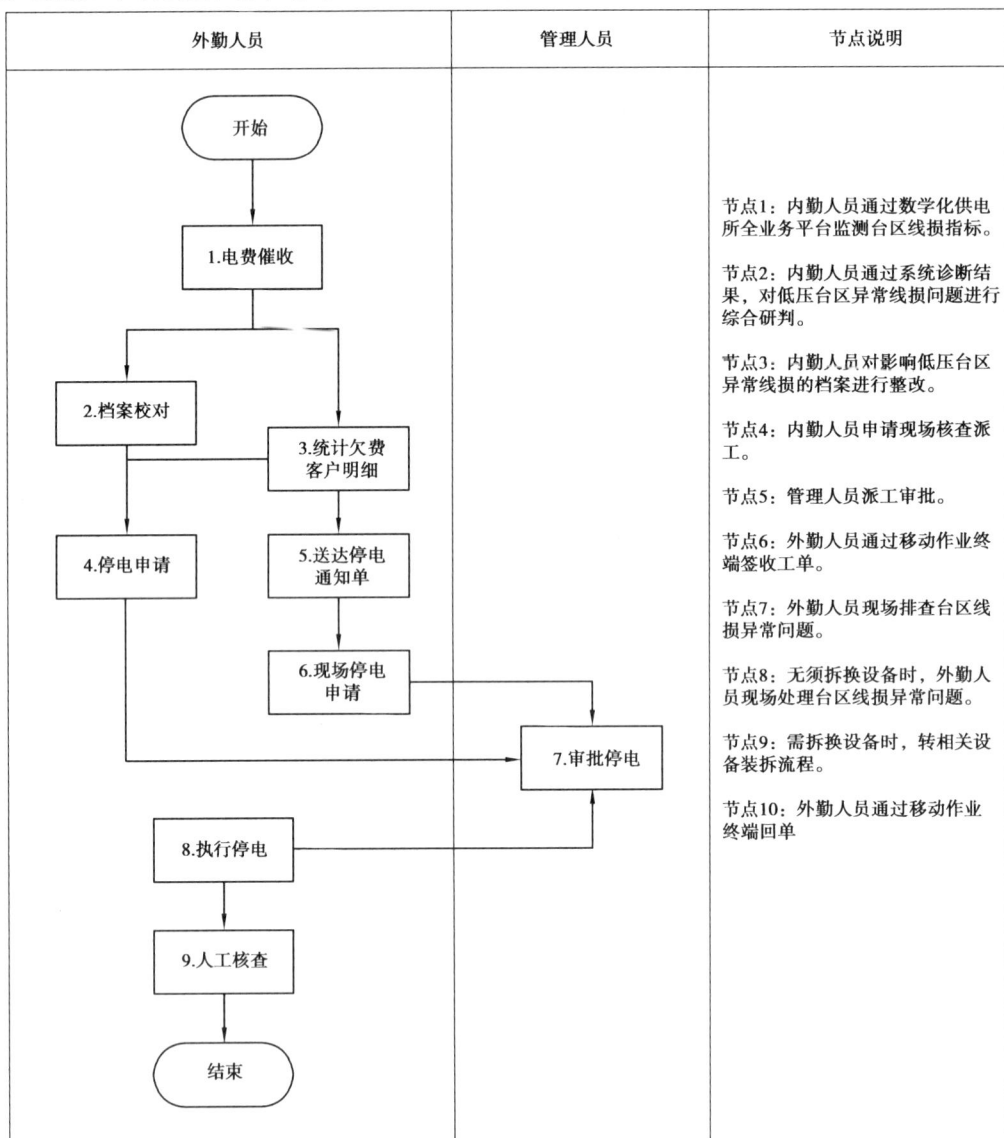

外勤人员	管理人员	节点说明
开始 1.电费催收 2.档案校对　3.统计欠费客户明细 4.停电申请　5.送达停电通知单 6.现场停电申请 7.审批停电 8.执行停电 9.人工核查 结束		节点1:内勤人员通过数字化供电所全业务平台监测台区线损指标。 节点2:内勤人员通过系统诊断结果,对低压台区异常线损问题进行综合研判。 节点3:内勤人员对影响低压台区异常线损的档案进行整改。 节点4:内勤人员申请现场核查派工。 节点5:管理人员派工审批。 节点6:外勤人员通过移动作业终端签收工单。 节点7:外勤人员现场排查台区线损异常问题。 节点8:无须拆换设备时,外勤人员现场处理台区线损异常问题。 节点9:需拆换设备时,转相关设备装拆流程。 节点10:外勤人员通过移动作业终端回单

图4.1.1　催费流程图

2.远程费控客户电费催收

（1）欠费客户查询。外勤人员通过移动作业终端查询欠费客户信息。若短信发送失败，通过移动作业终端现场对客户联络信息进行校核更新。

（2）停电申请。对在规定时间内仍未交纳电费的客户，外勤人员线上发起停电申请，提交管理人员审批，审批后外勤人员远程下发停电指令，对已批复的停电申请进行停电。

（3）人工核查。外勤人员通过移动作业终端查询执行费控停电失败的客户信息，发起人工核查派工申请，进行现场核查。

3.非费控客户电费催收

（1）催费发起。外勤人员通过移动作业终端查询欠费客户信息，将催费信息精准告知客户。

（2）派送停电通知单。外勤人员在移动作业终端上查询收到通知且逾期未交费的客户信息，通过移动作业终端完成派工后，将停电通知单送达客户。

（3）现场停电申请。对已送达停电通知单且在规定时间内仍未交纳电费的客户，外勤人员通过移动作业终端发起现场停电申请，提交管理人员审批，审批后由外勤人员现场执行停电。

（二）电费收取

1.业务内容

电费收取业务是指业务人员在营业厅收费柜台使用营销 2.0 系统以现金、POS 刷卡、线上支付（网上国网、微信、支付宝）等方式，完成客户电费、违约金或预收费用的收取，为客户出具收费凭证，当日收费结束后，核对所收款项，存入银行，将相关票据及时交接。

客户交费业务流程如图 4.1.2 所示，电费日结业务流程如图 4.1.3 所示。

图 4.1.2　客户交费业务流程

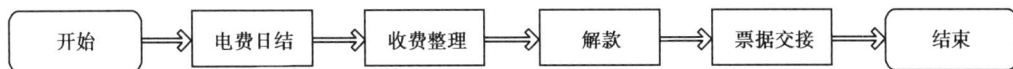

图 4.1.3　电费日结业务流程

上述两图中对应的工作流程的标准作业规范总结如下，其中电费收取标准作业规范见表 4.1.1 电费收取标准作业规范，电费日结标准作业规范见表 4.1.2。

表 4.1.1　电费收取标准作业规范

序号	工作事项	工作内容
1	受理客户交费申请	根据客户编号查询客户应收电费、违约金或预收客户电费
2	收费	通过刷脸、现金、扫码、刷卡等方式进行电费收取
3	开具收费凭证并交付客户	收取客户交纳的电费后，开具电费收取凭证，交付用电客户

表4.1.2　电费日结标准作业规范

序号	工作事项	工作内容
1	电费日结	根据交费记录、电费笔数等信息,一键生成日实收电费报表
2	收费整理	清点各类电费票据、发票存根、作废发票、未用发票等,统计核对日实收电费交接报表
3	解款	记录现金解款单和银行进账单相对应的电费清单,将现金存入指定银行的电费账号
4	票据交接	收集现金交款银行回单、银行进账单等原始凭证以及"日实收电费交接报表"等进行存档

2.注意事项

(1)严格按照电力客户实际交费方式在营销系统中进行收费操作,确保系统中收费方式、实收金额与实际一致。收费后应主动向电力客户提供收费票据(含电子票据),电费收取应日收日清,现金及时解存银行。

(2)优先应用网上国网、95598网站等自有渠道收费方式,积极推广银行代扣等金融机构收费方式,稳妥使用微信、支付宝等第三方交费方式,慎重使用地方性第三方平台等交费方式,合理减少柜台(含营业厅自助终端)收费,清理关闭电费充值卡,提升自有渠道交费金额比例。采用柜台收费(坐收)方式时,应严格核对户号、户名、地址等信息,告知电力客户电费金额及收费明细。

①采用代扣、代收与特约委托等方式收取电费的,应严格按约定时间与银行发送、接收并处理交费信息,及时做好对账和销账工作。

②采用自助交费终端方式收取电费的,应每日对自助交费终端收取的电费进行日终解款。

③采用自助交费终端方式收取电费的,应每日对自助交费终端收取的电费进行日终解款。

④采用银行卡刷卡方式收取电费的,应每日核对当日刷卡签单凭据金额与营销系统是否一致,每日与POS机发行单位对账并处理单边账。

⑤采用充值卡方式收取电费的,应每日对当日销售的电费充值卡数量、充值记录、充值金额、充值账户抵交电费情况进行核对,并编制日报表。销售充值卡与充值卡交费不得重复开具发票。原则上各级供电单位不再发售新的充值卡,并尽快清理现存充值卡;预购电费业务可通过"网上国网"实现。

⑥不得收取商业承兑汇票,从严控制收取银行承兑汇票。

⑦原则上取消走收方式,确有地区偏远等特殊原因,可使用"网上国网"扫码或其他可现场记录收费行为的方式收缴电费。

⑧严格管控代收渠道交费行为,常态化开展收费渠道运营质量评价,坚决杜绝代收机构二次转包行为。

（3）根据电费账单，积极收取电力客户电费及售电公司相关费用。

①推广微信、短信、智能语音等电子化催交方式催收电费，有关内容通过与客户签订电费结算协议等方式明确。

②严格依法依规实施欠费停电。对高危及重要电力客户，应将停电通知书同步报送同级电力管理部门。对智能交费客户，严格按照《电力客户电费结算协议》约定的方式和阈值，开展预警、停电等工作。对非智能交费客户，停电通知书须按规定履行审批程序，在停电前3～7天内，采取多种有效方式送达，并留存送达佐证材料。

③停电前30分钟，应再次核对电力客户当前是否欠费，以及停电通知送达情况，同时将停电时间再通知用户一次，方可在规定时间执行停电操作。欠费停电操作不得擅自扩大范围或更改时间。

④电力客户结清电费及违约金后，应在24小时内恢复供电；实施客户停复电全流程线上管控，避免延期恢复供电。如因特殊情况不能及时恢复供电的，应向电力客户说明原因并留存相关记录。

⑤按政府部门要求无法实施欠费停电的，应将政府有效文书作为前置条件，并争取由政府相关部门出台兜底性保障措施；对存在关停、破产等风险的电力客户，及时启动法律催缴程序。

⑥对出现电费亏损的售电公司，应及时足额回收售电公司亏损电费；逾期未缴纳或未足额缴纳相关费用的售电公司，按照省内交易规则或相关政策，配合交易机构执行其履约保函、保险。

（4）严格按供用电合同约定收取电费违约金，不得随意减免电费违约金。由下列原因引起的电费违约金，在履行审批手续后可以免收：

①采抄差错或电费差错影响电力客户按时交纳电费。

②因非电力客户原因导致第三方渠道代收代扣电费出现错误或超时，影响电力客户按时交纳电费。

③营销业务系统电力客户档案资料不完整或错误，影响电力客户按时交纳电费。

④未及时确认银行进账款项，产生违约金。

⑤营销业务系统或网络故障，影响电力客户按时交纳电费。

⑥因自然灾害、公共卫生事件、政府文件要求等不可抗力，影响电力客户按时交纳电费。

⑦其他因供电单位原因，影响电力客户按时交纳电费。

（三）电费账务

电费账务是指支付结算业务（电力网点交费、解款、预收互转、退费管理、违约金暂缓、违约金转预收、余额管理、预收电费管理（预收结转）、退业务费管理、交费方式管理）等业务工作。计算结算业务类型及其目标如图4.1.4所示。

> ❖ 依据客户电费及其他能源费用的核算、收支、账务、票务等业务过程,将计费结算分为量费核算、支付结算、账务清分和票务管理四个业务子类,实现计费准确、结算高效、资金安全、管理集中的目标。

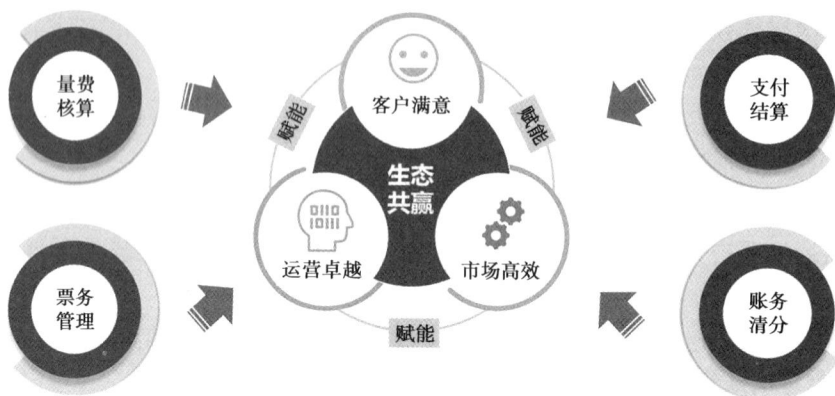

图 4.1.4　计费结算业务类型及其目标

支付结算具体业务方面包括五大业务:支付结算核心业务、催交管控业务、停复电辅助业务、回收风险防控业务、充值卡管理辅助业务。支付结算是指通过采用多种收费方式,及时高效地回收客户电费、业务费和增值服务费,为客户提供多种账单通知服务,对客户欠费按照相应的催费策略进行催缴业务的统称。其中电费账务有以下四种业务类型:

电费收费:客户可通过用电户号、户名、用电地址、交费通知单、历史收据等身份信息,办理交费。

业务费收费:根据客户提供的信息确定工单编号,按工单编号查看未结清费用的应收业务费信息。

批量预存:按批量交费模板导入本次"批量交费用户明细",用户核对并确认交费清单之后,完成批量交费预收。

转账客户收费:转账客户通过主动转账至供电企业电费账户,可选择收费方式"到账单",查找未处理的银行流水信息,实现手动销账的业务需求,支撑电费、业务费收取的工作。

要严格执行电费账务管理制度,具体内容如下:

(1)按照营财一体化电费科目,建立由财务部门管理的发电企业、电力客户等市场主体的电费科目体系,营销专业根据电费发行记录按户逐笔进行明细核算,财务专业根据营销专业集成数据信息进行总账核算,做到电费应收、应付、实收、预收、未收电费电子台账及银行电费对账电子台账(辅助账)等电费账目完整清晰、准确无误,确保营销业务系统客户档案数据、电费账务数据与财务账目一致。

(2)按财务制度编制实收电费日报表、日累计报表、月报表并严格审核。按日开展电费对账、到账确认工作,加强电费在途资金管理,确保电费到账数据真实性。按时完成应实收账期关账,关账前营财双方应对各分类账数据进行复核,确保营财科目数据准确一致。

(3)推进账务处理自动化。建立银企数据双向传递机制,采用银行资金流水自动对账、自动销账等技术,实现电费账务全流程自动化作业,严格限制营销业务系统涉及应收、应付、预收科目的手工凭证处理,提高电费账务处理效率。

严格执行资金收支两条线管理制度。电费资金实行专户管理,不得存入其他非电费账户;退款及代收电费手续费支付应从各单位的非电费账户支出。

严格管控电费预收互转处理。完善关联户审批流程,非关联间的“预收互转”应以相关方签订协议等证明材料为前提,并严格执行分级审批制度,坚决杜绝利用客户预购电费违规进行非关联户冲抵欠费等操作。

二、实践咨询

(一)工作准备

(1)班级学生形成 3～4 人的客户服务班组,自行选出组长;

(2)组长召集组员利用课外时间收集有关客户服务,特别是电费收取方面的资料。

(二)参考案例

1. 任务内容

××接到工作任务通知,为客户提供服务方式单一引发的投诉案例分析。投诉内容:

××月××日 9 点,客户来电投诉营业厅交电费业务时,营业厅工作人员存在对客户不耐烦、服务态度差的现象,要求客户去其他营业厅缴费,存在推诿情况,客户表示不满,要求相关部门尽快核实处理并尽快给客户合理解释。

2. 投诉回复

投诉不属实。12 日租户到××(D 级厅)进行缴费,由于系统中投诉客户名字与房主实际名字有出入,导致无法确定该户号,交费未成功。13 日上午,房主单××到××营业厅(D 级厅)缴费,收费人员杨××打开系统给投诉客户单××看,询问客户户名是否正确时,客户提出名字不对,收费员请客户能否提供户号或表号等信息,并核对地址是否正确,收费员便建议客户最好先别交,交错了调账会很麻烦,并告知客户,如果名字不对,可带身份证到××供电营业厅(B 级厅)进行更名手续。13 日中午,投诉客户××在儿子回家后,便告诉儿子今天缴费未成功,称工作人员要其到北街三小附近的营业厅去交。投诉客户儿子不信,便于当天下午 2 点50 分左右到××营业厅进行缴费,由于投诉客户儿子缴费时带上了原来缴费的单据,因此很快便缴费成功了。

3. 实际情况

营业人员在以客户所提供的户名查询不到正确户号的情况下,未及时有效地引导客户通过地址、表号或门牌号等相关信息查找,且造成客户三次往返营业厅而最终引发投诉。

4. 改进方式

营业人员应采取多种方式为客户提供查询,如地址、表号或门牌号、电话号码等相关信息查找。

5. 任务实施

(1)分工协作撰写《电费收取服务情景》;

(2)排演成情景剧,按照情景剧评分。评分细则见下,根据各位同学在现场搜集相关的

资料,做成 PPT,进行分享。要求:

①5~7 人一组。

②组员分工:2~3 人搜集资料,2 人制作 PPT,1~2 人准备公开分享(2 人分享,则需要有明确的分工)。

③评分制度:教师评分占比 60%,组内互评占比 10%(组员之间匿名评定),组间互评占比

20%(组员商定后小组给分),每组分享完毕后 5 分钟内出具结果,若未能在规定的时间给定分数,则默认为 80 分。

(3)评分标准:

①案例需要有始有终,即如何发现,如何查处,难度在哪里,得到了什么启示,是否具有趣味性,是对于资料搜集人员的评定标准;

②PPT 的制作是否精美,是否表达出了案例的精髓,是否与分享人员配合贴切,是对于PPT 制作人员的评定标准;

③讲述人员是否落落大方,讲述是否条理清晰明确,分享的姿势是否标准,是对于 PPT分享人员的评定标准;

④小组分享时间为 5~8 分钟。

任务 4.2 票据及账务管理

【教学目标】

知识目标:

(1)掌握电费票据管理方法、规范票据的领用、签收手续及流程;

(2)掌握电费收取的账务处理方法及流程。

能力目标:

(1)能够根据收取电费现场状况评估电费资金风险;

(2)能够根据现场解决客户错交电费的账务处理措施。

态度目标:

(1)能主动学习,在完成任务过程中发现问题、分析问题和解决问题;

(2)能与小组成员协商、交流配合完成本次学习任务,养成分工合作的团队意识;

(3)严格遵守安全规范,爱岗敬业、勤奋工作。

【任务描述】

某职业院校由于新建了校区,因此申请了新的用电账号,原来的账号已经停用两年,经过查询,原来的账号中还有结余的款项,现在职院需要将原有账号的费用转移到新的账号

中。请查询资料,将该业务以情景的形式演示完成。

(1)分组:5~7 人为一组

(2)小组成员依据书本知识,课后搜集相关的资料,并将调账申请、调账所需的资料准备完善;

(3)编写相关的情景剧,确定每个人物的身份;

(4)在课堂进行情景剧的展示,并完成小组互评与自评。

【相关知识】

一、理论咨询

(一)电费票据

票务管理是公司对计费结算过程中涉及的电子发票、增值税专用发票、银行票据和费用账单等票据,进行生成、打印、派送等服务的统筹管理,通过对纸质票据进行入库、领用、返还和上交,对发票进行作废和冲红,对银行金融票据进行登记、流转、保管,对用户票务需求提供营业厅开票、线上开票、特定开票和分布式电源发票代开与支付等业务。其基本业务通过营销2.0 系统完成。营销2.0 系统对应功能菜单如下所示:

计费结算—票务管理—票据管理—发票申领管理。

营销2.0 系统,取消票据版本管理,票据入库时可新增或选择发票代码以替代原有票据版本编号。票务管理的流程如图4.2.1 所示:

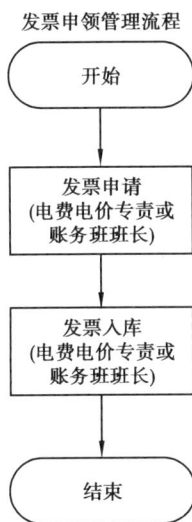

图 4.2.1　票务管理流程

供电企业需要为电力市场主体提供无差别发票服务,具体是指:

(1)根据电力客户属性及需要,开具增值税专用发票或增值税普通发票。

(2)向发电企业、售电公司支付电费及其他费用时,应要求对方向公司开具发票,具体根据财务有关规定执行。

（3）分布式电源客户发、用电应单独核算、分别开票。客户交纳下网电费时,应向客户提供电费发票;向客户支付上网电费及发电补贴时,应要求客户向公司开具发票。当地税务部门授权后,各级供电单位可为自然人分布式电源客户代开发票。

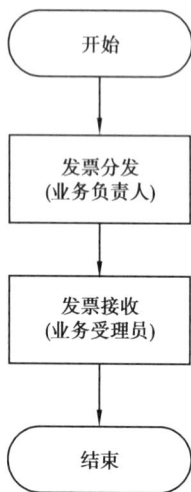

图4.2.2　发票的发放流程

（4）积极推广应用电子普通发票及电子增值税专用发票,完善营业窗口内网发票打印功能,严禁重复开具增值税专票。各省公司根据属地税务部门安排,积极推广全电发票。

发票发放的具体流程如图4.2.2所示,分为发票分发以及发票接收。

发票申领管理是指电网企业根据发票购买需求,向当地税务部门申领增值税专用发票、增值税电子普通发票、增值税电子专用发票、收据的业务。其中,发票申领管理流程为:计费结算—票据管理—发票申领管理。其中,票据入库示意图如图4.2.3所示。发票发放是指对已入库的增值税专用发票、收据等票据,依次分发给相应业务受理员直至分发结束的工作。发票接收是指接收业务负责人发放的增值税专用发票或收据等票据并核对确认的工作。营销2.0系统对应功能菜单:计费结算—票务管理—票据管理—发票发放。增值税专票如图4.2.4所示。

序号	管理单位	票据代码	票据类型	起始票据号码	截止票据号码	总张数	剩余总数	操作类型	操作员	分发明细
1	南京供电公司	320001	收据	00001	00100	100	60	入库	张三	分发明细
2	南京供电公司	320002	收据	00001	00100	100	60	入库	张三	分发明细
3	南京供电公司	320003	收据	00001	00100	100	60	入库	张三	分发明细
4	南京供电公司	320004	收据	00001	00100	100	60	入库	张三	分发明细
5	南京供电公司	320005	收据	00001	00100	100	60	入库	张三	分发明细
6	南京供电公司	320006	增值税专用发票	00001	00100	100	60	入库	张三	分发明细
7	南京供电公司	320007	增值税专用发票	00001	00100	100	60	入库	张三	分发明细
—	南京供电公司	320008	增值税专用发票	00001	00100	100	60	入库	张三	分发明细
99	南京供电公司	320009	增值税专用发票	00001	00100	100	60	入库	张三	分发明细
100	南京供电公司	320010	增值税专用发票	00001	00100	100	60	入库	张三	分发明细

合计笔数：100笔　　合计总张数：1000张　　合计剩余总数：600张

图4.2.3　票据入库功能示意图

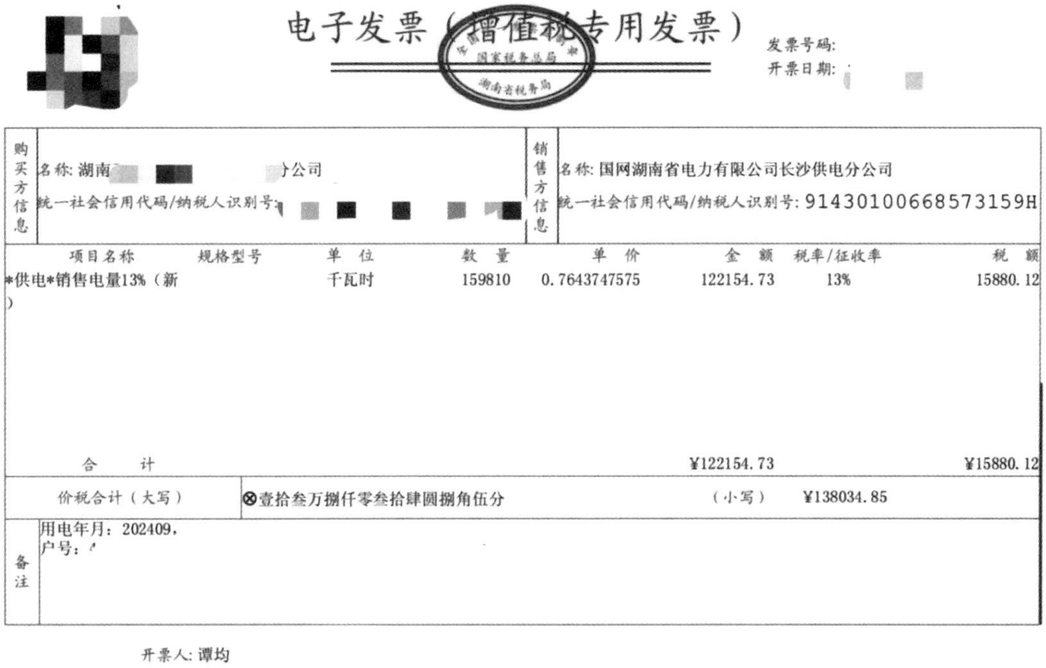

图 4.2.4　电费增值税专票示意图

（二）规范电费发票管理

（1）电费票据的领取、核对、作废及保管应有完备的登记和签收手续。未经税务机关批准，电费发票不得超越范围使用。严禁转借、转让、代开或重复开具电费票据。票据管理和使用人员变更时，应办理票据交接登记手续。

（2）电费发票应通过营销业务系统或税务专用系统开具，加盖"发票专用章"后有效。不得使用白条、收据或其他替代发票向电力客户开具电费发票。

（3）电力客户首次申请开具增值税专用发票时，应要求客户提供加盖单位公章的营业执照复印件、统一社会信用代码、银行开户名称、开户银行和账号等资料，经审核无误后，从申请当月起给予开具电费增值税发票，申请以前月份的电费发票已开具的不予调换，补开以前月份的增值税发票时限不超出国家税务总局相关规定。

（4）对作废发票，须各联齐全，每联均应加盖"作废"印章，并与发票存根一起保存完好，不得丢失或私自销毁。按照财务制度相关规定，保存期满报经税务机关查验后进行销毁。

（5）电费票据发生差错时，需要开具红字增值税发票的，必须按照税务有关规定执行。建立电费发票管理台账。票据开具部门应设专人妥善保管电费发票（含代开分布式光伏发票）和票据专用印章，建立完备的内控管理制度。

（6）发票专用印章应严格在规定的范围使用，印章领用、停用以及管理人员变更时，应办理交接登记手续。

（三）账务管理

电费账务管理实施流程规范化及作业标准化的管理模式。应用营销业务应用系统，实现电费账务全过程的量化管控，保障电费资金安全，确保电费准确回收。电费账务管理，主要包括营销侧电费和业务费（以下统称电费）账务处理过程中的作业、检查和考核等工作要求。

电费及业务费退费、调账指的是：对营销系统中，作为预收费、政策性收费，存入公司对应电费或业务费账户上，未因抄表、计量、业扩等原因产生扣减的资金，符合相关政策规定，经户主申请，审批通过后，准予退出或调整。退出的电费及业务费必须以非现金方式"原口径退费"或不符合"原口径退费"条件下退入电费支付方同户名的有效银行账户内；或在申请方指定的用户编号间进行账务调整。

电费及业务费退费、调账包括以下几类：

（1）电费交纳错误退费；

（2）退临时接电费；

（3）账户间调账；

（4）销户退预收费；

（5）错收业务费退费；

其中退费业务办理所需要的规范资料见本任务附件1退费业务资料。预收余额调整业务所需申请表见附件5，其余所需资料见附件2。两项业务所需要的自然人委托书、法人委托书分别见附件4和附件3。

（四）风险管控

（1）准确执行国家电价政策、各省依规出台的电价政策，严格按照国家及各省市场交易规则开展电费结算工作，避免因政策执行不到位导致经营风险。

（2）严格按时限支付发电企业、售电公司、分布式电源客户电费及其他费用，防范因支付不到位、不及时产生的经营风险及舆情事件。

（3）对涉及群体性民生用电，原则上不采取停电催费措施，严格杜绝群体性民生用电服务事件。

（4）严格执行电费核算轮岗制度，电费收费、账务处理、账务审核等不相容岗位分离制度，不相容岗位不得混岗。

（5）严格限制非同名交费销账、非关联户间预购电费互转等敏感操作，确有需要的应严格执行审批制度。

（6）坚决落实国家关于电信诈骗、反洗钱有关法规及政策要求，推广转账交费白名单、金融机构四要素（姓名、账号、开户行、手机号）回传等机制，防范利用电费渠道洗钱风险。

（7）严格规范信息系统权限、流程管理，及时归档保存电费业务中产生的各类合同协议、票据账单、审核审批单据等资料。

强化电费回收风险防控，完善电费回收风险预警机制、防控措施、技术手段、防控预案。具体有如下措施：

（1）健全电费回收分级预警机制。国网客服中心、各省（市、县）公司应关注国家政策动向、行业发展动态，跟踪电力客户生产经营状况、用电特征、交费情况，分析履约能力，通过数字化手段建立预警模型，及时预判预警电费回收风险。

（2）加强客户交费履约监测。严格按照《供用电合同》或《电力客户电费结算协议》约定开展欠费催收及欠费停复电，统一规范欠费催收、欠费停复电等通知、告知形式及内容，部署合同履约线上管控功能，遏制实际结算方式与合同、协议约定不一致引发法律纠纷。

（3）完善电费回收风险防控措施。结合本单位实际，制定"一户一策""一类一策"风险防控措施，定期评估措施的有效性和可操作性，对高风险客户逐户制定防控预案，防范突发性电费回收风险。对"两高一剩"、临时用电、被政府或金融行业纳入失信名单以及信用评级低的电力客户，推行"购电制"、分次结算、可变现资产抵押等措施，并结合银行保函、担保、抵押等预控手段，防范欠费及坏账风险。对低压客户，推广智能交费方式。

二、实践咨询

某职业院校由于新建了校区，故申请了新的用电账号，原来的账号已经停用两年，经过查询，原来的账号中还有结余的款项，现在职院需要将原有账号的费用转移到新的账号中。请查询资料，将该业务以情景的形式演示完成。

1. 分组

（1）5～7人为一组；

（2）小组成员依据书本知识，课后搜集相关的资料，并将调账申请、调账所需的资料准备完善；

（3）编写相关的情景剧，确定每个人物的身份；

（4）在课堂进行情景剧的展示，并完成小组互评与自评。

2. 评分制度

教师评分占比60%，组内互评占比10%（组员之间匿名评定），组间互评占比20%（组员商定后小组给分），每组分享完毕后5分钟内出具结果，若未能在规定的时间给定分数，则默认为80分。

3. 评分标准

（1）案例需要有始有终，即如何发现，如何查处，难度在哪里，得到了什么启示，是否具有趣味性，是对于资料搜集人员的评定标准；

（2）PPT的制作是否精美，是否表达出了案例的精髓，是否与分享人员配合贴切，是对于PPT制作人员的评定标准；

（3）讲述人员是否落落大方，讲述是否调理清晰明确，分享的姿势是否标准，是对于PPT分享人员的评定标准。

（4）小组分享时间为5～8分钟。

附件1

退费业务资料

客户类型	退费类型		需要提供的资料	说明
所有客户	销户	客户	1. 退费业务申请表 2. 营业执照(企业客户)/有效身份证件(个人客户) 3. 银行开户许可证(企业客户)/收款银行账户(存折或卡)及开户户信息(个人客户) 4. 法人代表有效身份证件(企业客户) 5. 业务委托书(企业客户/自然人) 6. 受托人有效身份证件 7. 其他收款方有效证件资料	● 第1、5项资料需提供原件,其他可使用原件复印或扫描,不受理复印件再次复印的资料。 ● 企业客户办理业务时需提供第2、3、4项资料,个人客户需提供第2、3项。 ● 退费业务申请表、业务委托书需按模板填写,个人客户、企业客户法人代表或授权代表人签字,企业客户需加盖行政公章。 ● 企业客户提供所有资料均需加盖行政公章。 ● 如收款方与退费出方退费资料中说明原因并提供第7项证件,企业客户需提供营业执照、法人代表有效身份证件,银行开户许可证;个人客户需提供收款人有效身份证件、收款银行账户(存折或卡)及开户户信息。
		供电单位	8. 客户电费对账函 9. 营销系统客户状态截图(营销系统截图) 10. 客户预收费余额记录/预收业务余额记录/营业外转入记录(营销系统截图)	● 退费金额小于等于客户电费对账函金额。 ● 客户销户状态截图应显示客户在途或销户客户。 ● 预收费清退需提供预收费余额记录系统截图,纸张大小及方向:A4横向,查询路径:收费服务管理—业务费收缴—预收费查询余额。 ● 预收业务费清退需提供预收业务费余额记录系统截图,纸张大小及方向:A4横向,查询路径:收费服务管理—业务费收缴—查询—客户明细账查询余额。 ● 营业外收入记录需提供营业外收入记录系统截图,纸张大小及方向:A4横向,查询路径:收费服务管理—电费收缴—查询—客户明细账。(1)营销系统显示应收营业外收入结转的,应提供结转依据、结转凭证。(2)营销系统无结转记录的,应提供结转记录。

| 所有客户 | 错交 | 客户 | 1. 退费业务申请表
2. 营业执照（企业客户）/有效身份证件（个人客户）
3. 银行开户许可证（企业客户）/收款银行账户（存折或卡）及开户行信息（个人客户）
4. 法人代表有效身份证件（企业客户）
5. 业务委托书（企业客户/自然人）
6. 受托人有效身份证件
7. 错交证明 | • 第 1 5 项资料需提供原件，其他可使用原件复印复印或扫描，不受理复印件再次复印的资料。
• 企业客户办理业务时需提供第 2 3 4 项资料，个人客户需提供第 2、3 项。
• 退费业务申请表需按模板填写，个人客户需加盖行政公章。
• 企业客户提供所有资料均需加盖行政公章。
• 使用线上渠道（含中国银联）交易后申请退费时，需提供交易证明。
• 客户供电单位业务经办人应在交易证明上签字。
• 错交证明应显示错交用户客户号、缴费路径（银行卡、信用卡、花呗、零钱等）、缴费时间、实缴金额等相关信息。
• 错交退费，应提供双方相关资料。
• 错交客户无法提供有效身份证件时，可采用短信确认能否予以退费。申请人提供带有电话号码的短信截图，供电单位在营销系统核对电话号码并提供截图。 |
| | | 供电单位 | 8. 与错交证明对应的客户明细账截图（营销系统截图）
9. 显示可用余额的客户预收余额记录（营销系统截图） | • 第 9 项需由供电单位提供截图，纸张大小及方向：A4 横向，查询路径：收费账务管理—电费收缴—查询—客户明细账—查询可用余额。 |

129

客户类型	退费类型		需提供的资料	说明
所有客户	过户	客户	1. 退费业务申请表 2. 营业执照（企业客户）/有效身份证件（个人客户） 3. 银行开户许可证（企业客户）/收款银行账户（存折或卡）及开户行信息（个人客户） 4. 法人代表有效身份证件（企业客户） 5. 业务委托书（企业客户/自然人） 6. 受托人有效身份证件 7. 其他收款方有效证件资料	• 第1~5项资料需提供原件，其他可使用原件复印或扫描，不受理复印件再次复印的资料。 • 企业客户办理业务时需提供第2、3、4项资料，个人客户需提供第2、3项。 • 退费业务申请表业务委托书按模板填写，个人客户需人代表人签字，企业客户需加盖行政公章。 • 企业客户提供所有资料均需加盖行政公章。 • 如收款方与退费提出方不一致，需在第1项资料中说明原因并提供第7项资料；企业客户需提供营业执照法人代表有效身份证件许可证；个人客户需提供收款人有效身份证件收款银行账户（存折或卡）及开户行信息。
		供电单位	9. 客户电费对账函 10. 客户预缴费余额记录（营销系统截图） 11. 过户业务办结记录（营销系统截图）	• 第10项由供电单位提供截图，纸张大小及方向：A4横向，查询路径：收费账务管理—电费收缴—客户明细账—查询可用余额。 • 退费金额小于等于客户电费对账金额。
其他注意事项			• 所有资料均不能涂改，不得出现错别字，流程原因必须描述清楚。 • 所有系统截图应完整清晰，原则上应为彩色截图，无需加盖公章。 • 客户电费对账函按照《湖南省电力公司客户对账管理办法（试行）》等有关规定执行。 • 个体工商户或个人客户的专变无营业执照的，需要所在村委会提供组织机构代码证，并开具村委会证明。 • 如遇村委会无组织机构代码的，提供村委会成立文件/说明，并自行写好委托书。 • 如遇无营业执照的组织机构，如机关政府、社会团体、民办非企业单位、事业单位等，需要提供组织机构代码证或事业单位法人证书。 • 如遇租房情况，需提供房屋租赁协议。 • 如遇公司转让情况，需提供转让协议。		

其他注意事项	• 如收款名称与实际客户名称不符，需要当地营业厅提供系统录入错误证明或者客户的曾用名证明。 • 客户提供的缴费证明应≥退费金额，客户申请退费的金额≤系统记录的预收费余额。 • 款项退至私人账人账户请在银行卡复印件上写明开户行详细名称。 • 根据央行文件（银发〔2019〕41号），2019年2月25日起将分批取消银行开户许可证，可由开户行打印基本存款账户信息代替（内容包含账户名称、账户号、开户行名称、法定代表人、基本户编号）。 • 有效身份证件：居民身份证或者临时居民身份证、户口簿、军人身份证件、武装警察身份证件、台湾居民来往大陆通行证、港澳居民来往内地通行证、护照、社会保障卡、驾驶证等。 • 使用网上银行、手机银行、第三方支付平台绑定银行交易后申请退款的，原路退回实际发生交易的银行账户且退款金额为该账户名下支付金额。 • 销户退预收费，以营销系统记录的预收费余额为准，不完整时，需告知客户办理全额请退手续。 • 客户提供的银行开户行信息不准确，需各供电单位财务部门子以协助配合，从财务管控中调取详细、准确开户行信息。 • 因银行流水传递异常、银行代收错误、营销系统问题等非责任人为责任造成的资金类或非资金类工单处理，由市州公司发起流程，附件为系统客户明细账单、网银截图等，不需要取得客户资料。

附件2

预收余额调整业务资料

客户类型	预收余额调整		需提供的资料	说明
所有客户	销户	客户	1. 预收费调整申请表 2. 营业执照（企业客户）/有效身份证件（个人客户） 3. 法人代表有效身份证件（企业客户/自然人） 4. 业务委托书（企业客户/自然人） 5. 受托人有效身份证件	● 第1～4项资料需提供原件，其他可使用原件复印或扫描，不受理复印件再复印的资料。 ● 企业客户办理业务时需提供第2～3项资料，个人客户需提供第2项，预收费调整申请表 业务委托书按模板填写，个人客户 企业客户法人代表或客户需加盖行政公章。 ● 企业客户提供所有资料均需加盖行政公章。
		供电单位	7. 客户预收费余额记录 8. 客户电费对账函 9. 营销系统客户状态截图（营销系统截图）	● 第7项需由供电单位提供营销系统截图，纸张大小及方向：A4 横向，查询路径：收费账务管理—电费收缴—查询—查询客户明细账—查询已销户客户。 ● 客户销户状态截图应显示销户在途或已销户金额。 ● 退费金额小于等于客户电费对账函金额。
	错交	客户	1. 预收费调整申请表 2. 营业执照（企业客户）/有效身份证件（个人客户） 3. 法人代表有效身份证件（企业客户/自然人） 4. 业务委托书（企业客户/自然人） 5. 受托人有效身份证件 6. 错交证明	● 第1～4项资料需提供原件，其他可使用原件复印或扫描，不受理复印件再复印的资料。 ● 企业客户办理业务时需提供第2～3项资料，个人客户需提供第2项，预收费调整申请表 业务委托书按模板填写，个人客户 企业客户法人代表或客户需加盖行政公章。 ● 企业客户提供所有资料均需加盖行政公章。 ● 使用线上渠道（含中国银联）交易后申请退费时，需提供交易证明。 客户 供电单位业务经办人应在交易证明上签字。

所有客户				
	错交	客户		• 错交证明应显示错交用户客户号、缴费路径（银行卡、信用卡、花呗、零钱等）、缴费时间，应提供缴费金额等信息。 • 错交调账，应提供双方相关资料。 • 错交客户无法提供有效身份证件时，可采用短信复核确认能否予以调账。申请人提供带有电话号码的短信截图，供电单位在营销系统核对电话号码并提供截图。
		供电单位	7. 与错交证明对应的客户明细账截图（营销系统截图） 8. 显示可用余额的客户预收余额记录（营销系统截图）	• 第 8 项需由供电单位提供截图，纸张大小及方向：A4 横向，查询路径：收费账务管理—电费收缴—客户明细账—查询可用余额。
	过户	客户	1. 预收费调整申请表 2. 营业执照（企业客户）/有效身份证件（个人客户） 3. 法人代表有效身份证件（企业客户） 4. 业务委托书（企业客户/自然人） 5. 受托人有效身份证件	• 第 1 ~ 4 项资料需提供原件，其他可使用原件复印或扫描件，不受理复印件再次复印的资料。 • 企业客户办理业务时需提供第 2 ~ 3 项资料，个人客户需提供第 2 项。 • 预收费调整业务申请表需按模板填写，个人客户业务委托书需委托代表人签字，企业客户需加盖公章。 • 企业客户提供所有资料均需加盖行政公章。
		供电单位	6. 客户电费对账函 7. 客户预收费余额记录（营销系统截图） 8. 过户业务办结记录（营销系统截图）	• 第 7 项需由供电单位提供截图，纸张大小及方向：A4 横向，查询路径：收费账务管理—电费收缴—客户明细账—查询可用余额。 • 退费金额小于等于客户电费对账函金额。

所有客户			资料	说明
分拆	客户		1. 预收费调整申请表 2. 营业执照（企业客户）/有效身份证件（个人客户） 3. 法人代表有效身份证件（企业客户） 4. 业务委托书（企业客户/自然人） 5. 受托人有效身份证件 6. 分拆客户明细	● 第1～4项资料需提供原件，其他可使用原件复印或扫描件，不受理复印件再次复印的资料。 ● 企业客户办理业务时需提供第2、3项资料，个人客户需提供第2项。 ● 预收费调整申请表、业务委托书需按模板填写，企业客户需加盖公章，个人客户需法人代表或授权代表人签字，企业客户需加盖行政公章。 ● 企业客户提供所有资料均需加盖公章。 ● 供电单位申请分解本区县同一集团客户预收余额时，需营销部专责签字确认、市客服中心盖章。
	供电单位		1. 市州公司履行相应决策程序的记录	决策程序依据及附件： ● 销户客户或长期不用电客户，可参照销账处理决议等。无法提供直接有效佐证，如破产清算证明、工商注销、法院判决等，有关规定执行。 ● 个体工商户或个人客户取得专变客户对账联系的组织机构代码证，并开具村委会证明。已无法定代表人取得有效佐证，可以提供第三方佐证，如租入社区、居委会等证明。 ● 客户数量多且多目挂账时间长，可以单位名义聘请第三方中介机构为清理核实取证，提供证明。
结转营业外收入	供电单位		1. 市州公司履行相应决策程序的记录	

● 所有资料均不能涂改，不得出现错别字，流程原因必须描述清楚。
● 所有系统截图应完整清晰，原则上应为彩色截图，无需加盖公章。
● 客户电费对账函按照《湖南省电力公司客户对账管理办法（试行）》等有关规定执行。
● 个体工商户或个人客户的专变客户无营业执照的，需要村委会提供村委会执照，并开具村委会证明。
● 如遇村委会无营业执照的组织机构，提供村委会成立文件/说明，并自行写好委托。
● 如遇无营业执照的组织机构，如社会组织机构代码证，社会团体、民办非企业单位等，需要提供组织机构代码证或事业单位法人证书。
● 如遇租房情况，需提供房屋租赁协议。
● 如遇公司转让情况，需提供转让协议。
● 有效身份证件：居民身份证或者临时居民身份证、户口簿、军人身份证件、武装警察身份证件、港澳居民来往内地通行证、台湾居民来往大陆通行证、护照、社会保障卡、驾驶证等。

其他注意事项

附件3

法人授权委托书

委托单位		单位联系电话	
法定代表人		身份证号码	
受委托人		身份证号码	
现任职务		联系电话	
委托 职权 范围	供电企业: 兹因业务需求,现委托我公司　　　　　　前往贵公司全权办理 具体事宜。 受托人在授权委托范围、委托期限内,签署的一切文件及所作的一切行为我单位均予承认,并承担由此产生的一切法律后果。		
委托期限	年　月　日始——　　　　　年　月　日止		
	委托单位(签章)　　　　　　　　　　　　　受托人(签章) 年　　月　　日　　　　　　　　　年　　月　　日		
备注			

注:1. 委托人和受委托人身份证复印件附后

2. 该表信息必须填写完整,原则上不得空缺,流程闭环前,确保委托期限在有效范围内。

附件4

自然人授权委托书

委托人		受托人	
身份证号码		身份证号码	
联系电话		联系电话	

委托职权范围	供电企业： 　　兹因业务需求,现委托　　　　　　前往贵单位全权办理具体事宜。 　　受托人在授权委托范围、委托期限内,签署的一切文件及所作的一切行为我本人均予承认,并承担由此产生的一切法律后果。
委托期限	年 月 日始——　　年 月 日止
	委托人(签章)　　　　　　　　　　　　　　受托人(签章) 　　年　　月　　日　　　　　　　　　　年　　月　　日
备注	

注:1. 委托人和受委托人将身份证复印件附后

　2. 该表信息必须填写完整,原则上不得空缺,流程闭环前,确保委托期限在有效范围内。

附件 5

预收余额调账业务申请表

供电单位：

原用户信息（调出）		
用户名称：		用户编号：
用电地址：		
新用户信息（调入）		
用户名称：		用户编号：
用电地址：		
金额人民币（大写）		￥
申请类型：□销户　□过户　□错交　□其他 申请原因：		
1.过户时，需结清原客户的实时电费，未结清不予以受理。电费结清方式由过户双方协商确认；过户业务办结后的首个电费发行日，若原客户产生欠费，供电单位有权依据本次双方确认的业务承诺调整账目。即从新客户调出原客户所欠电费的金额冲抵欠费，直至结清原用电欠费；过户业务办结后，原客户存在预收费，供电单位有权依据本次双方确认的业务承诺调整账目，即从原用电全额调出预收费至新客户。 2.错交调账应提供显示错交用户客户号、缴费路径（银行卡、信用卡、花呗、零钱等）、缴费时间、缴费金额等信息的错交证明，且申请调账金额不得大于实际缴费金额。 3.销户调账，以营销系统记录的预收费余额为准，需告知客户办理全额清退手续。 4.该表信息必须填写完整，原则上不得空缺。 声明：以上内容已知悉并确认，因此产生的一切法律责任及经济纠纷由调出、调入双方用户承担。 调出用户（签章）　　　　　　　　　　调入用户（签章） 联系电话：　　　　　　　　　　　　　联系电话： 　　年　月　日　　　　　　　　　　　年　月　日		

退费业务申请表

供电单位:

客户信息		
客户名称:		客户编号:
用电地址:		
申请类型:□销户　□过户　□错交　□其他		
申请原因:		
银行账户信息		
账户名称:		
银行账号:		
开户行全称:		
金额人民币(大写)		￥

1. 过户时,需结清原客户的实时电费,未结清不予以受理。电费结清方式由过户双方协商确认;过户业务办结后的首个电费发行日,若原客户产生欠费,供电单位有权依据本次双方确认的业务承诺调整账目。即从新客户调出原客户所欠电费的金额冲抵欠费,直至结清原用电欠费;过户业务办结后,原客户存在预收费,供电单位有权依据本次双方确认的业务承诺调整账目,即从原用电全额调出预收费至新客户。

2. 错交退费应提供显示错交用户客户号、缴费路径(银行卡、信用卡、花呗、零钱等)、缴费时间、缴费金额等信息的错交证明,钱款原路退回且申请退费金额不得大于实际缴费金额。

3. 销户退预收费,以营销系统记录的预收费余额为准,需告知客户办理全额清退手续。

4. 该表信息必须填写完整,原则上不得空缺。

声明:以上内容已知悉并确认,因此产生的一切法律责任及经济纠纷均由客户承担,与供电企业无关。

退出方(签章)　　　　　　　　　　　收款方(签章)

联系电话:　　　　　　　　　　　　　联系电话:

　　　　年　月　日　　　　　　　　　　年　月　日

项目 5   用电检查管理

【项目描述】

使学生熟悉用电检查工作的工作内容、工作范围以及工作职责,理解用电检查工作的重要性,能进行基本的安全检查管理、违约用电检查处理。

【教学目标】

(1)能说明用电检查的法律依据、检查内容、工作流程及其意义。
(2)能说明违约用电的概念及其行为。
(3)能说明判定窃电的概念及其行为
(4)能正确处理违约用电及窃电工作。

【教学环境】

反窃电实训室、多媒体教室、教学视频。

任务 5.1   安全用电检查

【教学目标】

知识目标:
(1)能说明用电安全检查的法律依据、检查内容及其意义;
(2)能说明低压客用电安全检查工作流程;
(3)能说明安全用电检查的周期。

能力目标:
(1)能进行安全用电检查;
(2)能依法进行安全用电检查处理工作。

态度目标:
(1)能主动提出安全用电检查问题;
(2)能进行团队作业,共同学习提高。

【任务描述】

任务内容:××网格服务经理班在两率一损系统中排查到××台区连续5天线损异常,需要对该台区的线损进行排查,即结合系统数据去往现场,排查线损异常的原因,并制定相关的治理措施。

（1）班组协作分工,确定角色分工,制订工作计划;

（2）班组成员去往现场实际检查食品加工厂低压配电间安全用电情况,并搜集相关资料;

（3）班组填写《低压安全用电检查工作单》,出具《用电安全检查结果通知书》;

（4）班组准备5 min汇报PPT进行汇报;

（5）班组内部进行客观评价,完成评价表。

【相关知识】

一、理论咨询

（一）用电检查的法律依据

2023年,国家市场监督管理总局、国家标准化管理委员会发布了《用电检查规范》GB/T43456—2023,于2024年7月1日起实施。这是在原《用电检查管理办法》2016年1月废止后以国家技术标准形式颁布的一个指导用电检查工作的新规范,该规范规定了用电检查的检查内容与范围、组织机构及人员资格、检查程序等。推动供用电工作规范化、制度化、标准化,提升供电企业服务能力,保障客户用电安全,规范供用电秩序,对完善电力法规体系建设具有重要意义。

（二）用电检查的类型

用电检查的类型分为常规用电安全检查、重大活动的保障检查和其他检查。其他检查包括量价费合规性检查、超容用电检查、转供电行为检查、变更用电检查和防窃电检查等,基本涵盖了用电检查的全部工作内容。

（三）用电检查的检查原则

供电企业以内部管理与外部服务为主线,以事实为依据,以国家有关电力供应与使用的法规、方针、政策,以及国家和电力行业的标准为准则,依据与客户签订的《供用电合同》条款,正确对客户进行用电检查。

（四）用电检查工作的重要意义

1. 保障用电安全

用电检查是确保企业安全用电的重要手段,通过提供优质的用电检查服务,电力企业能够为用电企业树立良好的形象,增强电力市场竞争力,同时为企业安全用电提供有力保障。

2.促进电力市场发展

随着社会经济的快速发展,各行业用电量急剧增加,促进了电力市场的长足发展。用电检查作为电力企业的基础工作,不仅服务于用电企业,还对电力市场保证用电客户的安全发挥着重要作用。

3.提升服务质量

用电检查在电力营销后的服务中起了很重要的作用,可维系稳定客户,提升用电服务质量,促进营销管理。

4.预防电力事故

电力设备在使用过程中会出现各种各样的问题,如果不及时处理很可能就会造成更大的电力事故。用电检查通过使用现代高科技仪器设备对运行中的电气设施进行安全检测,能够有效地克服设备被过度修理或没有修理的问题,大大提高设备的安全性,减少事故发生的可能性。

5.优化电力管理

通过用电检查,可以形成一套管理方案和理念,有助于企业更正常的运转,同时从一定角度来说也节约了企业的成本。

(五)安全用电检查工作的主要内容

在体制改革和电力市场化发展的今天,用电检查工作的工作性质、工作内容等发生了较大的变化。最根本的变化就是由原来的用电管理职能转变为现在的用电安全服务,成为用户用上电、用好电、安全用电的重要支撑保障。

常规用电安全检查工作流程如图5.1.1所示,其主要内容包含:

1.涉网装置检查

(1)涉网装置检查包括但不限于以下内容:

①电力用户涉网装置电气设备及其相应的设施安全状况;

②电力用户自备应急电源配置和非电性质的保安措施;

③特种作业操作证(电工证)配置及作业安全保障措施;

④电能计量装置、负荷控制装置、继电保护和自动装置、调度通信等运行记录;

⑤公共连接点电能质量情况;

⑥用户侧电源并网安全状况;

⑦电力用户安全自查记录。

(2)重要电力用户除检查涉网装置外,还应检查是否满足以下要求:

①电力用户重要性定级应准确;

②电力用户电源配置应与重要性等级相匹配;

③电力用户保安负荷应接入自备应急电源,自备应急电源容量应满足保安负荷需求,自备应急电源启动时间、切换方式应满足安全要求等;

④防倒送电措施应可靠,包括双电源和自备应急电源应装设可靠的机械闭锁或电气闭锁装置,电气闭锁装置应定期开展试验等。

2. 用户用电安全自查

用户用电安全自查包括涉网装置检查和用户内部检查,涉网装置的检查按上述内容执行。

用户内部检查包括但不限于以下内容:

①电气作业人员应持证上岗,定期接受用电安全教育和触电急救培训,并应符合 GB/T 13869—2017(用电安全导则)的规定。

②变配电站应制定并落实值班和交接班制度、巡视检查制度、设备缺陷管理制度、安全及消防管理制度、现场运行规程、倒闸操作规程、事故处理规程等规程制度。留存台账、技术档案、运行记录、典型操作票和停电应急预案等。

③供配电设施的巡视检查应符合 DL/T 969—2005(变电站运行导则)、DL/T 1102—2021(配电变压器运行规程)的规定,应检查气体绝缘金属封闭电器气体外逸情况。非正常运行方式、高峰负载、恶劣天气、新装或检修后投入的设备及存在缺陷的设备,应进行特巡。

④防汛防台期间,易受水淹变配电站、地下变配电站应加强值班管理,及时疏通排水管渠,封堵电缆管沟,足额配置挡水门槛、沙袋、移动式抽水泵等防洪排涝装备。分布式光伏、小水电站、岸电设施、充换电站、储能设施等应加强安全警示,落实安全措施。

⑤建筑电气防火应符合 GB 50016—2014(建筑设计防火规范)的规定,高层建筑还应做好强电井的防火封堵,完善电气火灾监控系统。

⑥储能电站运维应符合 GB/T 40090—2021(储能电站运行维护规程)的规定,应特别关注储能电站的电池,电池管理系统、储能变流器、消防系统的定期检查。

⑦电力设备的预防试验项目和周期应符合 DL/T 596—2021(电力设备预防性试验规程)的规定,已标明为免维电气设备的电气试验,应遵照制造厂商提供的产品使用说明书中的规定或在技术合同中予以约定。

⑧无功补偿应符合 GB 51348—2019(民用建筑电气设计标准)的规定,变配电站计量点的功率因数宜不低于0.9。

⑨非线性、不平衡、冲击负荷等干扰性负荷接入应符合 DL/T 1344—2014(干扰性用户接入电力系统技术规范)的规定,干扰性负荷设备接入前应委托具有相应资质的专业机构进行电能质量预测评估,按照评估报告给出的相应措施进行治理。

⑩电力安全工器具应符合 DL/T 1476—2023(电力安全工器具预防性试验规程)的规定,应确保绝缘靴、绝缘手套、验电器等绝缘安全工器具按周期开展预防性试验。

⑪继电保护和自动化装置配备应符合 GB/T 14285—2023(继电保护和安全自动装置规范)的规定,落实整定计算管理和设备运行管理工作,装置定值应与电网继电保护和自动化装置配合整定,做好差流检查和日常巡视工作记录检查,按年度开展定值检查和压板投退检查,开展装置超周期校验和超年限治理。

⑫煤矿、机场、化工、钢铁、铁路等重要用户应加强用电安全评估和标准化管理,应重点检查停电应急和处置预案、演练方案,供电电源和自备应急电源配置应符合 GB/T 29328—2018(重要电力用户供电电源及自备应急电源配置技术规范)和 GB/T 31989—2015(高压电

力用户用电安全)的规定,并具备外部移动应急电源快速接入条件,同时采取非电性质的保安措施。

(3)检查周期。

重要电力用户用电检查周期宜按以下规定执行:

①重要电力用户,每6个月检查一次;

②临时重要电力用户,根据需要适时开展用电检查。

应对普通电力用户加强用电安全宣传,根据需要不定期开展用电安全检查。

针对高温、雷雨、洪涝、台风、冰冻、防火期等不同季节灾害性天气特点,结合周期检查开展迎峰度夏度冬、防汛防台、防森林草原火灾等专项检查。

周期检查可与专项检查、重大活动保障检查等现场结合开展。

(六)低压客户用电安全检查工作流程

(1)确定参加本次用电检查的人员。供电企业用电检查人员实施现场检查时,用电检查员的人数不得少于2人。

(2)任务发起。通过营销2.0系统制定年查计划及专项检查计划。执行用电检查任务前,用电检查人员应按规定填写《用电检查工作单》,经审核批准后,方能赴客户执行查电任务。

(3)任务分派。分派任务至具体用电检查员,根据实际情况需要可增加现场检查任务数。

(4)工作准备。用电检查员通过国网营销移动作业查看任务工单,提前查询了解客户基本信息准备必要的资料及工器具。

(5)开展现场检查。用电检查人员在执行查电任务时,应主动向被检查的客户出示《用电检查证》,并向客户说明来意。客户不得拒绝检查,并应派员随同配合检查。用电检查员现场检查低压配电线路、接户线、表箱、强电竖井等。

(6)填写《用电检查结果通知书》。经现场检查确认客户的设备状况、电工作业行为、运行管理等方面有不符合安全规定的,或者在电力使用上有明显违反国家有关规定的,用电检查人员应开具《用电检查结果通知书》或《违约用电、窃电通知书》书面提出整改意见和措施,填写应标准、规范。

(7)客户签字。客户认可《用电检查结果通知书》中填写内容,并由用户签字确认,一式两份,一份送达客户并由客户代表签收,一份存档备查。

(8)督促客户整改隐患,报备电力主管部门。现场检查确认有危害供用电安全或扰乱供用电秩序行为的,用电检查人员应按规定,在现场予以制止。若拒绝接受供电企业按规定处理的,可按国家规定的程序停止供电,并请示电力管理部门依法处理,或向司法机关起诉,依法追究其法律责任。现场检查确认有窃电行为的,用电检查人员应当场予以中止供电,制止其侵害,并按规定追补电费和加收电费违约金。拒绝接受处理的,应报请电力管理部门依法给予行政处罚;情节严重,违反治安管理处罚规定的,由公安机关依法予以治安处罚;构成犯罪的,由司法机关依法追究刑事责任。

（9）资料归档。工作终结，将客户签字的《用电检查结果通知书》及《用电检查结果通知书》或《违约用电、窃电通知书》等其他纸质档案及时存入客户档案资料中，相关视频、照片、录音等电子资料信息统一信息化存档。

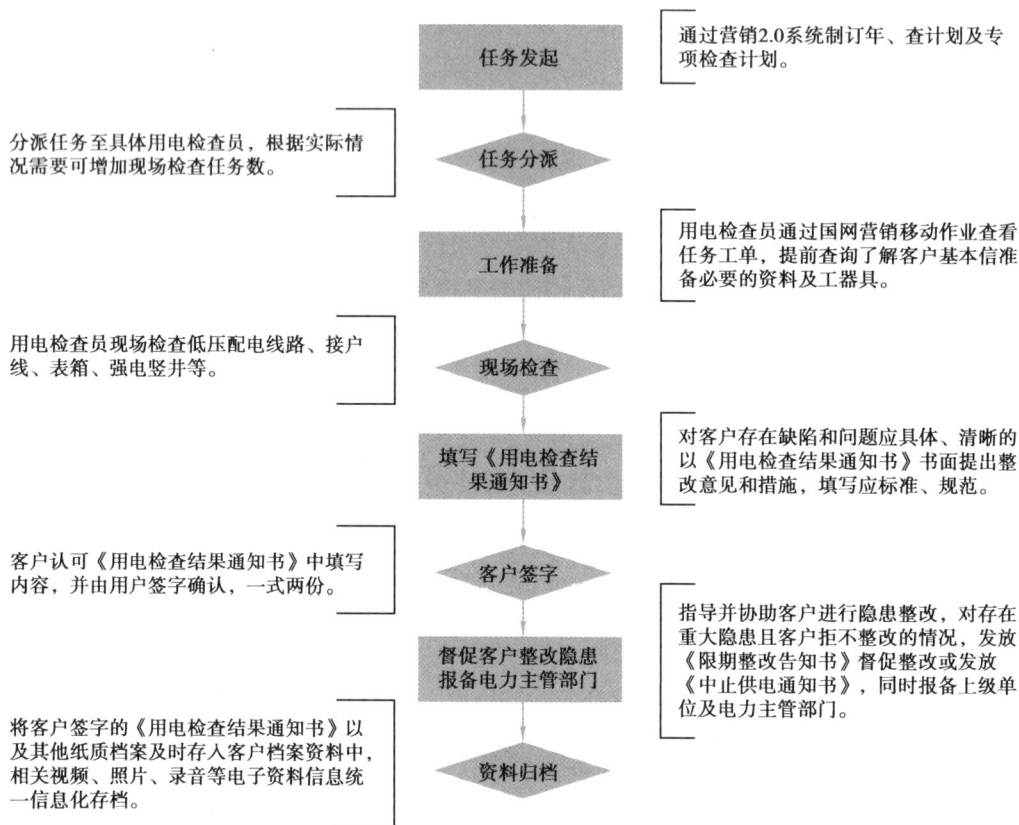

图 5.1.1　常规用电安全检查工作流程

二、实践咨询

××食品加工厂现有低压配电室一次主接线图如图 5.1.2 所示（具有一台 10/0.4 kV 变压器 315 kVA 及以下，且有低压配电总柜、低压馈出分柜和低压无功补偿柜），试对该客户进行安全用电检查。

（一）工作准备

（1）班级学生形成 6~7 人的安全用电检查班组，各用电检查班组自行选出组长，进行角色分工，选出客户、检查人员、处理。

（2）组长召集组员利用课外时间收集有关低压配电室安全用电检查的资料。

（3）分工协作。情景模拟，联系客户电气负责人，约定检查时间。

（4）填写《低压安全用电检查工作单》，见表 5.1.1，并审批。

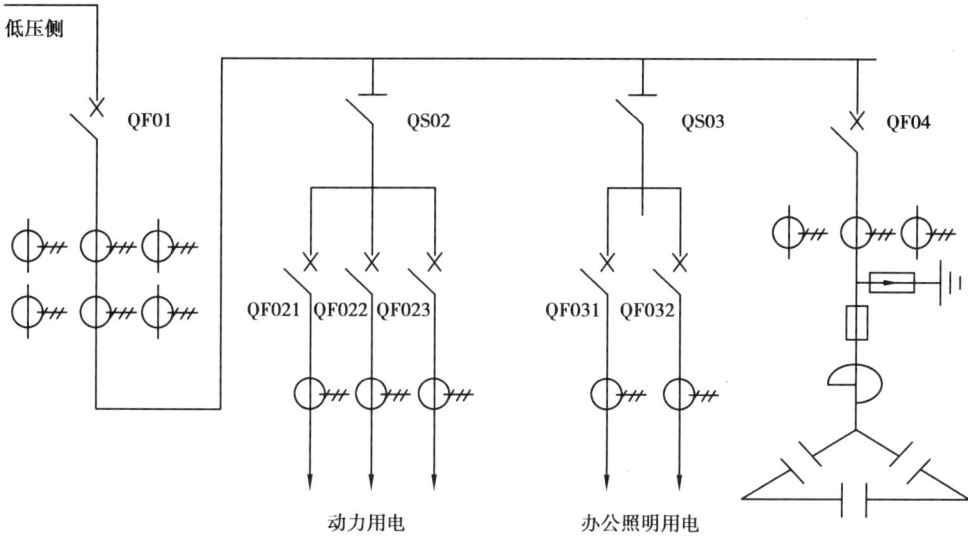

图 5.1.2   客户低压配电室一次主接线图

表 5.1.1   低压安全用电检查工作单

户 名				户 号	
用电地址				审核批准人	
检查人员		检查时间	电工总数	电话号码	
负荷等级		用电类别	行业类别	电气负责人	
主接线方式		运行方式	生产班次	厂 休 日	
安全检查项目,执行情况:正常打√,不正常写具体内容					
进线隔离开关			架空及电缆		
配电箱柜			计量表计		
防倒送电			安全、消防用具		
规章制度			安防及反事故措施		
工 作 票			工作记录		
电工管理			其他情况		
《供用电合同》内容、执行情况:有违约行为写具体内容					
电源性质		主供电源	受电容量	批准容量	
供电线路		备用电源			
自备电源			用电设备容量		
容量核定情况			转供电情况		
计量方式		TA 变比	电价类别	功率标准	

续表

计量容量		倍率		电费交费方式		无功补偿设备	
有功表计		无功表计		有否欠费		封印情况	
检查结论： 客户签名：							

（二）操作步骤

（1）两人同时去现场。

（2）带齐安全用电检查工器具及仪表，穿好工作服，戴好安全帽等。

（3）按照约定的时间在典型客户配电实训室模拟进行配电间检查。

（4）交谈中使用规范的专业术语。

（5）礼貌与客户进行交谈。

（6）根据检查结果完成《低压安全用电检查工作单》，见表5.1.1。

（三）现场检查的安全规范

（1）严格按照《电力生产安全工作规程》相关规定进行检查。

（2）不擅自打开遮栏、开关柜门，注意保持安全距离。

（3）不用手触碰、触摸运行中的电气设备或装置。

（4）遵守客户的保卫保密规定，不替代客户进行电工作业。

（四）实施安全检查

1. 低压线路运行情况检查

（1）架空线路和电缆的型号、工作电压、使用环境等符合要求。

（2）导线的允许载流量不小于线路的负载计算电流。

（3）从变压器低压侧母线至用电设备受电端的线路电压损失，一般不超过用电设备额定电压的5%。

（4）三相四线中性线的允许载流量不小于线路中最大的不平衡负载电流。用于接零保护的中性线，其导线不应小于中相导线的50%。

（5）导线的允许载流量应根据导体敷设处的环境温度、并列敷设根数进行校正。

2. 低压电气设备运行检查

（1）低压电气设备的电压、电流、容量、频率等各种运行参数符合要求。

（2）低压开关设备的灭弧装置应完好无缺。

（3）低压电气设备的外壳、操作手柄等应完好无损伤。

（4）低压电气设备正常不带电的金属部分接地（接零）应良好，配电屏两端应与接地线或中性线可靠连接。

（5）低压开关设备动作灵活、可靠、各接触部分接触良好，无发热现象。

（6）低压电气设备的绝缘电阻符合要求。

（7）低压电气设备的安装牢固、合理、操作方便,满足安全要求。

3. 客户安全用电档案资料检查

（1）设备台账、出厂试验报告及调试记录、出厂合格证明、安装调试报告、安装验收记录、交接试验报告、设备预防性试验报告齐全。

（2）缺陷记录包括配电房缺陷记录、设备缺陷记录、安全工器具缺陷记录和安全防范措施缺陷记录;缺陷整改记录;人员培训记录;事故记录齐全。

4. 客户配电室管理情况

（1）客户的运行制度、运行规程和值班记录齐全。

（2）安全工器具齐全。

（3）有安全预防措施。

（4）消防安全落实。

（五）填写《用电安全检查结果通知书》

（1）客观描述现场检查情况。

（2）对现场安全隐患、缺陷描述清楚、准确,定性正确。

（3）客户签字确认,检查人员签字。

《用电安全检查结果通知书》如表 5.1.2 所示

表 5.1.2　低压客户用电安全检查告知书

NO:

客户名称		客户编号	
表资产号		地　　址	
法人代表		联系电话	
安全隐患及整改意见			
处理意见:鉴于你户存在安全隐患,请抓紧时间按照国家有关标准规范进行整改,并及时将整改情况反馈本公司。			

续表

计量装置故障	□电能表故障　□(　　　　　　　) □其它(　　　　　　)	
安全用电检查项目明细	1. 高价低接	□
	2. 私自迁移、更动和擅自操作供电企业的用电计量装置	□
	3. 在供电企业的供电设施上,擅自接线、绕越计量装置用电	□
	4. 伪造或开启供电企业加封的用电计量装置封印用电	□
	5. 电能计量装置有无接线发热、绝缘破损、触电、电气火灾等安全隐患	□
	6. 分布式光伏用户并网点,安装有明显开断指示,可具备开断故障电流能力的开断设备,操作现场应具备有明显操作指示,便于操作及检查确认	□
	7. 居民充电桩是否装有漏电保护器	□
	8. 农排灌溉用户是否装有漏电保护器	□
	9. 客户用电有无私拉乱接现象,线路是否存在过载发热、绝缘破损等安全隐患	□
	10. 其他危及电网设备线路及人身安全风险的安全隐患	□
	处理意见:我公司于20　年　月　日对你户进行用电检查服务,发现你户确实存在违约用电行为,依据《电力法》《电力供应与使用条例》和《供电营业规则》,请你户携带有关生产经营资料,于20　年　月　日至　月　日到本公司　　　　　　办理交付追补电费、违约电费事宜,逾期不来办理,本公司将依法对你户中止供电。	

客户签名		日　　期	
用电检查服务经办人		联系电话	

【任务评价】

表 5.1.3　××食品加工厂低压配电室安全检查任务评价表

客户安全用电检查任务评价表						
姓名		学号			成绩	
序号	评分项目	评分内容及要求	评分标准	满分	扣分	得分
1	1. 安全用电检查程序	1.1 准备	安全帽,着工装及工器具准备齐全	5分		
2		1.2 工单	填写《用电检查工作单》且正确	5分		
3		1.3 工作证	带工作证,并出示工作证	5分		
4	2. 安全用电检查	2.1 查看电气设备试验报告	电气设备试验报告检查正确	10分		
5		2.2 查看低压线运行情况	低压线运行情况检查正确	10分		
6		2.3 查看低压电气设备运行情况	低压电气设备运行情况检查正确	10分		
7		2.4 查看客户安全用电档案资料	客户安全用电档案资料检查正确	5分		
8		2.5 查看客户配电室管理情况	客户配电室管理情况检查正确	5分		
9	3. 填写检查结果通知书	3.1 填写客户名称	填写客户名称正确	5分		
10		3.2 填写电气设备运行情况	电气设备运行情况填写正确	10分		
11		3.3 填写规章落实情况	规章落实情况填写正确	5分		
12		3.4 填写客户用电情况	客户用电情况填写正确	10分		
13		3.5 填写检查人	填写检查人正确	5分		
14	5. 综合素质	5.1 着装整齐,精神饱满。 5.2 现场组织有序,工作人员之间配合良好。 5.3 独立完成相关工作。 5.4 执行工作任务时,大声呼唱。 5.5 不违反电力安全规定及相关规程。		10		
15	总分100分					
	教师					

任务 5.2　违约用电处理

【教学目标】

知识目标：
(1)了解违约用电的概念；
(2)掌握违约用电检查的流程；
(3)掌握违约用电的典型行为。

能力目标：
(1)能够利用给定的信息,进行典型违约用电行为处理；
(2)能够对客户的电价类别、合同的执行情况进行检测与处理。

态度目标：
(1)能与小组成员协商、交流配合完成本次学习任务,养成分工合作的团队意识；
(2)严格遵守安全规范,爱岗敬业、勤奋工作。

【任务描述】

某低压工商业客户合同容量为 120 kVA,行业类别为工商业用电。有两级计量点,一级计量点为代理购电工商业电价,二级计量点为居民生活用电电价(员工宿舍已停用),根据现场检查的情况,进行违约用电处理。

【相关知识】

一、理论咨询

(一)违约用电的定义

客户存在危害供电安全或者扰乱供电秩序的行为,称为违约用电。

(二)违约用电行为界定规则

《供电营业规则》第 101 条:供电企业对用户危害供用电安全、扰乱正常供用电秩序等行为应当及时予以制止。用户有下列用电行为者,应当承担相应的责任,双方另有约定的除外:

(1)在电价低的供电线路上,擅自接用电价高的用电设备或私自改变用电类别的,应当按照实际使用日期补交其差额电费,并承担不高于 2 倍差额电费的违约使用电费,使用起讫日期难以确定的,实际使用时间按照 3 个月计算。

(2)私增或更换电力设备导致超过合同约定的容量用电的,除应当拆除私增容设备或恢复原用电设备外,属于两部制电价的用户,应当补交私增设备容量使用天数的容(需)量电费,并承担不高于 3 倍私增容量电费的违约使用电费;其他用户应当承担私增容量每 kW (kVA 视同 kW)50 元的违约使用电费,如用户要求继续使用者,按照新装或增容办理。

(3)擅自使用已在供电企业办理减容、暂拆手续的电力设备或启用供电企业封存的电力设备的,应当停用违约使用的设备;属于两部制电价的用户,应当补交擅自使用或启用封存设备容量和使用天数的容(需)量电费,并承担不高于 2 倍补交容(需)量电费的违约使用电费;其他用户应当承担擅自使用或启用封存设备容量每次每 kW(kVA 视同 kW)30 元的违约使用电费,启用属于私增容被封存的设备的,违约使用者还应当承担本条第二项规定的违约责任。

(4)私自迁移、更动和擅自操作供电企业的电能计量装置、电能信息采集装置、电力负荷管理装置、供电设施以及约定由供电企业调度的用户受电设备者,属于居民用户的,应当承担每次 500 元的违约使用电费;属于其他用户的,应当承担每次 5 000 元的违约使用电费。

(5)未经供电企业同意,擅自引入(供出)电源或将备用电源和其他电源私自并网的,除当即拆除接线外,应当承担其引入(供出)或并网电源容量每 kW(kVA 视同 kW)500 元的违约使用电费。

(三)违约用电行为检查与处理

1. 电价类别检查

客户电价类别的检查首先要了解客户的行业类别、供电电压、供电方式、用电容量、计量方式、负荷组成、现行电价等基本用电情况,然后到客户现场进行认真检查核对。常用检查方法如下:

(1)采用检查客户负荷接电位置的线路走向跟踪法,检查客户执行低电价的供电线路上是否接用电价高的用电设备。

(2)采用钳形电流表测算容量法,检查客户未安装电能计量装置执行不同电价类别的定量、定比的电能数量和比例是否与实际相符。

2. 用电容量检查

(1)单一制电价客户。执行单一制电价的客户的用电容量检查主要的方法有现场查看电流表推算容量法、根据客户月均用电量和用电时间推算容量法、使用钳形电流表测算容量法。

(2)两部制电价客户。两部制电价客户计费的用电容量检查可以使用变压器容量测试仪检查变压器容量和损耗参数。也可以不定期检查客户已办理暂停、减容的变压器加封情况,防止客户擅自拆封使用。还可以根据每月客户行业特点和月均用电量推断用电容量。对于利用"远程抄表系统"每日定时抄表客户,可以分析客户日负荷曲线变化情况,确定用电容量。

3. 电费执行情况检查

(1)核对现行销售价格与客户现场的电力用途、用电性质、用电地址等条件是否相符。

(2)对于实行定比定量分摊电价的客户,根据现场分类电价所使用的容量及可能使用的用电量,核对电量比例分摊是否符合实际,与系统的信息是否一致。

(3)根据客户用电容量核对容(需)量电费收取是否准确。

(4)加计线损是否正确。

(5)根据现场客户用电负荷容量与用电性质,核对客户执行的功率因数电费标准。

(6)峰谷电价执行是否准确。

(7)代征费执行是否正确。

4. 供用电合同执行情况检查

(1)检查客户实际使用容量是否与合同容量相符,用电客户是否有私自增容的情况。

(2)检查双电源用户的运行方式,是否将冷备用变压器私自转为热备用。

(3)检查客户用电性质是否与合同相符。

(4)检查用电客户是否有私自转供电情况。

(5)检查用电客户电价执行是否正确,各类用电量或比例是否变化。

(6)检查用电客户计量装置计量是否正确。

(7)检查双方约定的特殊条款执行情况。

(8)检查用电客户是否按合同规定缴纳电费。

5. 变更用电检查

(1)客户减容或暂停变压器的,用电检查人员在收到办理的通知后,应赴现场,在对需暂停或减少容量的设备核对后加封,计量装置应该满足变更后的计量要求,否则应该进行更换。待减容或暂停期满后,再去现场启封重新投入使用。

(2)对改压客户,负责改压后客户相关电气设备的绝缘等级把关,相应电气设备型号选择及继电保护的改动,以及停电改造、竣工验收和送电等工作。

(3)对移表、迁址的客户,要检查其新地址是否符合安装计量装置的要求,并对计量装置的安全运行进行检查。

(4)销户业务中负责对客户《供用电合同》终止工作,并最终确认停止供电,拆除计量装置。

(5)对暂换变压器的客户,要赴现场查勘,负责暂换设备的投运工作,暂换时间到期后,负责更换原来的变压器。

6. 违约用电行为的判断

(1)对擅自改变用电类别的判断。

该类型一般是未按照业扩报装时确定的电价用电,用电性质已发生了改变,通常是在低电价的线路上从事高电价的生产经营活动。该类型判别方法:主要是通过营销自动化系统或核算台账筛选执行电价低且用电量大的客户,可列为主要检查对象。

(2)对擅自超过合同约定的容量用电的判断。

该类型判别有以下三种方式:

①通过电能量采集系统来查看某一阶段最大用电负荷;

②根据售电量、生产班次折算其用电负荷;

③通过高低压钳型电流表现场测试其用电负荷。

对用电负荷超出设备运行容量 125% 的用户,应重点检查、核对相关用电设备。首先,应要求其提供各变压器(含高压电动机)的明细,询问清楚有关安装位置;其次,根据提供明细现场复核,检查是否存在设备无铭牌或铭牌更换现象。在上述复核无误后,还应查清负荷出线柜出线电缆条数,按照电缆走径,逐一核对用电设备。

(3)对擅自使用办理暂停或临时减容手续的电力设备,或者擅自启用已经封存的电力设备的判断。

该类型有以下两种方法判别:

①根据电能量采集系统监测其最大用电负荷;

②根据售电量、生产班次折算其用电负荷。

对用电负荷明显超出办理暂停后设备总容量,或超出临时减容手续后设备容量的,可列为重点检查对象。同时,对现场检查发现有私自更动或伪造负荷开关封印的,也可视为存在擅自开启使用的违约嫌疑。

(4)对擅自迁移、更动和擅自操作用电计量装置、电力负荷控制装置、供电设施以及约定由供电企业调度的客户受电设备的判断。

该类型判别有以下三种方式:

①查看用电计量装置封印的完好性;

②检查相关负控装置、供电设施的位置是否发生了改变;

③检查约定同供电企业调度的受电设备是否存在变动现象。

(5)对未经供电企业许可,擅自引入、供出电源或者将自备电源擅自并网的判断。

该类型判别有以下三种方式:

①检查本区域或客户用电量是否异常减少,此时可能引入第二电源;

②检查本区域或客户用电量是否突然增大,此时可能存在转供电问题;

③在供电设施计划检修或临时检修时,检查客户是否存在自供用电现象。

对该类客户重点检查其发电机并网手续及相关安全措施。

7. 违约用电处理

(1)根据《供电营业规则》第 106 条,因违约用电或窃电造成供电企业的供电设施损坏的,责任者应当承担供电设施的修复费用或进行赔偿。

(2)因违约用电或窃电导致他人财产、人身安全受到侵害的,受害人有权要求违约用电或窃电者停止侵害,赔偿损失。供电企业应予协助。

(3)根据《供电营业规则》第 107 条,供电企业对检举、查获窃电或违约用电的有关人员应当给予奖励。

(4)根据《供电营业规则》第 101 条,对典型的违约用电行为按规则进行处理。

(四)典型案例分析

【例1】一低压工商业用户,批准容量为 150 kVA,用电计量电流互感器变比为 75 A/5 A。在 7 月 1 日,因该用户设备发生故障,将计量电流互感器烧坏。该用户未向供电企业报告,擅自购买 75 A/5 A 的电流互感器并更换了计量电流互感器。在当年的 7 月 31 日,被供电企业的用电检查人员发现。请问用户的这种行为属于什么行为？应如何进行处理？

解：（1）根据《供电营业规则》第101条第4款，私自迁移、更动和擅自操作供电企业的电能计量装置、电能信息采集装置、电力负荷管理装置、供电设施以及约定由供电企业调度的用户受电设备者，属于居民用户的，应当承担每次500元的违约使用电费；属于其他用户的，应当承担每次5 000元的违约使用电费；用户的这种行为属于违约行为。

（2）供电企业可作如下处理：

①由于用户原因造成供电计量电流互感器烧坏，应由用户负担计量电流互感器赔偿费。

②用户私自更动供电企业的用电计量装置，属于违约用电行为，应当承担每次5 000元的违约使用电费。

【例2】某低压非工业用户，被供电企业的用电检查人员发现私自转供电源给周边一个加工厂房用电，经核实，加工厂负荷为25 kW。（非工业电价：0.774 51元/kWh）请指出该非工业用户违反的用电规定及整改措施，并计算违约使用电费。

解：该行为违反了《供电营业规则》第101条第5款未经供电企业同意，擅自引入（供出）电源或将备用电源和其他电源私自并网的，除当即拆除接线外，应当承担其引入（供出）或并网电源容量每kW（kVA视同kW）500元的违约使用电费。

供电企业应拆除转供电源接线。

客户应承担私自转供违约使用电费：25×500＝12 500（元）

答：该非工业用户应追补违约使用电费12 500元。

二、实践咨询

（1）班级学生带好纸笔，计算器。

（2）准备好相关电价表、电费账单。

（3）以结队的方式，2人一组，互相模拟客户，进行情景模拟，模拟与客户进行沟通处理。

【任务实施】

某低压工商业客户，合同容量为120 kVA，行业类别为工商业用电，有两级计量点，一级计量点为代理购电工商业电价，二级计量点为居民生活用电电价（员工宿舍已停用）。2024年5月31日用电检查查出，该户工商业电价计量点接入居民电价计量点用电，且发现该户用电最大功率为160 kVA，违约用电计算时间1个月，请指出该客户违约用电规则条款，并计算电费差额和违约使用电费。根据处理的情况填写违约用电处理通知单，并与客户联系处理。

（1）抄表电量，见表5.2.1。

（2）湖南6月份工商业电价，见表5.2.2。

（3）违约用电窃电通知单，见表5.2.3。

（4）市场化交易电价0.453 96元/kWh、输配电价0.255 8元/kWh、上网环节线损0.027 47元/kWh、系统运行费用-0.008 97元/kWh，居民生活用电：0.604元/kWh。

表 5.2.1　抄见电量

项目		总表	尖峰	高峰	低谷	平段	无功
表码	上月抄码	28 512.83	1 736.68	8 779.3	5 557.47	12 439.37	15 067.76
	本月抄码	29 123.59	1 736.68	8 959.04	5 650.25	12 777.61	15 462.89
	倍率	30	30	30	30	30	30

表 5.2.2　国网湖南省电力有限公司代理购电工商业用户电价表

（执行时间：2024 年 6 月 1 日—2024 年 6 月 30 日）

用电分类	电压等级	电度电价（元/kWh）	其中				分时电度电价（元/kWh）				容(需)量用电价格	
			上网电价	上网环节线损费用折价	电度输配电价	系统运行费用折价	政府性基金及附加	尖峰时段	高峰时段	平时段	低谷时段	最大需量（元/kW·月）	变压器容量（元/kVA·月）
工商业用电	两部制	220 kW 及以上	0.60 391	0.45 396	0.02 747	0.08 520	-0.00 897	0.04 625	—	0.93 851	0.60 391	0.26 931	30.6	19.1
		110 kW	0.62 911			0.11 040				0.97 883	0.62 911	0.27 939	30.6	19.1
		35 kW	0.65 811			0.13 940				1.02 523	0.65 811	0.29 099	33.8	21.1
		1~10 kW	0.68 811			0.16 940				1.07 323	0.68 811	0.30 299	33.8	21.1

续表

用电分类	电压等级	电度电价（元/kWh）	其中					分时电度电价（元/kWh）				容(需)量用电价格	
			上网电价	上网环节线损费用折价	电度输配电价	系统运行费用折价	政府性基金及附加	尖峰时段	高峰时段	平时段	低谷时段	最大需量(元/kW·月)	变压器容量(元/kVA·月)
工商业用电	单一制 110kW及以上	0.71451	0.45396	0.02747	0.19580	-0.00897	0.04625	-	1.11547	0.71451	0.31355		
	35kW	0.73451			0.21580				1.14747	0.73451	0.32155		
	1~10kW	0.75451			0.23580				1.17947	0.75451	0.32955		
	不满1kW	0.77451			0.25580				1.21147	0.77451	0.33755		

注:1. 上表所列价格包含政府性基金及附加,其中,农网还贷资金2分钱、重大水利工程建设基金0.105分钱、中型水库移民后期扶持资金0.62分钱、可再生能源电价附加1.9分钱。

2. 分时电度用电价格根据湖南省发改委《关于进一步完善我省分时电价政策及有关事项的通知》(湘发改价调规〔2021〕848号)文件规定形成。时段划分:尖峰时段18:00-22:00(1、7、8、9、12月);高峰时段11:00-14:00,18:00-23:00(1、7、8、9、12月为11:00-14:00,22:00-23:00);平时段7:00-11:00,14:00-18:00;低谷时段23:00-次日7:00。浮动比例:高峰电价为平段电价上浮60%,低谷电价为平段电价下浮60%,尖峰电价在高峰电价基础上上浮20%。

3. 对于已直接参与市场交易(不含已在电力交易平台注册但未曾参与电力市场交易)在无正当理由情况下改由电网企业代理购电的用户,拥有燃煤发电自备电厂、由电网企业代理购电的用户,暂不能直接参与市场交易由电网企业代理购电的高耗能用户,代理购电价格按上表中的1.5倍执行,其他标准及规则同常规用户。

表 5.2.3　违约用电处理通知单

编号：

客户名称：　　　　　　　　　　　地址：

现场记录	客户情况：客　户　号_____；表号_____ 　　　　　报装容量_____；实际装接容量_____ 　　　　　用电性质_____；执行电价_____ 现场情况： 检查人员：_____　客户签字：_____
检查认定	窃电：①擅自接线用电；②绕表用电；③伪造、开启计量封印用电；④故障损坏计量装置；⑤故障使计量装置不准或失效；⑥采取其他方法窃电。 违章用电：①高价低接；②私增容量；③超计划指标用电；④使用已报停或已封设备；⑤私自迁移、更动、操作计量负控装置和供电设施；⑥擅自引入供出电源；⑦其他。 应追补电量_____kWh；应追补电费_____元； 应交违约使用电费_____元；共计_____元。
处理意见	我电业局用电检查人员对你处进行检查时发现，有　处存在违约用电、窃电行为，根据《中华人民共和国电力法》和有关法律、法规规定，将对你处进行违约用电处理，望您配合并迅速来我局进行协商处理，否则，我局将按有关规定采取停电措施，由此造成的经济损失和法律责任将由您负责。 客户签收：　　　　　　　　　日期：　　年　　月　　日

【任务评价】

表 5.2.4　某低压工商业客户违约用电处理任务评价表

客户违约用电处理任务评价表						
姓名		学号		成绩		
序号	评分项目	评分内容及要求	评分标准	满分	扣分	得分
1	1. 违约用电处理程序	1.1 准备	安全帽,着工装及工器具准备齐全	5		
2		1.2 工单	填写《用电检查工作单》且正确	5		
3		1.3 工作证	带工作证,并出示工作证	5		
4	2. 安全用电检查	2.1 查看电气设备试验报告	电气设备试验报告格检查正确	10		
5		2.2 查看低压线运行情况	低压线运行情况检查正确	10		
6		2.3 查看低压电气设备运行情况	低压电气设备运行情况检查正确	10		
7		2.4 查看客户安全用电档案资料	客户安全用电档案资料检查正确	5		
8		2.5 查看客户配电室管理情况	客户配电室管理情况检查正确	5		
9	3. 填写检查结果通知书	3.1 填写客户名称	填写客户名称正确	5		
10		3.2 填写电气设备运行情况	电气设备运行情况填写正确	10		
11		3.3 填写规章落实情况	规章落实情况填写正确	5		
12		3.4 填写客户用电情况	客户用电情况填写正确	10		
13		3.5 填写检查人	填写检查人正确	5		
14	5. 综合素质	5.1 着装整齐,精神饱满。 5.2 现场组织有序,工作人员之间配合良好。 5.3 独立完成相关工作。 5.4 执行工作任务时,大声呼唱。 5.5 不违反电力安全规定及相关规程。		10		
15	总分100分					
	教师					

任务 5.3　窃电客户处理

【教学目标】

知识目标:
(1)了解窃电的概念;
(2)掌握窃电检查的流程;
(3)掌握典型窃电行为。

能力目标:
(1)能够利用给定的信息,进行窃电处理;
(2)能正确合理合法收集客户窃电证据。

态度目标:
(1)能与小组成员协商、交流配合完成本次学习任务,养成分工合作的团队意识;
(2)严格遵守安全规范,爱岗敬业、勤奋工作。

【任务描述】

任务内容:某供电所市场营销服务经理在治理高损台区时,发现一用户存在窃电嫌疑。为防止用户对现场进行破坏,该营销服务经理立即进入该房间进行检查后发现,该户为 380 V 三相四线制居民生活用电客户,其中有一台容量为 3 kW 的动力设备和照明用电容量为 752 W 的租赁经营门面均通过搭接屋后的 220 V 低压线路上用电,实际使用起止日期不详,随后工作人员对其现场进行了停电,拆除了私接线路,开具了窃电违约用电通知书。追补电费 500 元整,收取违约金共计 1 500 元整,根据现场检查的情况,进行窃电检查与处理。

【相关知识】

一、理论咨询

(一)窃电行为界定规则

根据《供电营业规则》第 103 条禁止窃电行为。窃电行为包括:
(1)在供电企业的供电设施上,擅自接线用电;
(2)绕越供电企业电能计量装置用电;
(3)伪造或者开启供电企业加封的电能计量装置封印用电;
(4)故意损坏供电企业电能计量装置;
(5)故意使供电企业电能计量装置不准或者失效;
(6)采用其他方法窃电。

（二）窃电行为处理

根据《供电营业规则》第104条供电企业对查获的窃电者,应当予以制止并按照本规则规定程序中止供电。窃电用户应当按照所窃电量补交电费,并按照供用电合同的约定承担不高于应补交电费3倍的违约使用电费。拒绝承担窃电责任的,供电企业应当报请电力管理部门依法处理。窃电数额较大或情节严重的,供电企业应当提请司法机关依法追究刑事责任供电企业对查获的窃电者,应当予以制止并按照本规则规定程序中止供电。窃电用户应当按照所窃电量补交电费,并按照供用电合同的约定承担不高于补交电费3倍的违约使用电费。拒绝承担窃电责任的,供电企业应当报请电力管理部门依法处理。窃电数额较大或情节严重的,供电企业应当提请司法机关依法追究刑事责任。

第105条规定,能够查实用户窃电量的,按已查实的数额确定窃电量。窃电量不能查实的,按照下列方法确定:

（1）在供电企业的供电设施上,擅自接线用电或者绕越供电企业电能计量装置用电的,所窃电量按照私接设备额定容量(kVA 视同 kW)乘以实际使用时间计算确定;

（2）以其他行为窃电的,所窃电量按照计费电能表标定电流值(对装有限流器的,按照限流器整定电流值)所指的容量(kVA 视同 kW)乘以实际窃用的时间计算确定。

窃电时间无法查明时,窃电日数以180天计算。每日窃电时长,电力用户按照12小时计算、照明用户按照6小时计算。

《供电营业规则》第106条规定,因违约用电或窃电造成供电企业的供电设施损坏的,责任者应当承担供电设施的修复费用或进行赔偿。

《供电营业规则》第107条规定,供电企业对检举、查获窃电或违约用电的有关人员应当给予奖励。

（三）窃电常规检查标准及处理流程

1. 作业标准流程(图5.3.1)

（1）用电检查人员实施现场检查时,人数不应少于两人,应穿工作服、绝缘鞋(靴)、戴安全帽,并携带必要的安全工器具。执行用电检查任务前,用电检查人员应制定安全措施并交代检查事项。

（2）用电检查人员在执行用电检查时,应向被检查的用户出示工作证,用户应配合检查。

（3）工作过程中,用电检查人员不得擅自操作用电用户的电气装置及电气设备,应注意保持与电气设备的安全距离,防止发生触电事故。

（4）现场检查确认有违约用电、窃电行为的,用电检查人员应在现场予以制止,并开具《违约用电、窃电通知书》,一式两份,经用户签字后,一份由用户留存,一份带回存档备查,并按相关规定进行处理。

（5）电力用户拒绝签收的,先通过手机拍照进行送达现场的证据固化,供电企业应通过函件、挂号信等具有法律效力的形式送达用户。

（6）用电检查工作结束后,供用电双方应根据《违约用电、窃电通知书》,明确整改要求、整改期限。

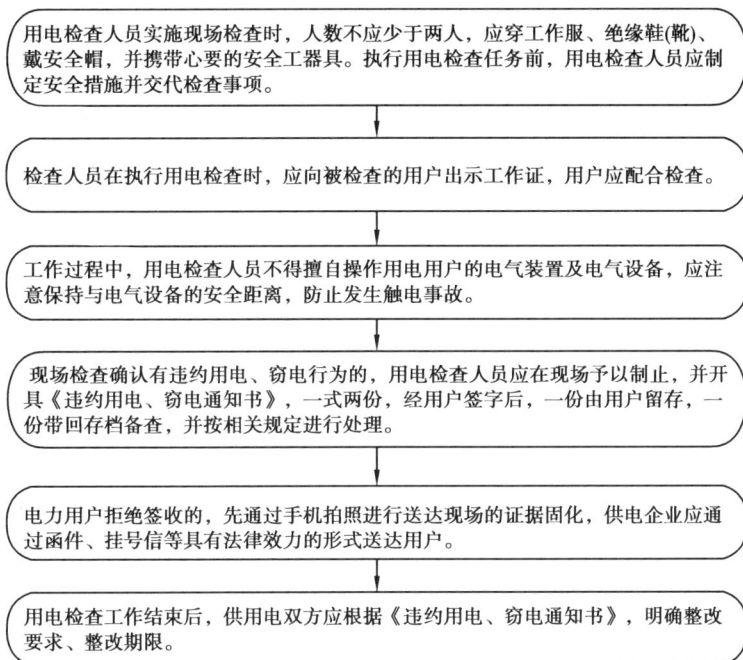

用电检查人员实施现场检查时，人数不应少于两人，应穿工作服、绝缘鞋(靴)、戴安全帽，并携带必要的安全工器具。执行用电检查任务前，用电检查人员应制定安全措施并交代检查事项。

检查人员在执行用电检查时，应向被检查的用户出示工作证，用户应配合检查。

工作过程中，用电检查人员不得擅自操作用电用户的电气装置及电气设备，应注意保持与电气设备的安全距离，防止发生触电事故。

现场检查确认有违约用电、窃电行为的，用电检查人员应在现场予以制止，并开具《违约用电、窃电通知书》，一式两份，经用户签字后，一份由用户留存，一份带回存档备查，并按相关规定进行处理。

电力用户拒绝签收的，先通过手机拍照进行送达现场的证据固化，供电企业应通过函件、挂号信等具有法律效力的形式送达用户。

用电检查工作结束后，供用电双方应根据《违约用电、窃电通知书》，明确整改要求、整改期限。

图 5.3.1　窃电常规检查标准流程

2.外观检查(图 5.3.2)

(1)检查计量箱(柜)、电能表、试验接线盒封印是否缺失，外观是否完好、封印号是否与系统记录一致、各施加封位置封印颜色是否错误。

(2)电能表检定合格证是否完好有无脱胶或胶水粘贴痕迹，是否出现在异常位置。

(3)电能表外观是否存在破损及电弧灼烧。

(4)电能表显示的相序、电压、电流、功率、功率因数、当前日期时间、时段，最近一次编程时间，开表盖记录是否存在异常。

(5)有无不明异常线路接入计量回路，是否存在明显改接或错接痕迹；是否存在断线、松动、接触不良、氧化或绝缘处理、短接线接入等情况。

(6)是否存在公用电力线直搭用电线路。

(7)低压穿芯式电流互感器一次回路匝数是否正确，铭牌变比是否与系统一致，有无过热烧焦、铭牌更动痕迹现象。

(8)现场是否存在用途不明的无线电发射装置，无线电天线(无线电干扰窃电，经常出现采集失败或采集数据缺失需重点排查)，异常强磁干扰(有无磁饱和电流声或有无明显磁场)。

(9)试验接线盒是否存在接线螺丝异常凸起(对比电流电压螺丝接线情况下差异)，外观破损、胶合痕迹等(遥控窃电，进入检查现场前后存在负荷异常波动时重点检查)。

检查计量箱(相柜、电能表、试验接线盒封印是否缺失,外观是否完好、封印号是否与系统记录一致、各施加封位置封印颜色是否错误。

电能表检定合格证是否完好有无脱胶或胶水粘贴痕迹,是否出现在异常位置。

电能表外观是否存在破损及电弧灼烧。

电能表显示的相序、电压、电流、功率、功率因数、当前日期时间、时段,最近一次编程时间,开表盖记录是否存在异常。

有无不明异常线路接入计量回路,是否存在明显改接或错接痕迹;是否存在断线、松动、接触不良、氧化或绝缘处理、短接线接入等情况。

是否存在公用电力线让直搭用电线路。

低压穿芯式电流互感器一次回路匝数是否正确,铭牌变比是否与系统一致,有无过热烧焦、铭牌更动痕迹现象。

现场是否存在用途不明的无线电发射装置,无线电天线(无线干扰窃电,经常出现采集失败或采集数据缺失需重点排查),异常强磁干扰(有无磁饱和电流声或有无明显磁场)。

试验接线盒是否存在接线螺丝异常凸起(对比电流电压螺丝接线情况下差异),外观破损、胶合痕迹等(遥控窃电,进入检查现场前后存在负荷异常波动时重点检查)。

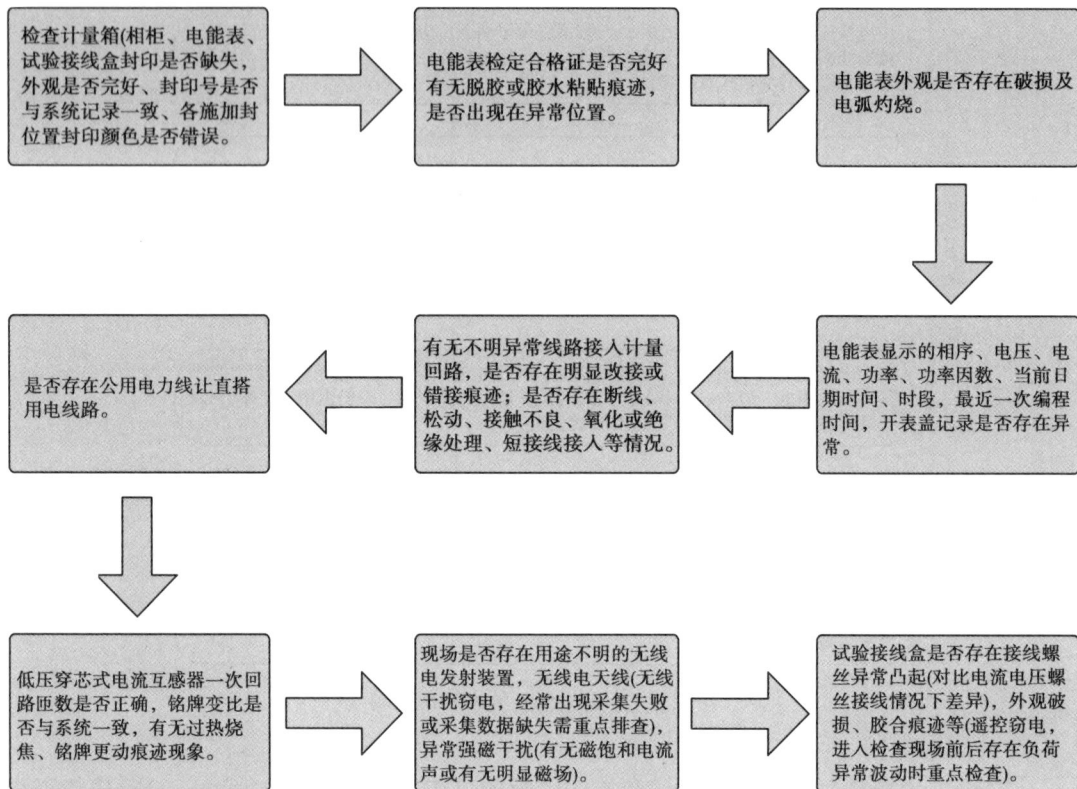

图 5.3.2　外观检查标准流程

3. 仪器验证

(1)用验电器或万用表测试电能表火、零线接入情况(借零窃电)。

(2)用钳形万用表测试计量装置各处电流、电压(欠压法或欠流法窃电);对比各接线分段毛流实测值的差异,电能表显示的电流电压与仪器仪表实测值差异。

(3)用钳形万用表或变比测试仪测试电流互感器二次电流变比(改变变比窃电)。

(4)用相位伏安表、用电检查仪或校表仪测试相电压和柜电压、相电压和电流相位角(移相法窃电,重点检查功率因素异常用户)。

(5)变压器容量测试。使用变压器容量测试仪测量变压器的负载损耗、阻抗电压、容量等参数与铭牌、营销信息系统是否一致。

(6)根据现场测量电流、电压、相位角与电能表显示电流、电压、相位角计算计量误差。

(7)根据瓦秒法计算误差。

(8)使用电能表现场校验仪或用电检查仪直接测试计量误差。

(四)典型案例分析

【例1】某低压供电的加工厂,私自拆启供电企业加封的私增容设备用电,容量为50 kW。该电力客户的行为属于什么行为? 试计算应该追补的违约使用电费?

解:根据《供电营业规则》第100条第3款规定,擅自使用已在供电企业办理减容、暂拆手续的电力设备或启用供电企业封存的电力设备的,属于违约用电行为,属于两部制电价的用户,应当补交擅自使用或启用封存设备容量和使用月数的容(需)电费,并承担 2 倍补交容(需)电费的违约使用电费;其他用户应当承担擅自使用或启用封存设备容量每次每 kW(kVA 视同 kW)30 元的违约使用电费。启用属于私增容被封存的设备的,违约使用者还应当承担本条第二项规定的违约责任。

根据《供电营业规则》第 100 条第二款规定,私自超过合同约定的容量用电的,除应当拆除私增容设备外,属于两部制电价的用户,应当补交私增设备容量使用月数的容(需)电费,并承担 3 倍私增容量容(需)电费的违约使用电费;其他用户应当承担私增容量每 kW(kVA 视同 kW)50 元的违约使用电费。如用户要求继续使用者,按照新装增容办理;补交违约使用电费 $= 50 \times (30+50) = 4\,000$(元)。

【例 2】供电所在普查中发现某低压动力用户绕越电能表用电,容量 1.5 kW,且接用时间不清,问按规定该用户应补交电费多少元,违约使用电费多少元?(假设电价为 0.774 51 元/kWh。)

解:根据《供用电营业规则》第 103 条第二款,绕越供电企业电能计量装置用电,该用户的行为为窃电行为,其窃电时间应按 180 天,每天 12 h 计算。

该用户应补交电费 $= 1.5 \times 12 \times 180 \times 0.774\,51 = 2\,509.41$(元)

违约使用电费 $= 2\,509.41 \times 3 = 7\,528.23$(元)

答:应追补电费 2 509.41 元,违约使用电费 7 528.23 元。

【例 3】某低压工业用户,当月有功电量为 10 000 kWh,三相负荷基本平衡,开箱检查,发现有功电能表(三相四线)电压封印端子被动,致使一相电压线断线,应补收电量、电费分别多少?根据客户行为,试分析对客户行为进行怎么处理,需追补违约电费多少?(电价按 0.774 51 元/kWh)。

解:应追补电量,设每相有功功率为 P,则一相电压线断线后,电能表计费电量 $W = 2 \times P \times T$,而实际消耗电量 $W_1 = 3 \times P \times T$,故补收电量 $= (W_1 - W)/W \times 10\,000 = 5\,000$(kWh)

应追补电费:电费 $= 5\,000 \times 0.774\,51 = 3\,872.55$ 元。

根据《供用电规则》第 103 条第 5 款规定,故意使供电企业用电计量装置不准或者失效,属窃电行为。根据《供用电规则》第 104 条规定,属窃电行为者,窃电应按所窃电量补交电费,并承担补交电费 3 倍的违约使用电费。

违约电费 $= 3\,872.55 \times 3 = 11\,617.65$(元)

答:应补收电量 5 000 kWh。电费 3 872.55 元,违约电费 11 617.65 元。

二、实践咨询

(1)班级学生带好纸笔,计算器。

(2)准备好相关电价表、电费账单。

(3)以结队的方式,2 人一组,互相模拟客户,进行情景模拟,模拟与客户进行沟通处理。

【任务实施】

某供电所市场营销服务经理在治理高损台区时,发现一户用户存在窃电嫌疑,为防止用户对现场进行破坏,其立即进入该房间进行检查后发现,该户为 380 V 三相四线制居民生活用电客户,其中有一台容量为 3 kW 的动力设备和照明用电容量为 752 W 的租赁经营门面均通过搭接屋后的 220 V 低压线路用电,实际使用起止日期不详。随后工作人员对其现场进行了停电,拆除了私接线路,开具了窃电违约用电通知书。追补电费 500 元整,收取违约金共计 1 500 元整。该用户存在哪种窃电违约用电行为?市场营销服务经理在查处过程中存在何种问题?追补电费及违约金是否正确?(代理购电电价 0.774 51 元/kWh)

表 5.3.1　窃电违约用电通知书

用户名称		用电地址		表号	
现场记录					
	客户实际装接容量		客户签名		客户电话	
检查认定	违章用电:①擅自改变用电类别;②私增容量;③使用已报停或已封设备;④私自迁移、更动、操作计量装置、线路等;⑤擅自引入供出电源 窃　　电:①擅自接线;②绕表用电;③伪造开启铅封;④故意损坏表计;⑤故意使计量不准或失效;⑥采取其他方式窃电。				
	现场检查人			检查时间	
处理意见					
	应追补电量		应追补电费		
	违约使用电费		合　　计		
已收费发票号码			通知客户处理时间		

【任务评价】

表 5.3.2　某三相居民客户窃电处理任务评价表

姓名		学号			成绩		
序号	评分项目	评分内容及要求	评分标准	满分	扣分	得分
1	1. 检查窃电现象	1.1 工器具	工器具准备齐全	10 分		
2		1.2 检查	方法正确,检查全面	30 分		
3	2. 填写通知书	2.1 填写窃电负荷	填写窃电负荷正确	5 分		
4		2.2 填写铅封号	填写铅封号正确	5 分		
5		2.3 填写表号	填写表号正确	5 分		
6		2.4 填写检查人	填写检查人正确	5 分		
7	3. 计算窃电量	3.1 计算窃电负荷	计算窃电负荷正确	5 分		
8		3.2 确定窃电时间	确定窃电时间正确	5 分		
9		3.3 计算窃电量	计算窃电量正确	5 分		
9	4. 费用确定	4.1 执行电价	执行电价正确	5 分		
10		4.2 计算补交电费	计算补交电费正确	5 分		
11		4.3 计算违约使用电费	计算违约使用电费正确	5 分		
12	5. 综合素质	5.1 着装整齐,精神饱满。 5.2 现场组织有序,工作人员之间配合良好。 5.3 独立完成相关工作。 5.4 执行工作任务时,大声呼唱。 5.5 不违反电力安全规定及相关规程。		10		
13	总分 100 分					
	教师					

任务 5.4　线损管理

【教学目标】

知识目标:

(1)了解线损相关的概念;

(2)掌握降低线损的有效措施;

(3)掌握线损分析的误区以及各类方法。

能力目标：

（1）能够利用系统查询线损，并筛选出线损异常的台区；

（2）能够根据系统线损异常的情况，进行基本的系统数据筛查，并进行线损分析；

（3）能够根据系统线损的情况，进行现场排查，确定线损异常的原因；

（4）能够结合系统与现场排查的实际状况进行降损措施的制定。

态度目标：

（1）能主动学习，在完成任务过程中发现问题、分析问题和解决问题；

（2）能与小组成员协商、交流配合完成本次学习任务，养成分工合作的团队意识；

（3）严格遵守安全规范，爱岗敬业、勤奋工作。

【任务描述】

任务内容：××网格服务经理班在两率一损系统中排查到××台区连续 5 天线损异常，需要对该台区的线损进行排查，即结合系统数据去往现场，排查线损异常的原因，并制定相关的治理措施。

（1）班组协作分工，制订工作计划；

（2）班组成员去往现场实际测量有关××台区线损异常数据，并搜集相关资料；

（3）班组撰写《××台区线损异常分析与处理报告》；

（4）班组准备 5 min 的 PPT 进行汇报；

（5）班组内部进行客观评价，完成评价表。

【相关知识】

一、理论咨询

（一）线损统计分析

1. 配电网与台区

由架空线路、电缆、杆塔、配电变压器、隔离开关、无功补偿电容以及一些附属设施等组成，在电力网中起分配电能作用的网络称为配电网。

配电网按电压等级来分类，可分为高压配电网（35～110 kV）、中压配电网（6～10 kV）、低压配电网（220/380 V）；在负载率较大的特大型城市，220 kV 电网也有配电功能。

按供电区的功能来分类，配电网可分为城市配电网、农村配电网和工厂配电网等。

在电力系统中，台区是指（一台）变压器的供电范围或区域，供电企业实行分台区管理，台区供电量、台区售电量、台区低压线损率成为非常重要的考核指标。

2. 供电量与售电量

（1）供电量

供电量由网内电厂上网电量和从其他电网净输入电量构成：

供电量＝网内电厂供电量＋外网输入电量＋购入电量－过网电量

其中:厂供电量指电厂出线侧的上网电量。对于一次电网,厂供电量是指发电厂送入一次电网的电量;对于地区电网,厂供电量是指发电厂送入地区电网的电量;外网输入电量指上级电力网及邻网输入的电量;购入电量指系统电厂供电量以外的(如网内小电源)上网电量;过网电量指送出邻网的电量,又称输出电量。

(2)售电量

售电量是指所有终端用户的抄见电量,以及供电企业、变电站等的自用电量和供电企业第三产业所用的电量。凡不属于站用电的其他用电,均应由当地供电企业装表收费。

3.线损与线损率

电能在经过线路以及变压器等供电设备时,所产生的电能损耗和功率损耗,即为供电损耗,简称为线损。线损分为固定损耗和可变损耗两个部分。线损的种类可分为统计线损、理论线损、管理线损、经济线损和定额线损等五类。

(1)统计线损。

统计线损即线损统计值,为实际线损值,来源于从电能计量装置上读取的电量数值和读取数值的时间,全部供电关口电能计量装置读数之和为供电量,全部用户电能计量装置读数之和为售电量。统计线损为供电量与售电量的差值。

统计线损率(%)=[(供电量−售电量)/供电量]×100%

(2)理论线损

理论线损是根据供电设备的参数和电力网当时的运行方式及潮流分布以及负荷情况,由理论计算得出的线损。

按电网电能损耗管理规定的要求,35 kV 及以上电网每年进行一次理论线损计算,10 kV 及以下电网至少每两年进行一次理论线损计算。当电网结构发生大的改变时,要增加理论线损计算。其计算式为:

$$理论线损率(\%)=[理论线损电量/供电量]×100\%$$

理论线损电量为下列各项损耗电量之和:

①35 kV 及以上电力网(包括交流线路及变压器)的电能损耗;

②6~20 kV 配电网(包括交流线路及公用配电变压器)的电能损耗;

③0.4 kV 及以下低压网的电能损耗;

④并联电容器、并联电抗器、调相机、电压互感器的电能损耗和站用变压器所用的电能等;

⑤高压直流输电系统(直流线路、接地极系统、换流站)的电能损耗。

(3)管理线损

管理线损是由于管理方面的因素而产生的损耗电量,它等于统计线损与理论线损的差值。

(4)经济线损

对于设备状况固定的线路,理论线损并非为一固定的数值,而是随着供电负荷大小变化而变化的,实际上存在一个最低的线损率,这个最低的线损率称为经济线损,相应的电流称为经济电流。

（5）定额线损

定额线损也称线损指标，是指根据电力网实际线损，结合下一考核期内电网结构、负荷潮流情况以及降损措施安排情况，经过测算，上级批准的线损指标。

4. 常见线损率的计算

供电企业配网线损管理中常见的线损有 10 kV 专线线损、0.4 kV 台区线损、10 kV 公线高压线损以及 10 kV 配网（公线）综合线损、10 kV 综合线损。对应的线损率计算如下：

（1）10 kV 专线线损：

$$10 \text{ kV 专线线损率} = (G_{Zx} - S_{Zx})/G_{Zx} \times 100\%$$

式中 G_{Zx}——10 kV 专线供电量；

S_{Zx}——10 kV 专线用户售电量。

（2）0.4 kV 台区线损：

$$0.4 \text{ kV 台区线损率} = (G_T - S_T)/G_T \times 100\%$$

式中 G_T——0.4 kV 台区供电量；

S_T——0.4 kV 台区用户售电量。

（3）10 kV 公线高压线损：

$$10 \text{ kV 公线高压线损率} = (G - G_T - S_Z)/G \times 100\%$$

式中 G——10 kV 线路供电量；

G_T——0.4 kV 台区供电量；

S_Z——10 kV 专变用户售电量。

（4）10 kV 配网（公线）综合线损：

$$10 \text{ kV 公线综合线损率} = (G - S_T - S_Z)/G \times 100\%$$

式中 G——10 kV 线路供电量；

S_Z——10 kV 专变用户售电量；

S_T——0.4 kV 台区用户售电量。

（5）10 kV 综合线损率：

$$\text{综合线损率} = \left(\sum G - \sum S \right)/G \times 100\%$$
$$= ((G_{专} + G_{公}) - (S_{专} + S_{公}))/(G_{专} + G_{公}) \times 100\%$$

式中 $G_{专}$、$G_{公}$——10 kV 专线、10 kV 公线供电量；

$S_{专}$、$S_{公}$——10 kV 专线、10 kV 专变用户售电量。

（二）线损分析与降损措施

1. 线损分析误区

线损分析是线损管理的一项非常重要的内容。线损分析中常见的误区有以下几种：

（1）线损分析就是对比一下线损率大小、高低；

（2）线损率没什么变化不需要分析，线损率下降更不需要进行线损分析；

（3）线损率上升就一定是管理上有问题，盲目找原因；

（4）只愿意做定性分析，不是尽可能地对各个因素进行定量分析；

（5）当期实际线损率比理论线损率低无法分析；

（6）有线损率的分析就行了，不需要再进行线损小指标的分析了。

2. 线损分析应注意的问题

（1）在每一个统计周期内，不管线损率有无变化，都应该对影响线损的各个因素进行分析，都应该对线损的有关小指标进行分析。因线损率是诸多因素综合影响造成的结果，有时虽然这种综合影响的结果导致线损率没有出现变化或向好的方向变化，但其中某些不利的因素仍可以通过分析，采取有效措施，降低其造成的不利影响。

（2）在进行线损分析时，既要对不同、差异进行分析比对，更要对同一条线路线损率的波动情况进行分析。更重要的是对那些导致线损率的波动变化因素，如电力负荷、电压与无功、负荷率、大客户电量、季节气候等的变化情况，以及营销、计量管理中的不确定因素进行具体和深入分析，积极采取有效措施，降低不利影响。

3. 线损分析"十二要"

（1）线损分析时，首先要做好母线电量平衡分析；

（2）要正确进行理论线损计算，求出各条线路的固定损失和可变损失，并对计算结果进行分析；

（3）要分析因查处窃电或纠正计量、营业差错追补（退回）电量对线损的影响；

（4）要分析系统运行方式或供、售电量统计范围的变化对线损的影响；

（5）要分析季节、气候变化等原因使电网负荷有较大变化对线损的影响；

（6）要分析掌握各类用户电量（尤其是电量大户）的变化对线损的影响；

（7）要分析线路关口表及各用电户计费电度表的综合误差对线损的影响；

（8）要分析供、售电量抄表时间不一致（或与上月抄表时间、路径差异）对线损的影响；

（9）要分析抄表例日变动，提前或延后抄表使售电量减少或增加对线损的影响；

（10）要分析无损电量的变化对综合线损的影响；

（11）要分析自用电量增加或减少对线损高低的影响；

（12）要对理论线损和统计线损进行分析比较，对不明损耗高的薄弱环节提出降损措施意见。

4. 线损分析方法

（1）电能平衡分析。

电能平衡分析就是对输入端电量与输出端电量的比较分析，主要用于变电站（所）的电能输入和输出分析，母线电能平衡分析。

（2）线损与理论线损对比分析。

通过实际线损率和理论线损率对比分析，若两者偏差太大，说明管理不善、存在问题较多，要进一步具体分析问题所在，然后采取相应的措施。

（3）固定损耗与可变损耗比重对比分析。

要进行固定损耗比重与可变损耗比重的对比分析，如果 10 kV 配网中固定损耗比重大，说明设备的平均负载率较低,或高能耗变压器较多,或类似的几种因素同时存在。

(4)实际线损与历史同期比较分析。

农村电网负荷季节性较强,农业生产用电随季节气候变化很大,但与历史同期气候相近的条件下的线损率进行比对分析,往往更能够发现问题。

(5)实际线损与平均线损水平比较分析。

一个连续较长时间的线损平均水平,更能够消除因负载变化、时间变化、抄表时间差等因素影响造成的波动,更能反映线损的基本状况,与平均水平相比较,就能发现当期的线损管理水平和问题。

(6)实际线损与先进水平比较分析。

本单位的线损完成情况,与周围条件相近的单位比,与省内、国内同行比,就能发现自己的管理水平和存在问题和差距。

(7)定期、定量统计分析。

定期分析就是要做到有月度分析、季度分析、年度分析;定量分析就是要做到分压、分线、分台区并按影响因素分析。

(8)线损率指标和小指标分析并重。

线损率实际完成情况表明的是线损管理的综合效果,而只有通过对小指标的分析,才能反映出线损管理过程的各个环节影响线损的具体原因。

(9)线损指标和其他营业指标联系在一起分析。

售电量指标、电费回收率指标、平均售电价指标与线损指标之间有密切的联系。

(10)对线损率高、线路电量大和线损率突变量大的环节进行重点分析

综合分步分析的方法,即分步筛选,按顺序进行,最终找到关键环节。具体为:第一步,选出线损率高的线路、台区;第二步,在第一步基础上选择出电量大的台区、线路;第三步,在第二步基础上选择线损率突变量大的台区线路。

5.技术降损措施

(1)调整完善电网结构。

①电源应设在负荷中心。线路由电源向周围辐射,要尽量使配电变压器安装在负荷的中心位置。测量负荷分配是否均匀及三相负荷平衡状况,根据负荷状况对低压线路的负荷进行调整。

②缩短供电半径。避免近电远供和迂回供电,一般 0.4 kV 线路供电半径应不大于 0.5 km。

③合理选择导线截面,增加导线截面会降低导线电阻,减少电能损耗和线路压降。导线截面积与电能损耗成反比关系,但增加导线截面会增加投资,在增加导线截面时要综合考虑投入与降损的关系。

④选择节能型配电变压器。合理选择配变容量,提高配变负荷率。配电变压器损耗包括铁损和铜损两部分,铁损与电流成反比,铜损与电流成正比,配变在某一负载率运行最经济。

⑤保持三相负载平衡。三相负荷的不平衡分配将导致无法通过调整变压器分接头来调整线路末端电压,造成线路损耗增加,所以要合理地配置公用变压器三相负荷,尽量保持三相负荷的平衡。

（2）调节线路电压。

在负载功率不变的条件下,提高线路电压,线路电流会相应减少,线路损失会随之降低,提高电压合格率。如果线路电压运行在上限或下限,线路的电能损失是不同的,电压高则损失低,反之损失高。输送同样的功率,用上限电压供电比用下限电压供电 0.4 kV 线路可减少电能损失 33%。

电压合格率与降损的关系可以用以下公式计算：

$$\Delta P\% = [\,1-1/(1+a/100)^2\,]\times100\%$$

式中,a 为电压提高的百分数。

（3）提高功率因数。

提高功率因数与所降低的功率损耗可以用以下公式来计算：

$$\Delta P = (1-(\cos\,\varPhi_1/\cos\,\varPhi_2)^2)$$

式中　$\cos\,\varPhi_1$——负荷原来的功率因数；

　　　$\cos\,\varPhi_2$——提高后的功率因数；

　　　ΔP——降低的功率损耗。

6. 管理降损措施

（1）建立组织管理体系

供电企业线损率指标保证体系,应包括以下指标的管理：

①高低压线路配电变压器的理论线损指标,管理线损指标及综合损失指标；

②每条线路的和客户单位的功率因数指标；

③高低压电压合格率以及电能表的校验轮换率指标；

④补偿电容器投运率指标；

⑤电能表实抄率；

⑥电费核算差错率；

⑦高耗能设备的淘汰,线路设备的节能改造等经济技术指标。

这些指标的制订要科学合理,并层层分解落实,以确保总指标的实现。

（2）定期开展线损相关分析,是开展管理降损工作的保证。

①电能平衡分析；

②理论线损与实际线损对比分析；

③现实与历史同期比较分析；

④与平均水平比较分析；

⑤与先进水平比较分析。

（3）开展线损理论计算工作,为制定各项指标体系提供依据。

线损理论经计算的结果就是线损管理工作的目标,达到这个目标,管理线损就降为零。

在电网结构不变的情况下,这是最理想的管理结果。

(4)加强营销管理,堵塞各种漏洞。

①建立同步抄表制度;

②减少抄表误差;

③加强电量、电价、电费的核算管理;

④加强计量管理工作;

⑤加强用电检查工作。

二、实践咨询

台区线损诊断包括综合研判及档案整改、勘察派工、现场核查以及处理等主要业务环节,具体流程图如图5.4.1所示。

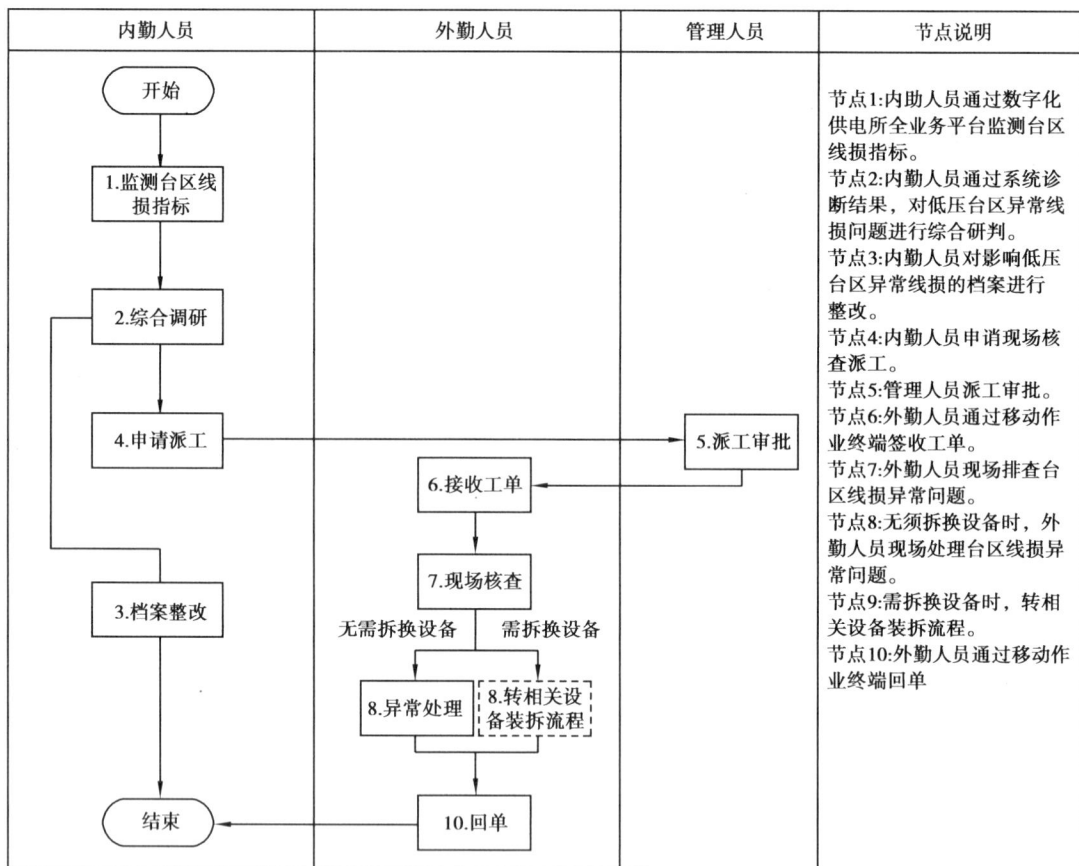

内勤人员	外勤人员	管理人员	节点说明
开始 1.监测台区线损指标 2.综合调研 4.申请派工 3.档案整改 结束	6.接收工单 7.现场核查 无需拆换设备　需拆换设备 8.异常处理　8.转相关设备装拆流程 10.回单	5.派工审批	节点1:内助人员通过数字化供电所全业务平台监测台区线损指标。 节点2:内勤人员通过系统诊断结果,对低压台区异常线损问题进行综合研判。 节点3:内勤人员对影响低压台区异常线损的档案进行整改。 节点4:内勤人员申诉现场核查派工。 节点5:管理人员派工审批。 节点6:外勤人员通过移动作业终端签收工单。 节点7:外勤人员现场排查台区线损异常问题。 节点8:无须拆换设备时,外勤人员现场处理台区线损异常问题。 节点9:需拆换设备时,转相关设备装拆流程。 节点10:外勤人员通过移动作业终端回单

图5.4.1　台区线损诊断流程图

(1)综合研判及档案整改。

内勤人员通过查看台区线损指标,依据台区线损研判规则对台区线损异常(长期高损、突发高损、长期负损、突发负损、小负损、供电量为零或空值台区、用电量为空值台区等)进行综合研判及档案整改。

（2）勘查派工。

综合研判后，需现场处理的，内勤人员发起派工申请，管理人员线上审核。

（3）现场核查及处理。

外勤人员到达现场开展核查工作，根据核查结果，发起相应处理流程。

上述智能化的系统与流程配合工作人员的工作，目的是实现台区线损诊断业务线上化、数字化，解决台区线损率高、线损异常处理不及时等问题。

（一）工作准备

（1）班级学生形成 6～7 人的线路运行班组，各线路运行班组自行选出组长。

（2）组长召集组员利用相关工具去××台区线损相关现场收集实际数据，进行异常分析并整理资料。

（3）分工协作撰写《××台区线损异常分析与处理报告》，并形成汇报 PPT。

（二）操作步骤

（1）线路运行班向指导老师汇报"××台区线损异常分析与处理报告"；

（2）班组成员记录指导老师和其他分析班组对本组汇报的点评；

（3）负责人组织员参照意见修改《××台区线损异常分析与处理报告》；

（4）召开"××台区线损异常分析与处理"工作总结会议，点评成员在完成本次任务中的表现；

（5）任务完成，线路运行班将修改后的《××台区线损异常分析与处理报告》文档、汇报 PPT、工作总结及成员成绩交给指导老师。

【任务实施】

任务描述：××营销服务班组接到工作任务通知，在用电信息采集系统中，××台区线损率一直保持平稳，日线损率突然发生较大升幅且超出考核上限值的异常。具体情况描述如下：

变压器容量为 200 kVA，倍率 100 倍（需现场核实），共 56 户用户，线损目标值为 5.2%，7 月 7 日线损 9.79%，台区线损率统计图如图 5.4.2 所示，目前为高损台区。

图 5.4.2　台区线损统计截图

经系统查询，该台区从 6 月 22 日起线损突增，具体线损统计图如图 5.4.3（a）、（b）所示。

其中该台区单相表 40 块，三相四线电能表 16 块（梅家屋场机台一块为 20 倍倍率表）。其中，近三月 0 用电户有 5 户，包括充电桩客户，如图 5.4.4 所示，表格最后一位客户为新增容的客户。

（a）

（b）

图 5.4.3　台区线损突增日统计截图

	用户编号	用户名称	电表资产号	计量点类型	能示值起始能示值终止值		20
1				计量点类型	E	F	G
11				输出计量点	3617.55	3617.55	0.00
17				输出计量点	2588.72	2588.72	0.00
22				输出计量点	10511.1	10511.1	0.00
40				输出计量点	654.87	654.87	0.00
47				输出计量点	147.9	147.9	0.00
52				输出计量点	0.0	0.0	0.00

图 5.4.4　0 电量客户统计表

6 月用电量小于 10 kWh 的有 5 户，如图 5.4.5 所示。

	A	B	C	D	E	F	G
A53	fx	4306106892873					
1	用户编号	用户名称	电表资产号	计量点类型 能示值起始能示值终止值			20
18				输出计量点	19137.3	19140.23	2.93
39				输出计量点	5570.2	5572.48	2.28
41				输出计量点	1333.22	1336.42	3.20
45				输出计量点	4651.12	4659.67	8.55
53				输出计量点	13011.4	13020.34	8.94

图 5.4.5　电量低于 10 kWh 客户统计表

请分析该台区线损突增的原因，并制定相关的解决措施。

1. 咨询（课外完成）

（1）台区线损异常有几种类型？

（2）如何治理台区线损异常？

2.决策

（1）岗位划分：

班组＼岗位	班长	报告撰写员	报告撰写员	PPT制作	PPT制作	资料收集员	资料收集员

（2）编制《××台区线损异常分析与处理报告》。

①台区线损异常的类型；

②台区线损异常的形成原因；

③台区线损异常的发生规律；

④治理台区线损异常的措施。

3.台区线损异常分析与处理报告汇报

4.检查及评价

考评项目	自我评估	组长评估	教师评估	备注
团队合作 20%				
案例分析报告 35%				
案例分析汇报 30%				
安全文明 15%				

项目6 综合能源服务管理

【项目描述】

让学生熟悉综合能源服务管理的要求,掌握电动汽车充电桩业务的所需申请材料与办理流程,掌握分布式电源的所需申请材料与结算、现场处理的政策要求。

【教学目标】

1. 能完成电动汽车充电桩业务受理;
2. 能完成分布式电源的受理、结算、现场处理。

【教学环境】

多媒体教室、教学视频。

任务6.1 电动汽车充电桩业务受理

【教学目标】

知识目标:
(1)了解居民充换电设施业务办理的原则和要求;
(2)掌握充换电设施新装业务办理流程和申报资料;
(3)了解充换电设施建设投资、外部施工的相关规定。

能力目标:
(1)能够完成充换电设施业务的受理;
(2)能够根据客户情况制定合理的供电方案;
(3)能够与客户沟通,解释充换电设施业务流程和政策。

态度目标:
(1)能主动学习,在完成任务过程中发现问题、分析问题和解决问题;
(2)能与小组成员协商、交流配合完成本次学习任务,养成分工合作的团队意识;
(3)严格遵守安全规范,爱岗敬业、勤奋工作。

【任务描述】

任务内容：××供电所接到工作任务通知，某用户要申请安装电动汽车充电桩。

（1）班组协作分工，制订工作计划；

（2）班组收集整理电动汽车充电桩的具体资料；

（3）班组梳理撰写《电动汽车充电桩业务受理报告》；

（4）班组通过 5 min 的角色扮演，练习与客户沟通，完成电动汽车充电桩业务受理的模拟；

（5）班组内部进行客观评价，完成评价表。

【相关知识】

一、理论咨询

（一）充换电设施的定义

充换电设施是指与电动汽车发生电能交换的相关设施的总称，一般包括充电站、换电站、充电塔、分散充电桩等。

（二）居民充换电设施业务办理原则

（1）用户名称（用电人）应与车辆所有人保持一致；

（2）用电场所应为居民家庭住宅、居民住宅小区、执行居民电价的非居民用户中设置的充电设施用电；

（3）非经营性充电设施，经营性指用电人为企事业单位、充电运营商用电（不含开发商统建报装、执行居民电价的非居民用户）。

（三）充换电设施新装业务办理流程

（1）低压：用电申请→装表接电。

（2）高压：用电申请→供电方案答复→验收装表接电。

（四）充换电设施受理渠道

（1）网上国网 APP 申请受理入口：打开网上国网 APP，点击【办理】—【充电桩接电】—【选择所在地区】—【开始办理】。

（2）用户提交申请后，可通过【我的】—【用电办理】来确认是否提交成功以及查询业务办理进度。

（五）充换电设施客户需要的申报资料

1. 低压充换电设施

（1）自用充电桩报装材料（个人使用）：

①有效身份证明；

②购车发票或购车合同或购车意向协议；

③固定车位产权或一年以上(含一年)使用权证明;

④物业出具(无物业管理小区由业委会或居委会出具)的同意安装充电桩的证明材料。

(2)公用充电桩报装材料(单位申请):

①企业营业执照或组织机构代码证等;

②产权人同意建设公用桩的证明;

③物业同意(无物业管理小区由业委会或居委会出具)的公用桩建设和施工方案等材料;

④充电设施建设运营资质。

2.高压充换电设施

①用电人有效身份证件;

②固定车位产权证明或产权人许可证明;

③产权人同意建设充换电设施证明;

④项目备案书。

备注:①如委托他人办理需同时提供授权委托书和经办人有效身份证明;

②如客户授权从政府数据平台调取证照,无需重复提交;

③如客户资料或资质证件尚在有效期,无需再次提供;

④申请资料不齐时可"一证受理",客户可在工作人员上门服务时提供所缺资料。

(六)充换电设施供电方案答复

1.低压客户

1个工作日内,或者依照客户的意向时间上门服务。

2.高压客户

在受理客户用电申请后,供电企业将按约定时间至现场查看供电条件,在受理后10个工作日内(双电源客户20个工作日)答复供电方案。

备注:①供电方案有效期自客户签收之日起一年内有效。

②如客户有特殊情况,需延长供电方案有效期,请客户务必在有效期到期前10天向供电企业提出申请,供电企业将视情况为客户办理供电方案延期手续。

(七)充换电设施客户业务时限

1.低压充换电基础设施用电报装

执行"三零"政策,全过程办电时间不超过5个工作日,对于有低压杆线延伸等外线工程项目,全过程办电时间不超过15个工作日。

2.高压充换电基础设施用电报装

(1)客户在收到供电方案后,自主选择有相应资质的设计和施工单位开展受电工程设计和施工。

(2)客户的受电工程竣工并自验收合格后,需客户及时报验,供电企业将在3个工作日内组织竣工检验。

(3)对竣工检验中发现的问题,客户需按《客户受电工程竣工检验意见单》及时整改,整改完成后进行复验,直至验收合格。

(4)在受电工程检验合格、签订《供用电合同》后,供电企业将在 3 个工作日内为客户装表接电。

备注:①对于重要客户,按照《国家发展改革委国家能源局关于全面提升"获得电力"服务水平持续优化用电营商环境的意见》(发改能源规〔2020〕1479 号)要求,供电企业将提供设计审查和中间检查服务。

②客户在设计完成后,需及时提交受电工程设计文件和相关资料,供电企业将在 3 个工作日内完成审核。

③客户在电缆管沟、接地网等隐蔽工程覆盖前,需及时通知供电企业进行中间检查,供电企业将在 2 个工作日内完成中间检查。

④客户可以登录中华人民共和国住房和城乡建设部官方网站查询并选择具备相应资质的设计、施工、试验单位。

(八)充换电设施配套接网工程建设投资界面

(1)低压供电客户:低压充换电基础设施用电报装执行"三零"政策,计量装置及以上工程由公司投资建设(包括电缆分支箱、电能计量装置、开关、用电线缆、电缆桥架、保护套管等)。计量表计之后至充电设施线路工程由用户自行出资建设。

(2)高压架空线路供电客户:以客户围墙或变电所外第一基杆塔为分界点,杆塔(含柱上开关、熔断器等开断设备及其他附属设备)及以上部分由供电企业投资建设;开断设备出线及以下部分由客户投资建设。

(3)高压电缆供电客户:以客户围墙或变电所外第一配电设施(环网柜、开闭所等)为分界点,第一配电设施由供电企业投资建设,配电设施出线及以下部分由客户投资建设。

(4)因充换电设施接入引起的公共电网改造工程由供电企业投资建设。

(5)用电计量点设在双方产权分界处。

(九)充换电设施外部工程施工

1.低压供电客户

用电涉及工程施工的,根据国家规定,当前产权范围内工程由客户负责施工,产权范围外工程由供电企业施工。

2.高压供电客户

用电涉及工程施工的,根据国家规定,产权范围内部分由客户负责施工,产权范围外电源侧工程由供电企业负责。

(十)充换电设施装表接电

1.低压客户

(1)申请资料齐全的充电桩业务,供电企业提供"三零"服务,由供电企业投资建设至计量装置处(含计量装置)。

(2)在现场具备装表条件后,供电企业将在 2 个工作日内为客户装表接电。

2.高压客户

(1)客户在收到供电方案后,可自主选择有相应资质的设计和施工单位开展受电工程设计和施工。

(2)客户的受电工程竣工并验收合格后,需及时报验,供电企业将在3个工作日内组织进行竣工检验。对竣工检验中发现的问题,请客户按《客户受电工程竣工检验意见单》及时整改,整改完成后进行复验,直至验收合格。

(3)在受电工程检验合格,签订《供用电合同》后,供电企业将在3个工作日内为客户装表接电。

3.充换电设施注意事项

(1)低压客户:

①根据《民用建筑电气设计标准(GB 51348—2019)》等技术规范,个人交流充电桩应采用单相、交流220 V供电,额定电流不大于32 A。

②若为无法证明拥有产权或使用权的车位,如公共道路、公共区域、消防通道、消防作业区、地面公共停车位等,则无法为客户的充电设施装表接电。

(2)高压客户:

对于重要客户,按照《国家发展改革委国家能源局关于全面提升"获得电力"服务水平持续优化用电营商环境的意见》(发改能源规〔2020〕1479号)要求,供电企业将提供设计审查和中间检查服务。在设计完成后,客户需及时提交受电工程设计文件和相关资料,供电企业将在3个工作日内完成审核。在电缆管沟、接地网等隐蔽工程覆盖前,客户需及时通知供电企业进行中间检查,供电企业将在2个工作日内完成中间检查。

(3)客户可以登录中华人民共和国住房和城乡建设部门等网站查询并选择具备相应资质的设计、施工、试验单位。

(十一)电动汽车客户如何充电

(1)自建充电设施充电;

(2)公共充电站充电;

(3)高速公路充电站充电,暂时采用电话预约、人工服务方式。客户拨打95598电话预约后,工作人员45分钟内到达指定现场提供充电服务。

二、实践咨询

(一)工作准备

(1)班级学生形成6~7人的供电所营业厅班组,各班组自行选出组长。

(2)组长召集组员利用课外时间收集有关电动汽车充电桩受理资料。

(3)分工协作撰写《电动汽车充电桩业务受理报告》,并团队合作进行情景模拟。

(二)操作步骤

(1)营业厅班组情境模拟"电动汽车充电桩业务受理";

(2)班组成员记录指导老师和其他分析班组对本组汇报的点评;

（3）负责人组织成员参照意见修改《电动汽车充电桩业务受理报告》；

（4）召开"电动汽车充电桩受理"工作总结会议,点评成员在完成本次任务中的表现；

（5）任务完成,各班组将修改后的《电动汽车充电桩业务受理报告》文档、工作总结及成员成绩交给指导老师。

【任务实施】

1. 咨询（课外完成）

（1）电动汽车充电桩业务受理流程是什么？

（2）安装电动汽车充电桩需提交哪些材料？

2. 决策

（1）岗位划分：

班组＼岗位	班长	报告撰写员	报告撰写员	情境模拟角色	情境模拟角色	资料收集员	资料收集员

（2）编制《电动汽车充电桩业务受理报告》。

①充换电设施的定义和业务办理原则；

②客户申请电动汽车充电桩需提交的申请资料；

③电动汽车充电桩新装业务办理流程；

3. 电动汽车充电桩业务受理情境模拟

4. 检查及评价

考评项目	自我评估	组长评估	教师评估	备注
团队合作 20%				
案例分析报告 35%				
情境模拟 30%				
安全文明 15%				

任务 6.2　分布式电源业务（受理、结算、现场）的处理

【教学目标】

知识目标：

（1）了解分布式电源业务申请受理流程和所需申报资料；

（2）掌握分布式电源项目备案流程和光伏安装模式；

（3）了解分布式电源并网服务的主要环节和电价标准；

（4）掌握分布式电源的补贴政策与结算流程。

能力目标：

（1）能够根据分布式电源业务申请受理流程，指导客户完成业务申请；

（2）能够根据分布式电源项目备案流程，协助完成项目备案；

（3）能够根据分布式电源并网服务的主要环节，协调并网服务工作；

（4）能够根据电价标准和补贴政策，计算分布式电源项目的收益；

（5）能够根据结算流程，处理分布式电源项目的电费和补贴结算。

态度目标：

（1）能主动学习，在完成任务过程中发现问题、分析问题和解决问题；

（2）能与小组成员协商、交流配合完成本次学习任务，养成分工合作的团队意识；

（3）严格遵守安全规范，爱岗敬业、勤奋工作。

【任务描述】

任务内容：××供电所接到工作任务通知，某用户要申请新装分布式电源。

（1）班组协作分工，制订工作计划；

（2）班组收集整理分布式电源受理的具体资料；

（3）班组梳理撰写《分布式电源业务（受理、结算、现场）的处理报告》；

（4）班组通过5 min的角色扮演，练习与客户沟通，完成分布式电源业务受理、结算、现场处理的模拟；

（5）班组内部进行客观评价，完成评价表。

【相关知识】

一、理论咨询

（一）概念简述

（1）分布式电源是指在用户所在场地或附近建设安装、运行方式以用户侧自发自用为主、多余电量上网，且在配电网系统平衡调节为特征的发电设施或有电力输出的能量综合梯级利用多联供设施，包括太阳能、天然气、生物质能、风能、地热能、海洋能、资源综合利用发电（含煤矿瓦斯发电）等。

（2）户用分布式光伏系统是指利用自然人宅基地范围内的建筑物，比如自有住宅以及附属物建设的分布式光伏系统。户用分布式光伏系统通常具有安装容量小，低电压等级并网，备案及并网流程简化等特点。

（3）分布式光伏新装是指客户利用建筑物屋顶及附属场地建设分布式光伏发电项目，以相应的电压等级接入电网的光伏电源新装业务。也就是利用自有的场地，安装光伏发电设备,并将产生的电量接入电网。

(二)发电的原理

1. 分布式光伏发电的原理

太阳光照在半导体 PN 结上,形成新的空穴-电子对,在 PN 结内建电场的作用下,空穴由 N 区流向 P 区,电子由 P 区流向 N 区,接通电路后就形成电流。这就是光电效应太阳能电池的工作原理。光-电直接转换方式是利用光伏效应,将太阳辐射能直接转换成电能,光-电转换的基本装置就是太阳能电池。太阳能电池是一种由于光生伏特效应而将太阳光能直接转化为电能的器件,是一个半导体光电二极管。当太阳光照到光电二极管上时,光电二极管就会把太阳的光能变成电能,产生电流。当许多个电池串联或并联起来就可以成为有比较大的输出功率的太阳能电池方阵了。太阳能电池是一种大有前途的新型电源,具有永久性、清洁性和灵活性三大优点。太阳能电池寿命长,只要太阳存在,太阳能电池就可以一次投资而长期使用;与火力发电、核能发电相比,太阳能电池不会引起环境污染。光伏发电的主要具体原理是半导体的光电效应。光子照射到金属上时,它的能量可以被金属中某个电子全部吸收。电子吸收的能量足够大,就能克服金属内部引力做功,离开金属表面逃逸出来,成为光电子。硅原子有 4 个外层电子,如果在纯硅中掺入有 5 个外层电子的原子(如磷原子),就成为 N 型半导体;若在纯硅中掺入有 3 个外层电子的原子(如硼原子),则形成 P 型半导体。当 P 型和 N 型结合在一起时,接触面就会形成电势差,成为太阳能电池。当太阳光照射到 PN 结后,空穴由 P 极区往 N 极区移动,电子由 N 极区向 P 极区移动,形成电流。

2. 光伏电池怎么发电

光伏电池是一种具有光、电转换特性的半导体器件,它直接将太阳辐射能转换成直流电,光伏电池是光伏发电的最基本单元。

光伏电池特有的电特性是借助在晶体硅中掺入某些元素(例如磷或硼等),从而在材料的分子电荷里造成永久的不平衡,形成具有特殊电性能的半导体材料。

在阳光照射下,具有特殊电性能的半导体内可以产生自由电荷。这些自由电荷定向移动并积累,从而在其两端闭合时便产生电能。这种现象被称为"光生伏打效应",简称光伏效应。

(三)分布式光伏发电系统及系统分类

1. 分布式光伏并网发电系统组成

该系统主要由光伏组件、逆变器、支架和线缆、汇流箱、交直流配电柜及监控系统等组成。其中,汇流箱、交直流配电柜及监控系统可根据用户的实际情况进行安装。

2. 光伏发电系统分类

①独立光伏发电站:主要由太阳能电池组件、控制器、蓄电池组成,若要为交流负载供电,还需要配置交流逆变器。独立光伏发电站包括边远地区的村庄供电系统、太阳能路灯等各种带有蓄电池的可以独立运行的光伏发电系统。

②分散式小型并网光伏系统:特别是光伏建筑一体化光伏发电,由于投资小、建设快、占地面积小、政策支持力度大等优点,是并网光伏发电的主流。

③并网光伏发电系统:太阳能组件产生的直流电经过并网逆变器转换成符合市电电网要求的交流电之后直接接入公共电网,可以分为带蓄电池的和不带蓄电池的并网发电系统。

④大型并网光伏电站:大型并网光伏电站一般都是国家级电站,主要特点是将所发电能直接输送到电网,由电网统一调配向用户供电。这种电站投资大、建设周期长、占地面积大。

(四)分布式电源的特点

分布式电源作为一种新型环保的供电方式,利用先进的科学技术,区别于传统的集中供电方法,主要由并网结构和发电系统构成,正是因为其结构的不同,分布式电源相对于传统集中供电方式而言有许多优点。

1.优点

太阳能发电,无枯竭危险;安全可靠,无噪声,无污染排放,环保(无公害);不受资源分布地域的限制,可利用建筑屋面,例如无电地区以及地形复杂地区,无需消耗燃料和架设输电线路即可就地发电供电;能源质量高;建设周期短,获取能源花费的时间短。

2.缺点

获得的能源与季节、昼夜及阴晴等气象条件有关;照射的能量分布密度小,要占用巨大面积。

(五)分布式电源业务申请受理

1.绿色通道

营业厅为光伏项目业务办理全过程开通"绿色通道",提供"一证受理"服务。项目业主凭用电主体资格证明材料即可到电网企业营业厅办理光伏接入申请手续。

2.分布式电源新装受理渠道

(1)网上国网 APP 申请入口:打开网上国网 APP,点击【新能源】—【特色服务】专区的【新能源 e 助手】—并网申请—光伏新装,或直接在【新能源】中点击【光伏新装】。

(2)【新能源 e 助手】中不只提供了并网申请,还有基础服务、智慧运营、收益结算等功能,实现光伏业务线上一网通办,让光伏业务办理变得轻而易举。

(六)分布式电源新装业务办理流程

并网申请—接入系统方案答复—外部工程实施—并网运行。

(七)分布式电源新装申报资料

在受理客户分布式电源并网申请时,客户需提供的申请资料包括:

(1)个人客户:

①有效身份证明。

②房屋产权证明或其他证明文书。

③小区用户需提供物业同意建设分布式电源的证明材料(无物业管理小区由业委会或居委会提供)。

（2）法人或其他组织：

①营业执照或组织机构代码证等。

②法人身份证。

③用电地址物业权属证明。

④项目备案书。

（3）注意事项：

①如委托他人办理须同时提供授权委托书和经办人有效身份证明。

②如客户授权从政府数据平台调取证照，无须重复提交。

③如客户资料或资质证件尚在有效期，无须再次提供。

④申请资料不齐时可"一证受理"，客户可在工作人员上门服务时提供所缺资料。

其中，自然人是指扶贫部门认定的开户银行账户；非自然人是指扶贫部门认定的银行结算账户。

核实光伏扶贫项目清单包括项目数量、容量、对口贫困村和银行结算补贴账户，在项目进窗受理环节，要核实项目主体、申报并网主体、享受政策补贴主体三者是否一致，如不一致，需相关县（市、区）扶贫办出具相关证明。

（八）分布式电源项目备案

电网公司为自然人分布式光伏发电项目提供项目备案服务。对于自然人利用自有住宅及其住宅区域内建设的分布式光伏发电项目，公司收到接入系统方案项目业主确认单后，按月集中向当地能源主管部门进行项目备案。（备注：不能占用农田、土地）

非自然人分布式光伏发电项目由能源主管部门设立分布式光伏发电项目备案，电网公司衔接做好项目接网条件和并网服务。光伏扶贫分布式光伏发电项目遵循因地制宜、积极自愿、规模适度的原则。保障光伏扶贫项目就地消纳，减少电能损耗，保障光伏发电设备的安全可靠送出，项目地址按照"三靠近"原则进行选址，即靠近现有公用供电设施、靠近主要交通道路、靠近村庄和用电住户相对集中区。

（九）目前光伏安装的几种模式

①屋顶业主投资建站，光伏板产生的电量归业主，后期设备维护费用也由业主承担。

②业主提供屋顶即可，由第三方投资建站并承担相关维护费用，光伏板产生的电量归第三方，业主可享受绿色环保优惠电价，以及收取场地固定租金。

（十）分布式电源并网服务主要环节

1. 并网申请说明

（1）受理客户的申请时，需告知客户接入方案的有效期、出资界面的划分、通信联系方式、其他需特别注明的事项等。

（2）消纳方式：

①自发自用，余电上网：在有光照的情况下，将太阳能转换为电能，通过太阳能充放电给负载供电，同时将多余电量传输给电网。在无光照时，由电网给予负载供电。

②全额上网：光伏发电产生的全部电能均输送至电网，负载由电网供电。

③全部自用:光伏发电产生的全部电能均供应客户自身负载使用,不传输至电网。接入用户内部电网的分布式电源项目可自行选择电能消纳方式,用户不足电量由电网提供。

2.接入系统方案答复

受理用电申请后,供电企业将按照与客户约定的时间至现场查勘接入条件,并在20个工作日内答复接入系统方案。

3.接入系统方案说明

受理客户接入申请后,组织开展现场查勘(由低压业扩查勘人员进行现场查勘)确定供电台区、计量方式、装表位置。建议:单相220 V发电峰值不超过8 kW,超过12 kW应采用380 V接入方案。协助客户合理选择光伏组件安装地址,需根据"自发自用,余电上网""全额上网"两种模式按照国家有关规定制定经济合理的接入系统方案,并正式答复项目业主。

4.接入系统一般原则

8 kW及以下——220 V;

8 ~ 400 kW——380 V;

400 ~ 6 000 kW——10 kV;

5 000 ~ 30 000 kW——35 kV。

若高低两级电压均具备接入条件,优先采用低电压等级接入。

一般情况下,装机容量不能超过用电客户的用电容量。

5.接入方案内容

客户基本信息:分布式电源项目建设规模(本期、终期);项目投资管理模式;电能消纳方式等基本信息。

6.接入方案

并网点的电压等级;公共连接点、接入点和并网点的说明;并网点设备的技术要求等。

7.计量方案

上网关口、发电关口的计量装置安装位置、电能表计和互感器的设置;分布式电源并网信息的采集设置等。

8.计费方案

上网电量执行的电价。

9.签订发用电合同

直接接入公共电网的分布式电源项目,与项目业主签订发用电合同;接入用户内部电网,且发电项目业主与电力用户为同一法人的分布式电源项目,与项目业主(即电力用户)签订发用电合同;接入用户内部电网,且发电项目业主与电力用户为不同法人的分布式电源项目,与项目业主、电力用户三方共同签订发用电合同。

10.工程实施

客户委托具备资质单位开展受电工程施工。工程竣工后,客户需及时报验,供电企业将在10个工作日内完成并网验收与调试。

11. 投资界面

分布式电源接入系统工程由项目业主投资建设,由其接入引起的公共电网改造部分由电网公司投资建设。

公司免费提供关口计量表和发电量计量用电能表。

12. 并网运行

供电企业与客户签订关于购售电、供用电和调度方面的合同(协议),免费提供关口计量表和发电量计量电能表,调试通过后直接转入并网运行。

13. 抄表复核

每月抄表例日后的 5 个工作日内,发行完毕光伏扶贫项目电量电费数据,并通过电话或短信或其他方式通知发电客户。

发电客户接到电费通知 3 个工作日内核对完毕本月电量、电价、电费,根据结算单到电网企业或主管税务机关开具发票,并于 5 个工作日内送达电网企业。

14. 电价标准

(1)光伏项目执行国家发改委批复的光伏发电标杆电价,标杆电价包括上网电价和中央财政补贴两部分,遇国家政策调整则按新标准执行。

(2)全额上网模式电价说明:

①燃煤标杆上网电价(含脱硫、脱硝、除尘)以内部分由电网公司结算,高出部分通过国家可再生发展基金予以补贴。

②只有纳入了国家财政部公示的补助目录名单的项目才能享受补贴。

③电网公司按照国家发布的补助目录名单项目和补助标准,按月向财政部申请补助资金;电网公司收到财政部拨付的补贴资金以后,及时将补助资金支付给相关电厂。

(3)余电上网模式电价说明。

①上网电量按照燃煤标杆上网电价结算。

②选择余电上网模式的自然人项目,电网企业按照结算周期一并支付购电费和补助资金。

③选择余电上网模式的非自然人项目,2015 年 2 月以前并网项目,由电网企业按结算周期支付上网电费和补助资金;2015 年 2 月及以后并网发电的项目,需纳入财政部补助资金目录后才能享受项目补贴。

④按照全部发电量补贴,备案后就能享受补贴,公司可以垫付。

15. 收费标准

接入系统工程由项目业主负责投资建设;因分布式电源接入引起的公共电网建设和改造,由公司负责投资。公司免费提供关口计量装置和发电量计量用电能表。

供电企业在分布式电源并网申请受理、接入系统方案制订、接入系统工程设计审查、电能表安装、合同和协议签署、并网验收和并网调试、政府补助计量和结算服务中,不收取任何费用。

注意:客户可登录中华人民共和国住房和城乡建设部等网站查询并选择具备相应资质

的设计、施工、试验单位。

16. 结算管理:税收开票说明

(1)自然人分布式光伏扶贫项目,可由电网企业分别代开上网电费和补贴发票,或由发电客户自行到税务部门分别开具上网电费和补贴发票。

(2)非自然人分布式光伏扶贫项目,可由电网企业代开上网电费和补贴发票,或由发电客户自行开具上网电费和补贴发票,也可由发电客户到税务部门开具上网电费和补贴发票。发电客户结算上网电费和补贴金额超过增值税起征点的,应当自行开具或取得其在主管税务机关代开的增值税专用发票。

17. 结算管理:扶贫结算

(1)自然人上网电费及补贴。

①电网企业按月提供光伏扶贫项目结算单,发电客户根据结算单准备上网电费发票及补贴发票。

②电网企业根据结算单和相关票据,核对电价与电量信息、发电客户供应商信息和银行账户信息,如相关信息正确无误,按月支付上网电费、转(垫)付补贴。

③电网企业按月向财政部申报补贴资金,财政部按期下拨补贴资金到电网企业。

④电网企业按季或年与发电客户进行往来款项核对。

(2)非自然人上网电费。

①非自然人分布式光伏扶贫项目业主按照要求在国家能源局可再生能源结算管理系统进行网上项目申报。

②电网企业收集汇总相关项目信息,经省发改委、省能源局、省财政厅联合审核后,报国网公司总部,然后由国网公司总部统一报国家发改委、国家能源局和财政部进行审批。审批通过后,财政部对获得可再生能源补贴的项目进行公示。电网企业根据公示目录按月向财政部申报补贴资金,财政部按期下拨补贴资金到电网企业。

(3)非自然人补贴转付。

①电网企业收到财政部拨付的补贴资金后,通知发电客户根据结算单准备补贴发票。

②电网企业根据结算单和相关票据,核对电价与电量信息、发电客户供应商信息和银行账户信息,如相关信息正确无误,及时转付补贴资金。

③电网企业按季或年与发电客户进行往来款项核对。

(4)地面光伏扶贫电站上网电费及补贴转付。

①地面光伏扶贫电站:上网电费结算及补贴转付按照常规可再生能源发电站上网电费结算及补贴转付流程标准执行。

②作为分布式项目管理的地面光伏扶贫电站:35 kV 及以下接入电网,单个项目容量不超过 2 万 kW 的光伏扶贫电站,其上网电费结算及补贴转付按照非自然人分布式光伏扶贫项目上网电费结算及补贴转付流程标准执行。

18. 收益结算

光伏结算签约是指光伏个人用户对本人名下电站完成在线结算签约操作,签约后可查看光伏历史账单、电费结算明细及实付信息、开展电费划转业务等。

光伏发电结算为光伏个人用户提供近 1 年上网电量及补贴明细实付信息查看服务；为光伏企业用户提供在线上网电费确认、电费发票上传、实付信息查看等结算服务。

电费和补贴多数区域一般按月结算，具体以合同约定为准。

19. 自发自用余电上网方式上网电量如何收购

客户自发自用的剩余电量上网，供电企业按照最新湖南省燃煤发电上网标杆电价 0.45 元/kWh 全额收购。

（十一）分布式电源的补贴政策与结算

1. 国家补贴政策

2018 年 1 月 1 日以前度电补助为 0.42 元/kWh。

2018 年 1 月 1 日至 2018 年 5 月 31 日度电补助为 0.37 元/kWh。

2018 年 6 月 1 日至 2019 年 10 月 31 日开始度电补助为 0.18 元/kWh。

2019 年 11 月 1 日至 2019 年 12 月 31 日无补贴。

2020 年 1 月 1 日至 2020 年 11 月 31 日度电补助为 0.08 元/kWh。

2020 年 12 月 1 日至 2020 年 12 月 31 日无补贴。

2021 年 1 月 1 日至 2021 年 12 月 31 日度电补助为 0.03 元/kWh。

2022 年 1 月 1 日开始无补贴。

2. 相关补贴政策及计算

采用"全额上网"模式的工商业分布式电源发电项目，按所在资源区集中式光伏电站指导价执行。

3. 结算

全部自用或自发自用剩余电量上网，由用户自行选择，用户不足电量由电网企业提供；上、下网电量分开结算，电价执行国家相关政策。

二、实践咨询

（一）工作准备

（1）班级学生形成 6~7 人的供电所营业厅班组，各班组自行选出组长。

（2）组长召集组员利用课外时间收集有关分布式电源受理资料。

（3）分工协作撰写《分布式电源业务（受理、结算、现场）的处理报告》，并团队合作进行情景模拟。

（二）操作步骤

（1）营业厅班组情境模拟"分布式电源业务（受理、结算、现场）的处理"；

（2）班组成员记录指导老师和其他分析班组对本组汇报的点评；

（3）负责人组织成员参照意见修改《分布式电源业务（受理、结算、现场）的处理报告》；

（4）召开"分布式电源业务（受理、结算、现场）的处理"工作总结会议，点评成员在完成本次任务中的表现；

（5）任务完成，各班组将修改后的《分布式电源业务（受理、结算、现场）的处理报告》文档、工作总结及成员成绩交给指导老师。

【任务实施】

任务描述：××供电所接到工作任务通知，某用户要申请新装分布式电源。

1. 咨询（课外完成）

（1）分布式电源受理流程是什么？

（2）分布式电源并网服务的主要环节是什么？

2. 决策

（1）岗位划分：

班组　　　岗位	班长	报告撰写员	报告撰写员	情境模拟角色	情境模拟角色	资料收集员	资料收集员

（2）编制《分布式电源业务（受理、结算、现场）的处理报告》。

①分布式电源的定义和特点；

②客户申请新装分布式电源需提交的申请资料；

③分布式电源新装业务办理流程。

3. 分布式电源业务（受理、结算、现场）的处理情境模拟

4. 检查及评价

考评项目	自我评估	组长评估	教师评估	备注
团队合作20%				
案例分析报告35%				
情境模拟30%				
安全文明15%				

项目 7 智能供电服务与管理

【项目描述】

随着数字化技术的深入应用,智能供电服务与管理成为构建现代供电系统的核心要素。智能供电服务与管理是指利用数字化技术和方法,提升供电服务质量与管理效率。

数字化供电所作为智能供电服务与管理的重要平台,聚焦"数字赋能、基层减负、提质增效"的总体目标,打造供电所全景展示首页,一屏概览供电所服务情况、人员配置,实时、动态、在线监控展示供电所运营状态、经营成效及服务效率,推动传统供电所向智慧化、精细化方向转型。

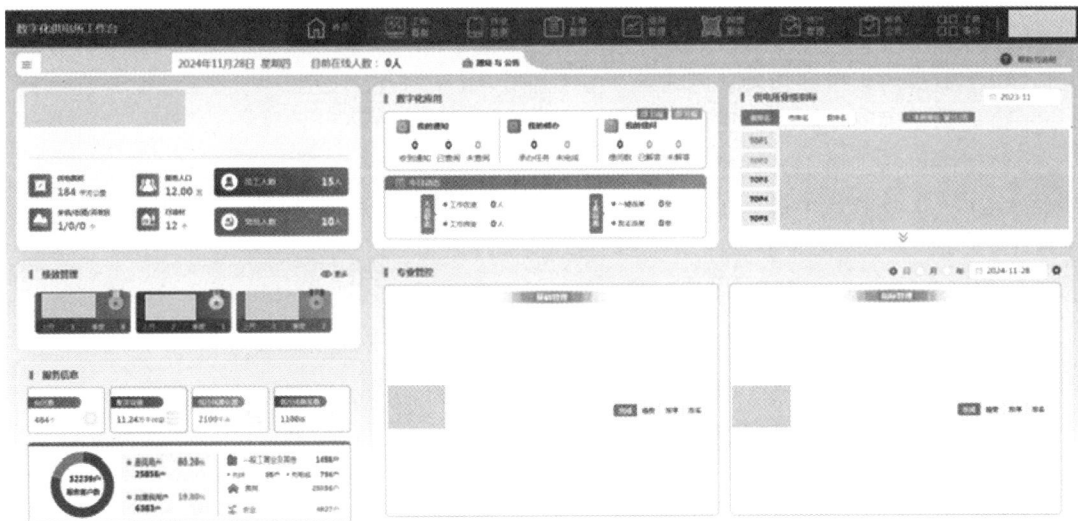

某市某区某供电所数字化供电所工作台页面

智能供电服务与管理旨在通过数字化供电所的应用优化供电服务的效率与质量。本项目围绕工单驱动和数字化沙盘两大核心点,模拟供电所人员的实际工作场景,重点训练学生在数字化供电所系统中的操作技能、数据分析能力和问题解决能力。

【教学目标】

(1)掌握数字化供电所系统的常用功能操作;

(2)熟悉工单的全流程管理;

(3)能运用数字化沙盘分析台区供电数据。

【教学环境】

多媒体教室、教学视频。

任务 7.1 工单驱动

【教学目标】

知识目标

（1）根据岗位了解工单的类型、步骤和相关工单内容；

（2）掌握工单的处理流程及相关规范；

（3）熟悉主动派单和上级下发工单处理过程中相关系统工具的使用方法；

（4）掌握工单工分调整方法。

能力目标

（1）能够通过系统查询 9 大类工单，包括历史工单、工单工分及赋分等情况；

（2）能够按照工单库自建 9 大类工单；

（3）能够正确回复并处理上级下发的各类工单；

（4）能够进行工单工分调整；

（5）进入主动派单工单名称发布页面，可进行主动派单名称发布、修改、删除、查询、导出等操作。

态度目标

（1）能主动学习，在完成任务过程中发现问题、分析问题和解决问题；

（2）能与小组成员协商、交流配合完成本次学习任务，养成分工合作的团队意识；

（3）严格遵守安全规范，爱岗敬业、勤奋工作。

【任务描述】

任务内容：××营销服务班收到国网 APP 下发的××居民客户故障停电处理工单，需快速响应，处理工单并恢复供电。

（1）班级学生自由组合，形成 5～6 人的小组，小组自行讨论确定每位成员的角色；

（2）小组同学利用数字化供电所系统认真分析停电原因，明确工单流转各环节的要求；

（3）讨论制定模拟情景流程；

（4）小组成员按角色分工，模拟工单流转的各个环节；

（5）小组成员针对模拟过程中存在的问题进行讨论、完善，完成任务工单的填写。

小组角色分工如下：

①客户服务专员：接听客户电话，记录故障信息，生成工单；工单完成后进行回访。

②供电指挥人员:分派工单,协调资源,指挥现场检修。

③客户:拨打 95598 电话进行故障报修;在工单结束后完成服务评价。

④营销服务班组(2~3 人):联系客户安抚心情,实时填报工单处理进度。

【相关知识】

一、理论咨询

(一)数字化供电所概述

数字化供电所,是指利用先进的数字技术,通过信息化、智能化手段提升供电所的管理水平和业务能力。数字化供电所具有以下特点:

(1)数据化:所有业务、操作和决策都基于数据支持,实现数据的采集、分析和应用。

(2)信息化:利用互联网、物联网等信息技术,实现供电所内部及与外部的信息化沟通与交流。

(3)智能化:通过引入智能设备、系统,实现自动化、智能化的业务处理和故障处理。

数字化供电所的建设是要将"数字化"渗透到供电所管理的全过程,构建供电所数字化能力体系,实现供电所业务自动化、作业移动化、服务互动化、资产可视化、管理智能化、装备数字化。数字化供电所能力体系架构如图 7.1.1 所示。

数字化供电所业务应用通过使用新型数智装备,依托基础底座,通过数字技术驱动供电所业务流程再造、作业模式变革和管理机制优化,为供电所管理人员内勤人员、外勤人员提供数智作业业务应用。

通过为管理人员提供综合管理、工单管理、所务管理等业务应用,打通专业系统间信息"壁垒"和数据"孤岛",解决日常工作处理零散、监控预警不到位、信息展示不全面等问题,提升管理人员工作管控能力。

通过为内勤人员提供业务受理、档案管理、报表管理等业务应用,应用 OCR 文字识别和 RPA 业务自动化等技术,解决业务受理信息录入工作量大、纸质档案管理不便、报表人工编制效率低等问题,提升内勤人员工作效率。

通过为外勤人员提供业扩报装服务、计量现场作业、采集故障处理等业务应用,利用数智装备"点、选、扫、拍、签"等极简式操作,解决多次往返现场数据采集不方便、数据更新不同步等问题,提升外勤人员现场作业效率。

(二)工单驱动

工单驱动是数字化供电所的重要业务应用,以系统生成工单,以工单管控业务,以积分落实考核,对工单进行统一管理。根据国家电网公司营销综〔2022〕66 号文《数字化供电所建设指南》第 9 章关于工单驱动的要求:实现所内任何场景、任何业务都以工单驱动、工单到人、工单留痕、工单评价;湘电公司营销〔2022〕196 号文《国网湖南省电力有限公司关于印发全域现代营销建设推广工作方案的通知》重点工作任务中要求:建立新运营"三类机制"—建立工单评价机制,分站(所)、分班(组)对工单处理质量及闭环情况进行监督评价,按天公示个人工单、工分,实现用数据评价、用数据管理、用数据考核。

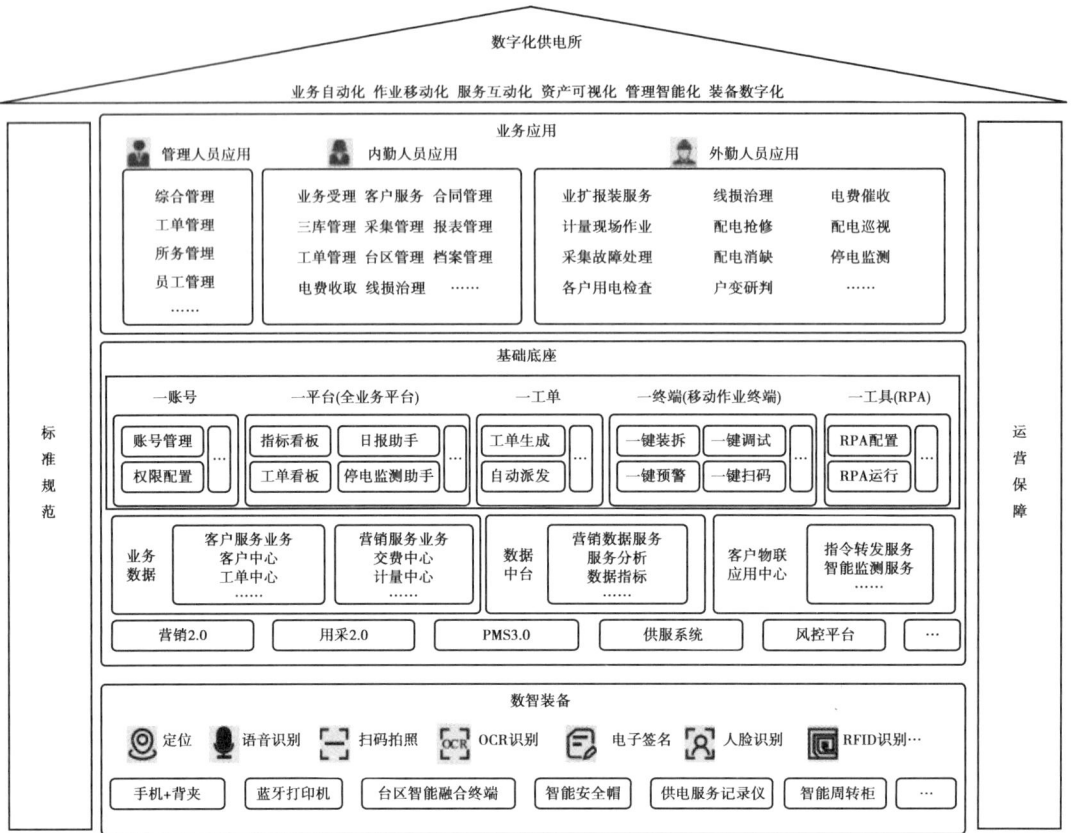

图 7.1.1　能力体系架构图

　　如图 7.1.2 所示为工单驱动的业务全流程,工单主要来源依照全量业务可划分业扩、电费、计量、客服、市场、主动派单等类型;在工单池内对工单进行预处理,按工单类型进行筛选、排序、过滤及分发;工单分派分为三种模式:基础派单模式、智能派单模式、自定义派单模式;通过移动作业、GIS 服务、安全数据等模块支持工单驱动业务。

　　工单中心整体划分为工单模型管理、工单调度管理、工单成本管理、工单运营监控四个功能模块。支撑工单结构化能力、工单调度能力、工单成本归集能力、工单运营归集能力四大能力建设,为营销全业务提供工单结构化、工单自动派发、成本精准归集、全景运营监测的能力。围绕业扩、电费、计量等专业的工单,抽象出工单共通要素和个性要素,对工单要素进行结构化分析,形成工单属性,包括工单基本信息、工单调度信息、工单成本信息、用户信息等,构建工单模型便于分析。

　　工单调度指通过提取工单信息中的调度因子,通过调度因子、条件表达式形成组合条件,自动匹配处理人员,同时结合智能排程功能,实现工单智能派发至最优人员。基于工单中心统一推广版本,目前已支持 6 种派单策略,分别是业务角色派单、岗位派单、工单要素派单、网格派单、跟随派单、智能派单。实现营销工单灵活调度,支撑复杂场景智能派单,完成工单驱动业务。

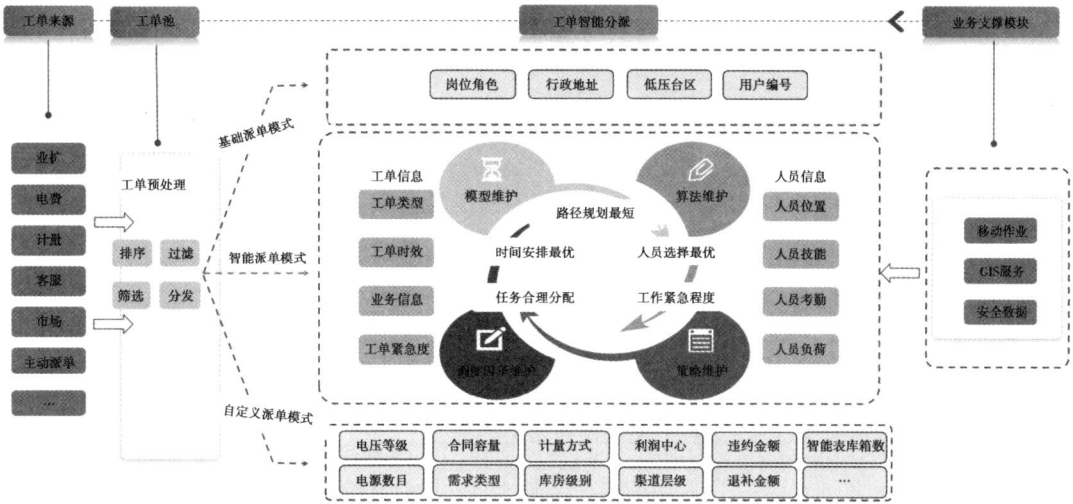

图7.1.2　工单驱动全流程

表7.1.1为常见的工单类型及相关信息。

表7.1.1　工单类型

自建工单库							
工单类型	工单名称	派单规则	回单标准	派单系统	回单系统	服务站接单对象	供电所接单对象
线损	台区巡视工单	对由于挂钩、季节性原因无法精准分析的高损台区进行巡视排查。	1.台区线损降至设置的标准值以下。 2.针对技术类高损台区，出具详细的文字方案、现场佐证，相关资料达到市客户服务中心认定标准。	营销2.0系统主动派单	营销移动作业	营销服务组	市场营销班
	反窃查违工单	现场查处窃电用户。	发起系统违约窃电流程。	营销2.0系统主动派单	营销移动作业	营销服务组	市场营销班
计量采集	表计运维工单	现场巡视过程中发现的换表工单。	处理异常并闭环。	营销2.0系统主动派单	营销移动作业	营销服务组	市场营销班

续表

自建工单库						
电费管理	预收代扣绑定任务清单	未绑定预收代扣用户。	客户绑定预收代扣。	营销2.0系统主动派单	营销移动作业	营销服务组	市场营销班
	电话号码收集任务清单	电话号码为空、电话号码错误。	收集正确电话号码。	营销2.0系统主动派单	营销移动作业	营销服务组	市场营销班
能效服务	能效信息库客户收集任务清单	对重点行业、重点客户进行信息收集	按标准完成信息收集，完成网格站公共能效服务反馈表，客户入能效信息库	营销2.0系统主动派单	营销移动作业	能效服务组	市场营销班
	营销普查任务清单	省公司统一部署工作任务。	按省公司标准完成。	SG186营销系统	营销移动作业	营销服务组/能效服务组	市场营销班
电动汽车	充电桩电量引流清单	对应充电桩引流	充电桩电量增长	营销2.0系统主动派单	营销移动作业	能效服务组	市场营销班
	交流充电桩建设工单	交流充电桩建设	交流充电桩建成	营销2.0系统主动派单	营销移动作业	能效服务组	市场营销班
服务	主动服务工单	客户直接联系站（所）反映的服务诉求。	按客户诉求闭环。	营销2.0系统主动派单	营销移动作业	营销服务组/能效服务组/网格服务组	市场营销班/网格服务班
	属地走访任务清单	客户常规走访、应急事件走访、特殊时段走访	与属地网格、客户建立良好关系。	营销2.0系统主动派单	营销移动作业	网格服务组	网格服务班

		自建工单库					
巡视及缺陷上报	低压线路、设备巡视及缺陷上报任务清单	对于重过载、频繁停电、线损异常、设备老旧台区等情况适当增加巡视次数或缩短巡视周期。	按营销移动作业巡视工单流程	营销2.0系统主动派单	营销移动作业	网格服务组	网格服务班/配网运检班
	高压线路、设备巡视及缺陷上报任务清单	对于重过载、高跳闸线路等情况适当增加巡视次数或缩短巡视周期，每年至少开展一轮精益化巡视。	按营销移动作业巡视工单流程	营销2.0系统主动派单	营销移动作业	网格服务组	网格服务班/配网运检班
缺陷处理	通道治理工单	按计划完成巡视发现的通道问题消缺。原则上10 kV架空线边导线最大风偏情况下净空距离不低于3 m；0.4 kV及以下架空线路通道治理标准不得低于边导线外1 m。	缺陷消除并闭环。	营销2.0系统主动派单	营销移动作业	网格服务组	网格服务班/配网运检班
	线路及设备缺陷处理工单	按周计划、月计划进行	缺陷消除并闭环。	PMS系统/营销2.0系统主动派单	PMS系统/营销移动作业	网格服务组	网格服务班/配网运检班

续表

			自建工单库			
城、农网改造	项目查勘储备工单	按周期性任务进行	按要求报送信息并闭环	营销2.0系统主动派单	营销移动作业	网格服务组	网格服务班/配网运检班
	倒闸操作工单	按周计划、月计划进行	按计划正确停送电	PMS系统/营销2.0系统主动派单	PMS系统/营销移动作业	网格服务组	网格服务班/配网运检班
	现场安全把关工单	按周计划、月计划进行	工艺符合相关标准，现场安全管控到位	营销2.0系统主动派单	营销移动作业	网格服务组	网格服务班/配网运检班
数据治理	高、低压图模治理任务清单	按周计划、月计划进行	设备参数、坐标采集完整且无错误	PMS系统/营销2.0系统主动派单	PMS系统/营销移动作业	网格服务组	网格服务班/配网运检班
漏保运维	漏报维护供电清单	按周计划、月计划进行。要求各供电所建立台区总保台账和运行记录，每周对总保进行动作试验不少于一次，试验时间宜避开负荷高峰时段。损坏的漏保需在一个工作日内更换到位，对私自退出漏保的按照严重违章进行处理。	按营销移动作业巡视工单流程	营销2.0系统主动派单	营销移动作业	网格服务组	网格服务班/配网运检班

续表

自建工单库						
班(组)联动工单	客户诉求工单	属地服务、日常巡视过程中收集到的客户非紧急、非本班组专业服务诉求。	调度对应专业班组按客户诉求闭环处理。	营销2.0系统主动派单	营销移动作业	营销服务组/能效服务组/网格服务组	市场营销班/网格服务班/配网运检班
	设备维护工单	属地服务、日常巡视过程中发现的非紧急类设备运维工作。	调度对应专业班组缺陷消除并闭环。	PMS系统/营销2.0系统主动派单	PMS系统/营销移动作业	营销服务组/能效服务组/网格服务组	市场营销班/网格服务班/配网运检班

（三）工单工分管理

为激励员工并优化工单处理效率,数字化供电所开展工单工分管理,工分类型有质量分、时限分、附加分、悬赏分四种类型。

（1）质量分:在工单派发前对不同种类工单流程或其环节预赋。在主动派单流程中进行人工评分,在其他业务流程,环节执行完毕后获得满分。

质量分+时限分=预赋分(基本分)。

（2）时限分:在工单派发前对不同种类工单流程或其环节预赋,系统根据工单时限要求自动判定。

（3）附加分:主动派单处理完毕后,可申请对工单加分。

（4）悬赏分:主动派单在派单时将工单加入抢单池,设置悬赏分。

工分的管理具体可分为预赋分管理、工单工分调整管理、工单工分附加分管理、工单工分查询。

1. 预赋分管理

（1）业务流程类工单工分预设:针对各专业业务流程类工单根据环节配置分数。

（2）主动派单工单名称发布:主动派单工单名称发布功能用于人工主动派单自定义工单名称,展示主动派单已发布的工单名称,并用于主动派单工单名称选择,如图7.1.3所示。

（3）主动派单工单工分预设置:主动派单预赋分设置功能用于对工单工分进行预赋分设置,如图7.1.4所示。

2. 工单工分调整管理

（1）站所长对需要调整工分的工单进行工分修改。

（2）对质量得分、时限得分、附加得分、悬赏得分修改完成,确认保存,作为工单最终得分。

（3）可批量修改,多选工单,点击"批量修改",弹出修改框:质量得分、时限得分、附加得分、悬赏得分,修改完成,确认保存,作为工单最终得分。

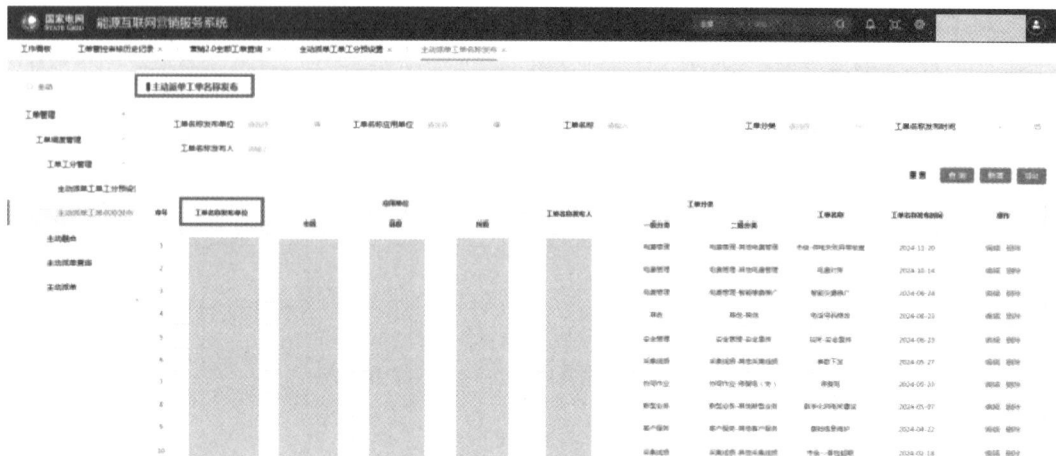

图 7.1.3　主动派单工单名称发布

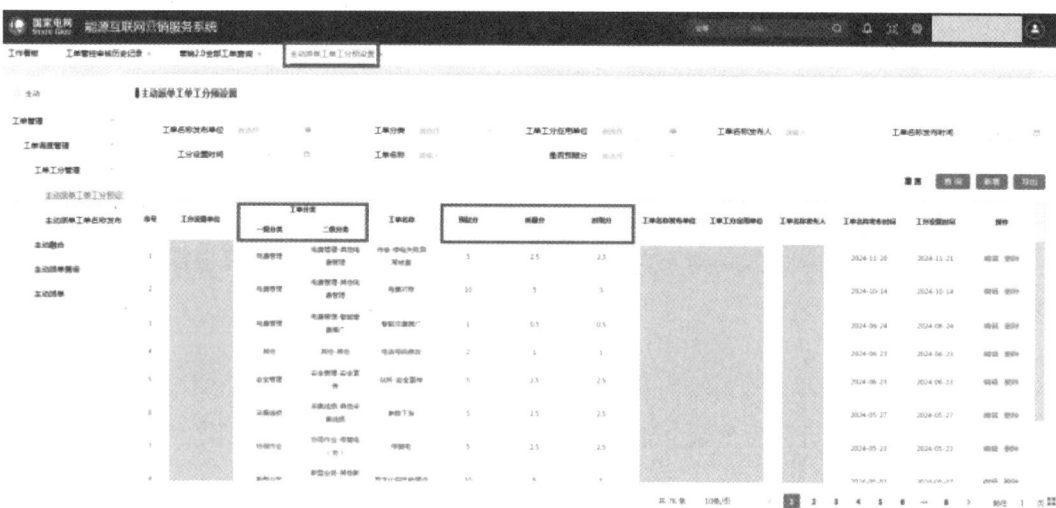

图 7.1.4　主动派单工单工分预设置

3.工单工分及附加分管理

(1)针对工单处理难度高于预期的工单可以提出附加分申请。根据工单编号、工单执行人、完成时间查询"附加分申请工单信息"。

(2)点击"附加分申请"发起附加分申请流程,填写"附加分申请信息"。

(3)站所长对附加分申请流程进行审核,填写"附加分申请审核信息"。

(4)审批权限:站所长。

4.工单工分查询

所有人均可查询工单工分。根据供电单位、工单编号、工单分类、工单名称、工单时间区间等条件查询,展示序号、供电单位、工单编号、工单分类、工单名称、环节名称、工单创建时间、工单完成时间、工单执行人、执行角色、预赋分、预赋分得分率、附加分、悬赏分、总分、申请附加分、核定附加分、工单发起人,如图 7.1.5 所示。

图 7.1.5　工单查询

(四)工单系统管理

如图 7.1.6 所示为数字化供电所首页看板,实现供电所基础数据的整体展示,包括基本情况、绩效管理、服务信息、数字化应用、供电所业绩指标、专业管控等。功能栏有首页、工作看板、作业监测、工单管理、绩效管理、网格服务、资产管理、所务公开、工具集市等。

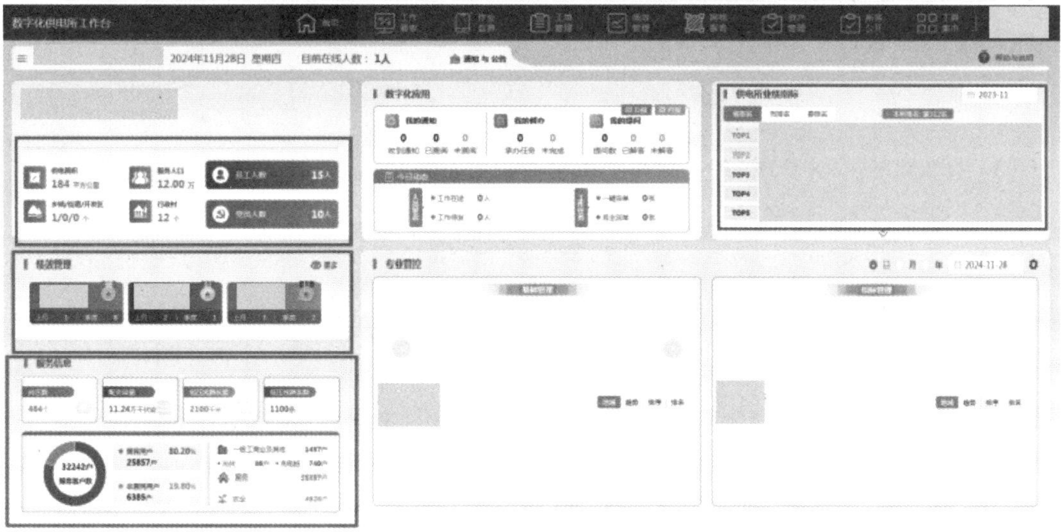

图 7.1.6　数字化供电所首页看板

在工单管理板块中,汇集营销、配电网等各专业系统实时工单数据,集中展示工单的状态(包括待签收、已签收、已办结),在"电网一张图"上展示工单分布情况。按照专业、工单状态、预警类别等条件对工单进行统计分析;集中展示服务类工单,分析重点客户诉求及潜在投诉风险,发起风险预警;通过工单驱动业务,对供电所临时任务创建自主工单派发内、外勤人员处理:超期工单进行自动预警,发送预警消息,提醒相关人员及时处理。

二、实践咨询

【任务实施】

(一)工作准备

课前预习相关知识部分,根据供电服务营销手册的要求,经各小组认真讨论后制定工单处理各环节的模拟情景任务。

(二)操作步骤

(1)班级学生自由组合,形成 5~6 人的小组,小组自行讨论确定每位成员的角色。

(2)小组同学利用课外时间认真分析供电服务营销手册,明确工单流转各环节的要求。

(3)讨论制定模拟情景流程。

(4)小组成员按角色分工,模拟工单流转的各个环节。

(5)小组成员针对模拟过程中存在的问题进行讨论、完善,完成任务工单的填写。

1. 咨询(课外完成)

(1)工单是在哪里里配置工分的? 如何配置? 在哪里审核打分?

(2)查询停电用户的派工工单。

(3)工单调度员××发现,营业普查工单没有工分,该工作需要计入工分,她要怎么处理?

(4)在系统内完成 9 大类自建工单。

2. 决策

(1)岗位划分:

角色分工	岗位				
	客户服务专员	供电指挥人员	客户	营销服务班班长	营销服务班成员

（2）工单流程情景模拟：

①工单生成；

②工单派发；

③工单执行；

④工单关闭与评价。

3. 检查及评价

考评项目	评分占比	教师评估	备注
角色任务完成情况	40%		
工单完整性与准确性	30%		
服务质量	15%		
安全文明	15%		

任务 7.2　数字沙盘

【教学目标】

知识目标：

（1）了解数字化供电所数字沙盘的概述；

（2）熟悉"数字沙盘"在数字化供电所中的典型应用；

（3）掌握数字沙盘的各项功能模块操作。

能力目标：

（1）能够通过数字沙盘查询台区工况、异常、事件；

（2）能够通过数字沙盘完成线损报表；

（3）能够通过数字沙盘导出本单位所有充电桩用户信息、光伏发电用户信息等档案资料。

态度目标：

（1）能主动学习，在完成任务过程中发现问题、分析问题和解决问题；

（2）能与小组成员协商、交流配合完成本次学习任务，养成分工合作的团队意识；

（3）严格遵守安全规范，爱岗敬业、勤奋工作。

【任务描述】

任务内容：××营销服务班组运用数字沙盘，对线损异常的××台区进行定位、分析。

（1）班级学生自由组合，形成 5~6 人的营销服务班组，各班组自行选出班长；

（2）营销服务班组班长召集组员利用课外时间认真分析台区线损异常可能的原因、处理

措施;

(3)各班组根据数字沙盘,定位线损异常的××台区,分析线损异常可能的情况,并制定对应的措施;

(4)各班组围绕任务存在的问题进行讨论、完善,并填写××台区线损异常报告书。

【相关知识】

一、理论咨询

(一)数字沙盘概述

数字沙盘汇集配网、营销专业共20余个专业系统的各类数据,按台区维度构建低压拓扑图,以台区为单位展示农村、城市配电网台区用户分布、实时情况等全景信息,用数智化技术支撑基层班组作业。数字沙盘的典型应用主要有指标穿透式诊断分析、用户低电压治理、台区线损异常治理等。

(二)以台区线损监测为例进入数字沙盘

台区线损监测从两方面入手,一是对直接影响台区线损指标值的台区进行监测,二是实现全量台区线损时序+排序监测,监测管辖范围内的所有台区在长运行周期的整体线损情况。

1.指标监控

台区线损责任人通过指标看板,每日查看供电所台区线损指标情况,台区线损涉及指标包括配网综合线损管理规范率、台区线损率。功能路径:【指标中心】—【指标看板】,如图7.2.1所示。

图7.2.1　指标看板

如需查询指标动态得分、计算因子、指标变化趋势,可点击右上角"详情",进入动态指标详情界面,如图 7.2.2 所示。

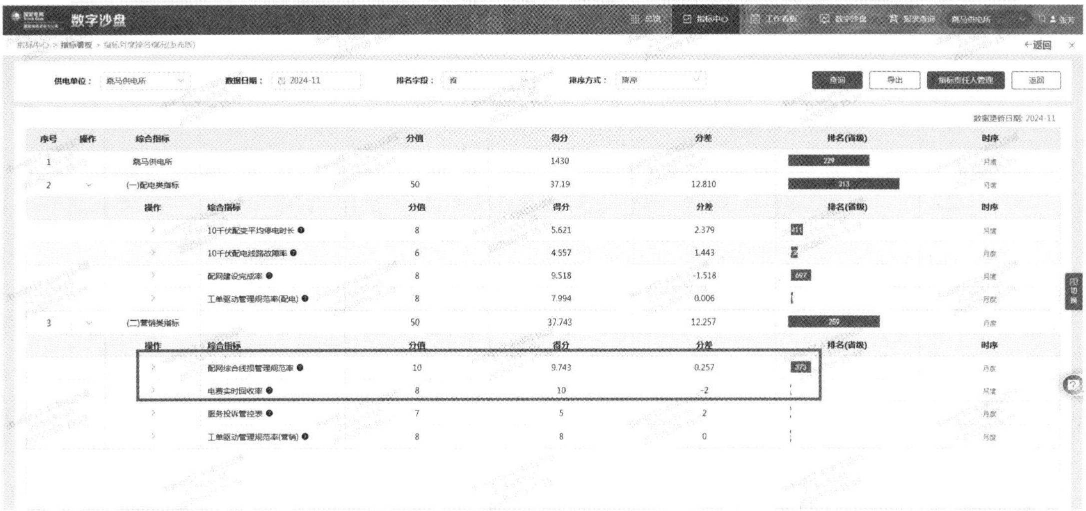

图 7.2.2　动态指标详情

点击配网综合线损管理规范率指标"分析",进入早会板报界面,通过早会板报对一类高损台区进行日管控,如图 7.2.3 所示。

图 7.2.3　早会板报

一台区一指标应用率指标中的台区线损异常治理率占比 50%,考核日管理高损、日管理负损、不可计算三类台区,可通过异常台区治理明细界面监控三类异常台区,功能路径:【营销中心】—【台区线损】—【高损台区治理情况】,如图 7.2.4 所示。

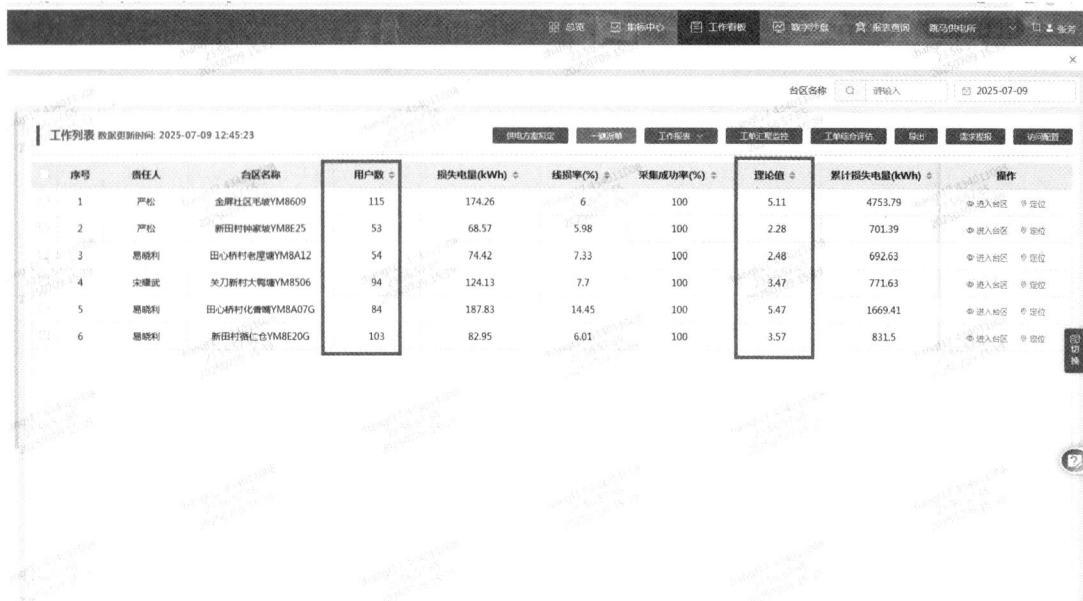

图 7.2.4　异常台区治理明细

台区线损率指标是计算台区年度线损累计情况。点击"分析",进入年累计台区线损界面,以全年累计线损电量对台区线损信息进行排序展示,如图 7.2.5 所示。

图 7.2.5　年累计台区线损明细

通过查看年累计台区线损明细,优先治理线损电量占比较大的台区。

2. 台区线损时序+排序监测

台区线损责任人通过工况—台区线损,监控全量台区在自定义时间周期运行过程中的线损情况,可通过线损类型、平均损失电量进行排序。功能路径:【数字沙盘】—【工况】—【台区线损】,如图 7.2.6 所示。

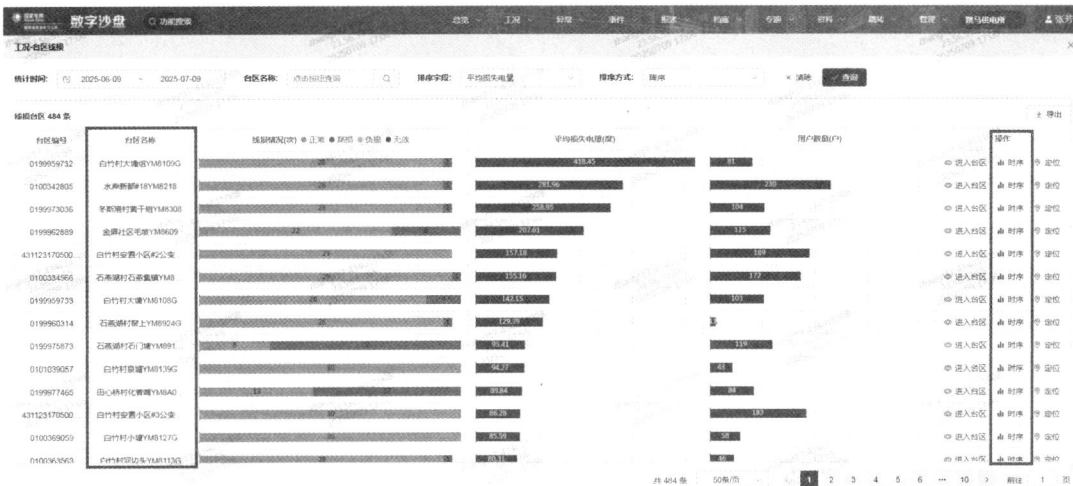

图 7.2.6　工况—台区线损

点击"时序",展示低电压时序信息,包含线损率、温度、损失电量、用户数量、采集成功率,支持自定义时间周期、多维时间周期(本月、近一月、上月、本季度、近 90 天、上季度、今年、近一年、去年)选择,如图 7.2.7 所示。

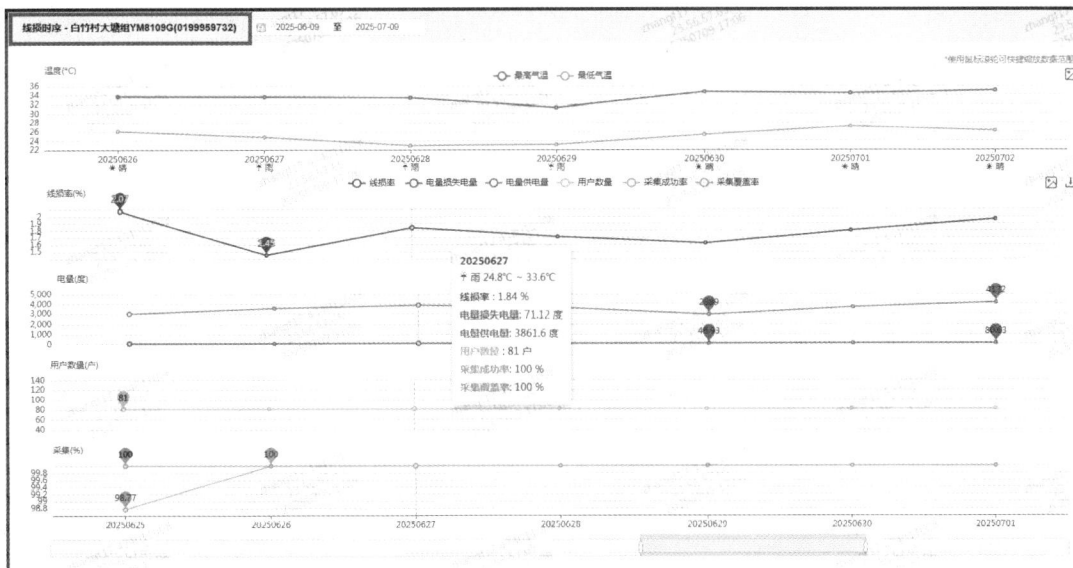

图 7.2.7　线损时序

3. 诊断治理

通过数字沙盘,显示台区总表及各用户的日、月电量、电压、电流等数据信息,并呈现用户接入相位、用户现场照片,结合台区线损多维诊断分析方法,为治理高损台区提供科学指导。

（1）台区线损分析与诊断。

①进入台区：

在早会板报、工况—台区线损等台区线损监测界面，均设置有定位、进入台区操作功能。点击"定位"，进入数字沙盘总览层，实现监测台区在数字沙盘的定位操作，如图7.2.8所示。

图7.2.8　工况—台区线损—定位台区

点击"进入台区"，进入数字沙盘台区层，如图7.2.9、图7.2.10所示。

图7.2.9　工况—台区线损—进入台区

②总表曲线分析：

台区总表曲线是台区总体运行情况分析基础，为三相负荷不平衡提供辅助分析工具。可查看台区总表近2年的运行数据，如图7.2.11所示，支持自定义时间周期、多维时间周期查询，点击【导出】可导出excel文件，点击【图片】可生成图片下载。

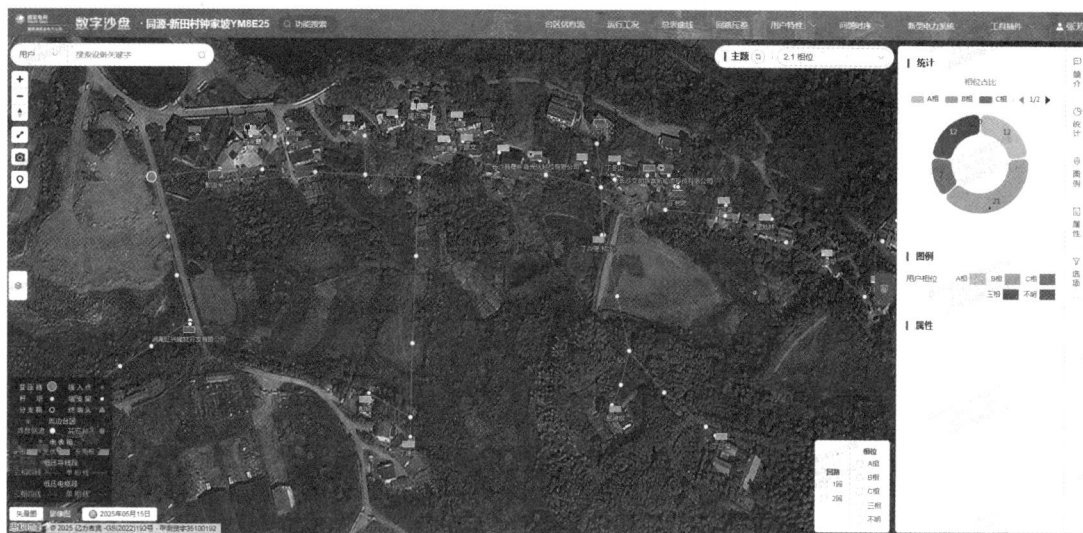

图 7.2.10　台区层—进入台区

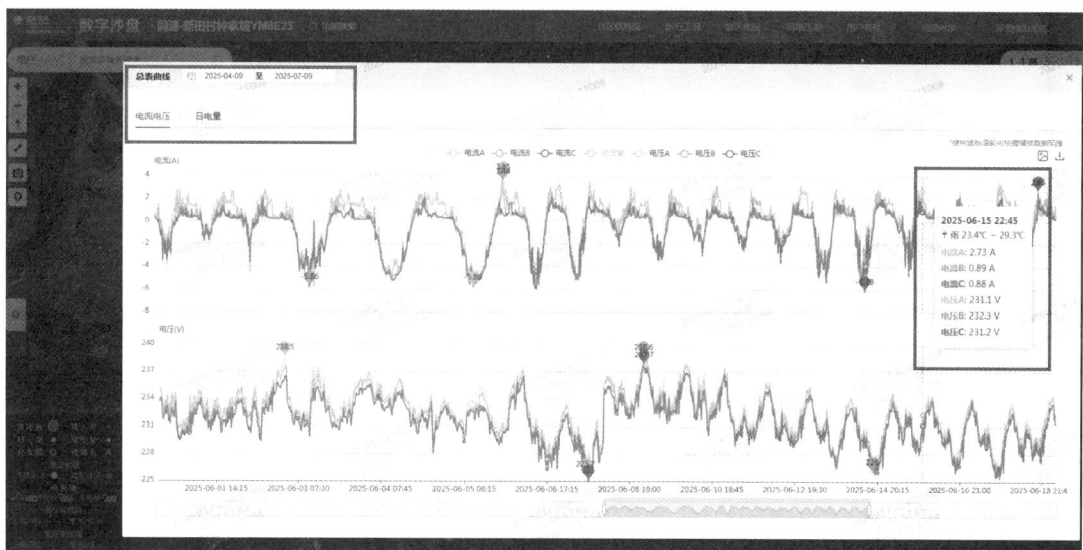

图 7.2.11　台区层—总表曲线

③用户用电曲线分析：

用户用电曲线查询是用户用电异常分析基础,可查看用户近 2 年的用电数据,为外接线窃电、接线松动、计量异常提供辅助分析工具。

点击需要分析的用户,弹出用户基本信息弹窗,点击"用电曲线",展示用电曲线信息弹窗,包括用电量、电压、电流曲线数据及日用电量与天气的趋势曲线,如图 7.2.12、图 7.2.13、图 7.2.14 所示。

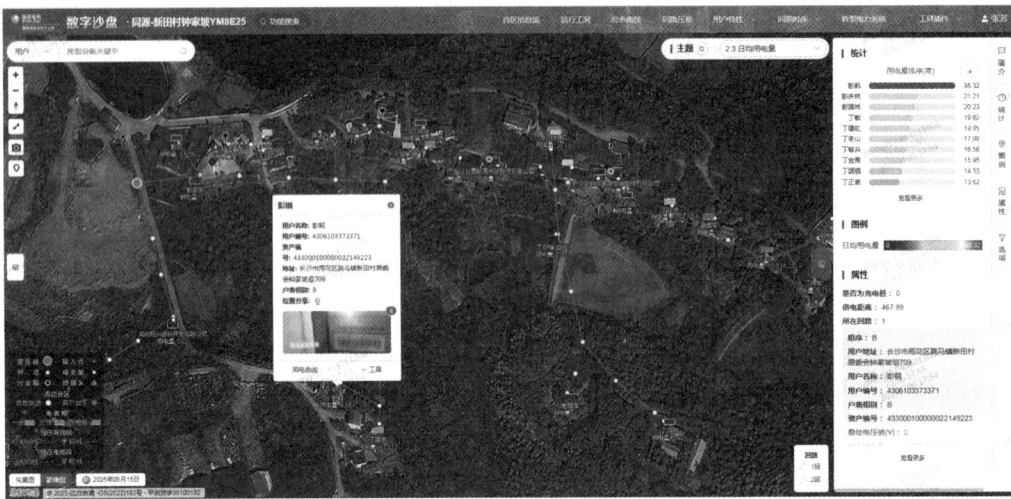

图 7.2.12　台区层-用户信息

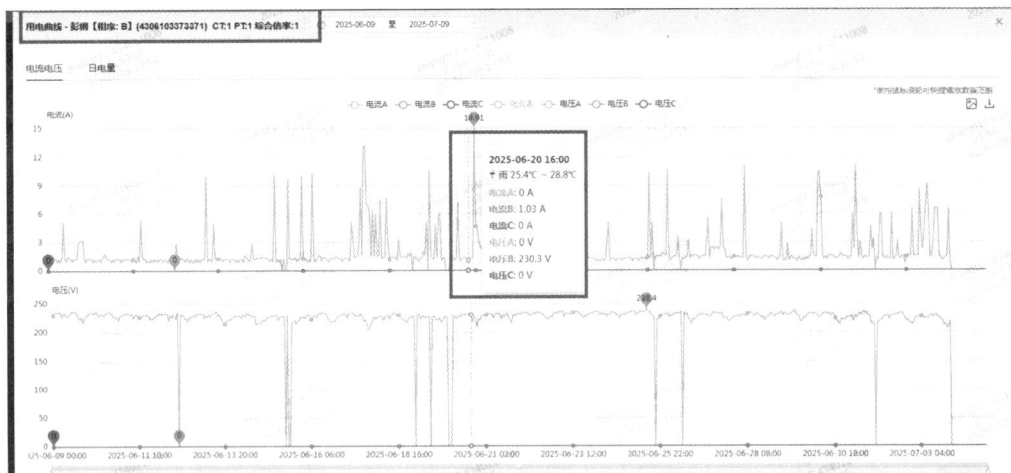

图 7.2.13　台区层—用电曲线—电压电流

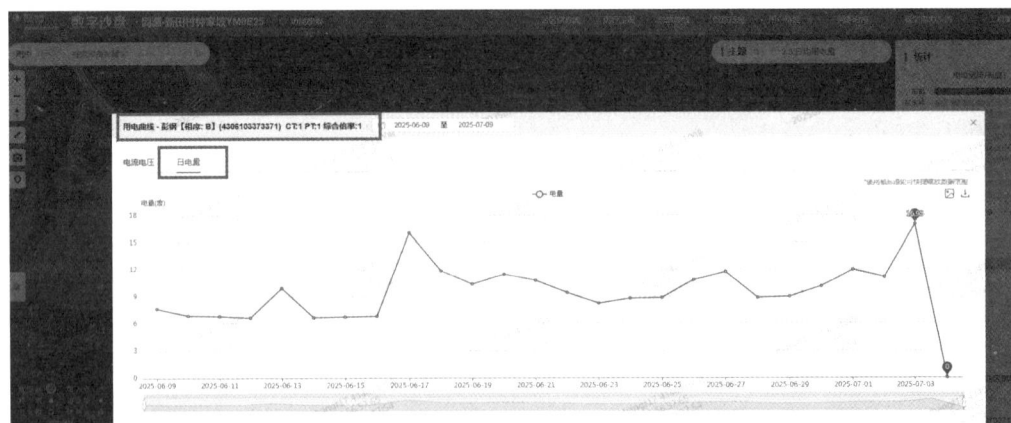

图 7.2.14　台区层—用电曲线—日电量

④电压分析:

通过用户电压主题,可直观在低压台区拓扑图模型上查看各时刻点用户电压、电流、供电距离数据,并支持分相位、分回路分析用户电压,是台区线损诊断的重要数据基础,为外接线窃电、接线松动、线路卡脖子情况异常分析提供有效的辅助分析工具。

台区层—电压主题展示本台区下所有用户各时刻点的电压情况,用户颜色越蓝,表示该用户的电压值越低。

⑤回路压差分析:

台区层—回路压差实现分相位、分回路对低压用户时点电压进行排序,快速定位电压偏低用户。该功能主要用于用户低电压不明显,无法满足计量异常条件,但仍可能存在接线松动或外接窃电嫌疑用户,通常结合台区拓扑图模用户电压主题综合分析,查看用户与相邻用户的供电距离、电压、电流情况,通过小电流大压降现象,确定压降异常用户。支持按时间、相位、回路对用户电压进行排序,如图 7.2.15 所示。

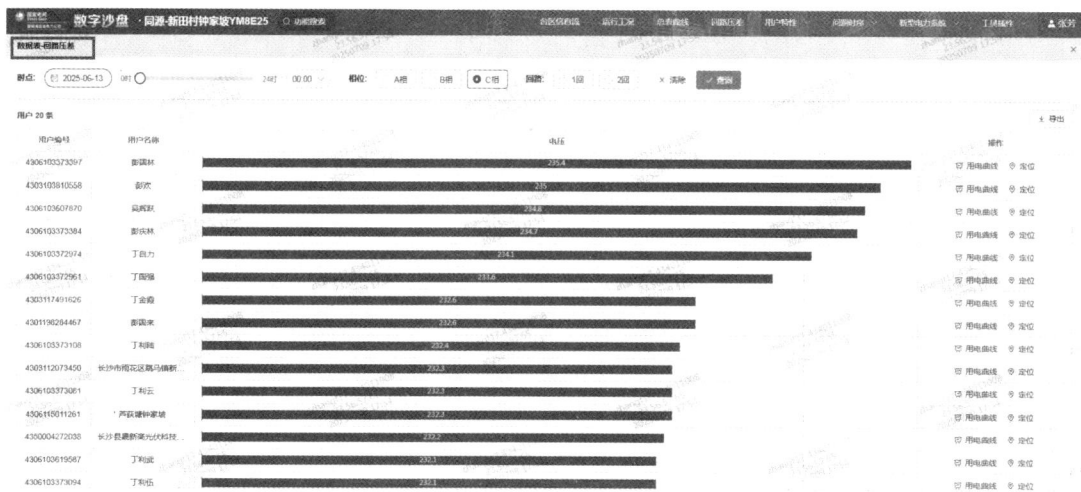

图 7.2.15　回路压差

⑥户表计量异常分析:

通过台区层户表计量异常主题,实现计量异常线损原因分析。异常类型包含电压低于 190 V、电压高于 260 V、电流小于 0 A、停走又有电流、有电流无电压、户表高于总表电压、户表飞走、户表倒走、户表示值不平、电能表过流、零线电流大于火线电流等。

户表计量异常主题展示本台区下各用户的计量异常统计情况,用户颜色越红,表示该用户的计量异常次数越多,内容包括主题简介、统计、图例等信息,支持展示渲染字段、统计时间、附加标注等组合展示信息选择,可依次查看各用户各计量异常类型出现的次数。

计量异常结合台区拓扑、用户用电曲线、回路压差、断面电流、现场照片等,可实现台区线损的精细分析。

通过计量异常主题，发现某用户出现零线电流大于火线电流 7 次，点击用电曲线，展示用户电压、电流、电量时序曲线如图 7.2.16 和图 7.2.17 所示。

图 7.2.16　主题—户表计量异常—零线电流大于火线电流

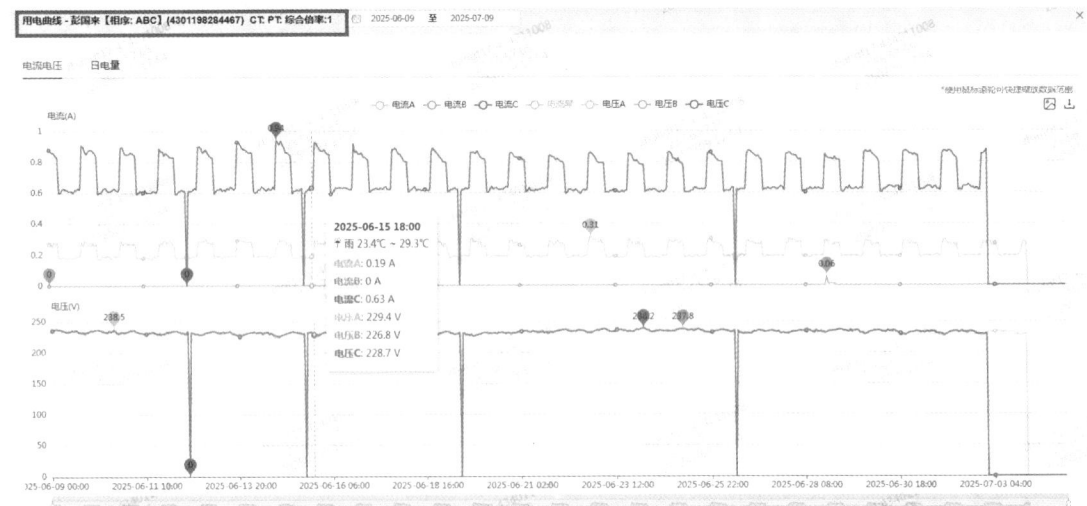

图 7.2.17　用电曲线

通过零线电流与火线电流曲线，可以看出零线电流确实大于火线电流，并非电流数据冻结误差造成。

通过台区拓扑可以看出，周围无其他用户，判断无共零情况如图 7.2.18 所示。

点击电能表照片查看，结合火线电流、零线电流都非常小，无用电量，怀疑该电能表存在零火线电流接线异常，但不是造成该台区高损原因，如图 7.2.19 所示。

当通过拓扑位置无法判断是否存在共零情况时，可通过断面电流进行进一步分析。

点击用户链接杆塔，选择断面，左侧弹出断面选项如图 7.2.20 所示。

图 7.2.18 主题一户表计量异常

图 7.2.19 现场电能表照片

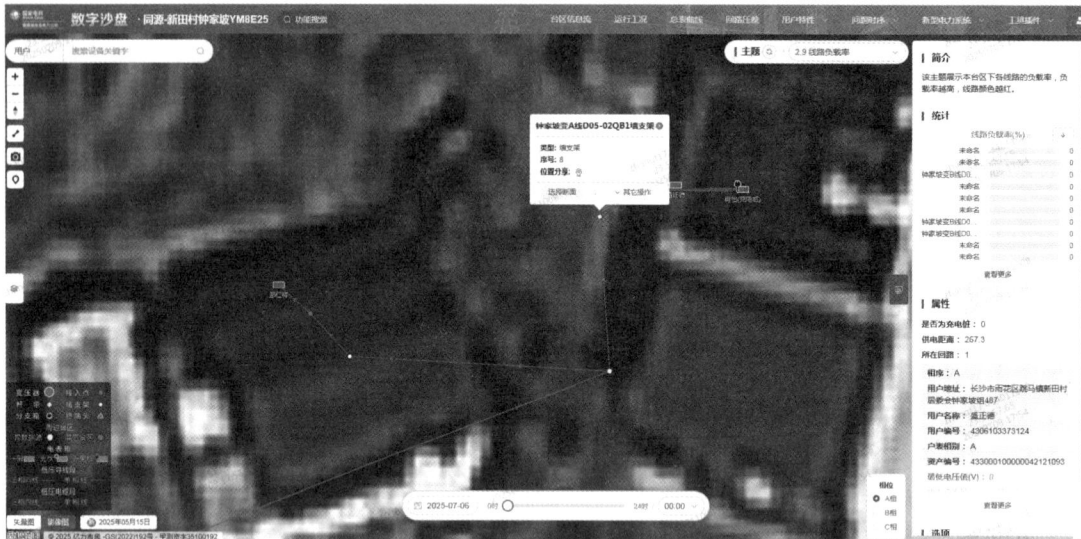

图7.2.20　主题—断面选择

　　点击断面电流曲线按钮,进入断面电流界面,如图7.2.21所示,展示该分支线断面经过的所有用户电流曲线信息。选择对应的相位用户信息,所选用户的零线电流之和与火线电流之和曲线大致一致,则可判断用户为共零情况,如零线电流之和大于火线电流之和,则怀疑单个零线电流大于火线电流的用户存在零火窃电异常。

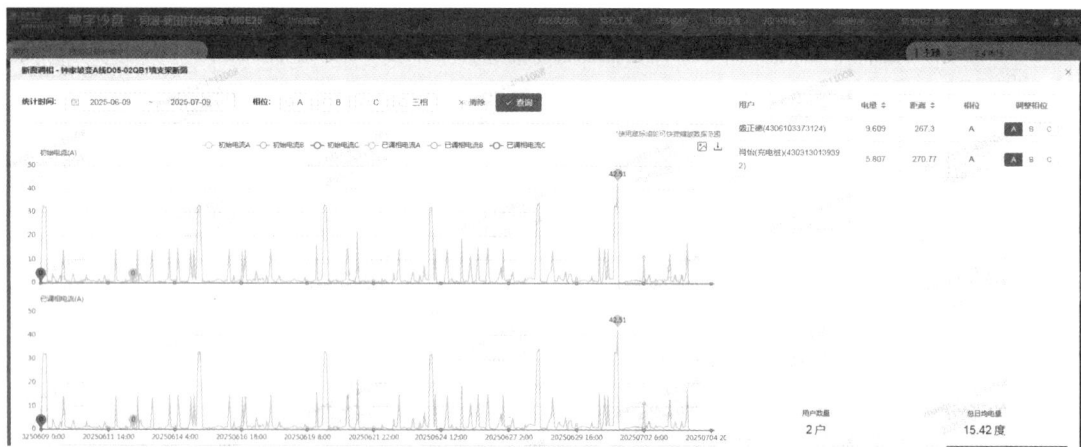

图7.2.21　主题—断面曲线

　　⑦用户超合同容量、用户电能表超容量:

　　台区下表计发生超容用电,导致电能表无法准确计量实际发生电量,造成用电量少计、台区呈现高损情况。

　　用户超合同容量、用户电能表超容量主题展示本台区下各用户的超容量情况,用户颜色越红,表示该用户的超容量占比越高,如图7.2.22所示。

　　结合用户用电曲线,可查询用户负荷情况,如图7.2.23所示。

图 7.2.22　主题—用户电能表超容量

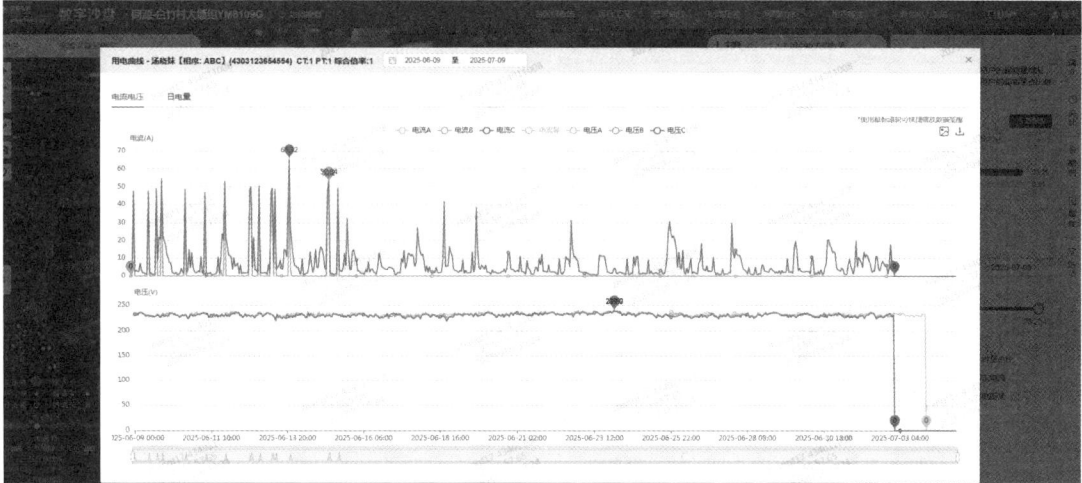

图 7.2.23　用电曲线

⑧线损诊断面板：

通过台区线损诊断面板,实现疑难台区的精细分析,如图 7.2.24 所示。线损诊断面板包含台区分相线损、零火线异常、压降异常、电压失准分析模型,可缩小台区线损异常用户范围。功能路径:【台区层】—【工具插件】—【线损诊断面板】。

选择"工具插件"—"线损诊断面板",可以查看线损诊断面板、分相线损分析、零火线异常分析、高低损日分析、压降异常分析、电压失准数据,如图 7.2.25 所示。

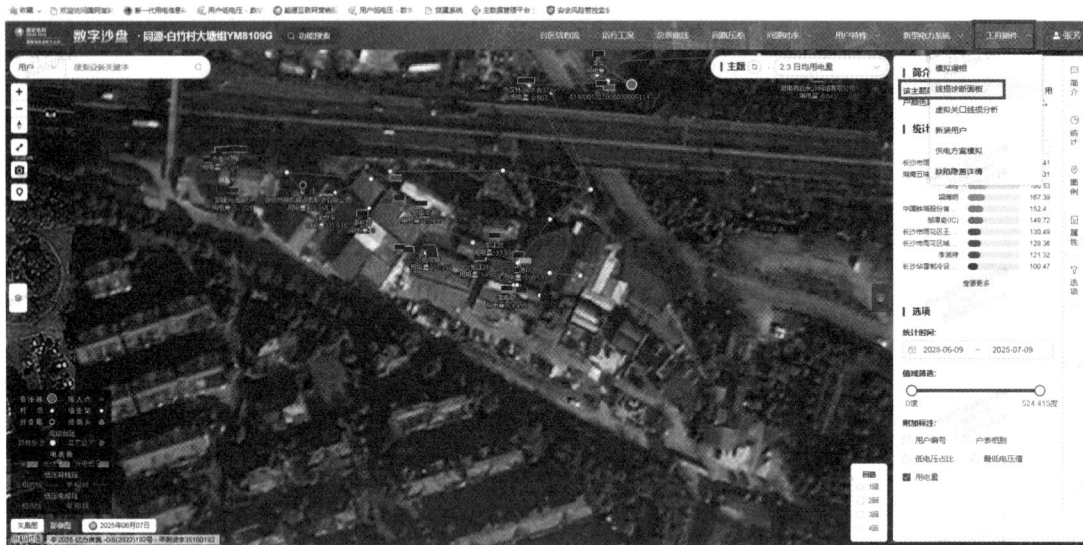

图 7.2.24　线损诊断面板菜单

序号	用户名称	用户编号	电表资产号	综合倍率	接线方式	曲线类型	相位标识	数据日期	00:00	01:00	02:00	03:00	04:00	05:00	06:00	07:00	08:00	09:00
1	白竹大塘组	4306115013485	4330001000000031003606	60	三相四线	小时线损		2025-07-08	0	15.03	17.36	14.12	22.42	14.07	21.97	16.67	17.36	25.45
2	白竹大塘组	4306115013485	4330001000000031003606	60	三相四线	损失电量		2025-07-08	0	25.8	29.37	21.26	31.88	17.64	27.82	18.6	19.48	33.6
3	白竹大塘组	4306115013485	4330001000000031003606	60	三相四线	电流	B	2025-07-08	4.29	5.3	5.01	4.34	3.75	3.58	4.83	3.04	2.5	3.18
4	白竹大塘组	4306115013485	4330001000000031003606	60	三相四线	电流	A	2025-07-08	3.81	4.54	2.9	2.81	2.57	2.1	3.16	1.94	1.79	3.19
5	白竹大塘组	4306115013485	4330001000000031003606	60	三相四线	电流	C	2025-07-08	4.39	5.35	3.24	2.94	3	2.34	3.5	2.85	3.07	4.07
6	白竹大塘组	4306115013485	4330001000000031003606	60	三相四线	电压	A	2025-07-08	232.3	229.9	232.5	231	232.7	233	232.2	234.1	232	229.4
7	白竹大塘组	4306115013485	4330001000000031003606	60	三相四线	电压	B	2025-07-08	232.2	229.5	231.9	230.6	232.6	232.5	231.7	233.8	231.8	229.4
8	白竹大塘组	4306115013485	4330001000000031003606	60	三相四线	电压	C	2025-07-08	232.4	229.6	232.4	230.8	232.6	232.6	231.9	233.7	231.4	228.8
9	白竹大塘组	4306115013485	4330001000000031003606	60	三相四线	正向有功		2025-07-08	80381...	80384...	80386...	80389...	80391...	80393...	80396...	80397...	80399...	80401...
10	白竹大塘组	4306115013485	4330001000000031003606	60	三相四线	无功功率		2025-07-08	31.99	64.57	23.2	23.84	29.81	22.39	61.76	29.27	18.95	37.57

序号	用户名称	用户编号	电表资产号	综合倍率	接线方式	曲线类型	相位标识	数据日期	00:00	01:00	02:00	03:00	04:00	05:00	06:00	07:00	08:00	09:00
1	杨佳妮	4350009019077	4330001000000044031605	1	单相	电压	C	2025-07-08	227.1	221.7	232.8	230.8	232.1	232.6	229.2	231.2	227.9	225.1
2	杨佳妮	4350009019077	4330001000000044031605	1	单相	电流	零线	2025-07-08	0.04	0.04	0.04	0.04	0.04	0.04	0.04	0.04	0.04	0.04
3	杨佳妮	4350009019077	4330001000000044031605	1	单相	电流	火线	2025-07-08	0.04	0.04	0.04	0.04	0.04	0.04	0.04	0.04	0.04	0.04
4	杨佳妮	4350009019077	4330001000000044031605	1	单相	正向有功		2025-07-08	376.52	376.52	376.53	376.53	376.53	376.54	376.54	376.54	376.55	376.55
5	杨佳妮	4350009019077	4330001000000044031605	1	单相	反向有功		2025-07-08	0	0	0	0	0	0	0	0	0	0
6	李兴加	4306103575591	4330001000000041845503	1	单相	电压	C	2025-07-08	223.7	223.8	231.1	231.4	232.3	234.9	230.6	227	227.8	219.8
7	李兴加	4306103575591	4330001000000041845503	1	单相	电流	零线	2025-07-08	4.72	4.24	3.25	3.18	2.88	2.78	2.59	3.06	1.92	4.69
8	李兴加	4306103575591	4330001000000041845503	1	单相	电流	火线	2025-07-08	4.72	4.26	3.24	3.16	2.87	2.77	2.57	3.04	1.92	4.67
9	李兴加	4306103575591	4330001000000041845503	1	单相	正向有功		2025-07-08	9182.87	9183.82	9184.66	9185.31	9185.93	9186.55	9187.1	9187.58	9189.09	9189.69
10	李兴加	4306103575591	4330001000000041845503	1	单相	反向有功		2025-07-08	0	0	0	0	0	0	0	0	0	0

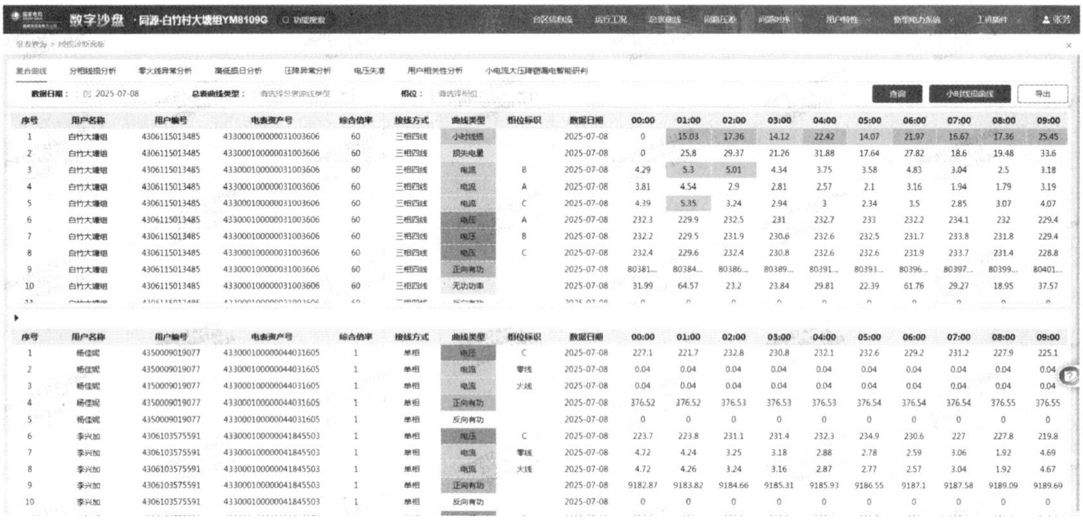

图 7.2.25　线损诊断面板

通过分相线损分析统计和明细界面，定位台区线损异常相位，缩小异常范围，如图 7.2.26 所示。

由于目前大部分台区总表、部分三相户表未采集分相示值，需要在用采下发采集参数，补全用户分相电量数据后，在统计页面可实时计算出分相线损，定位线损异常相位，如图 7.2.27 所示。电量数据补全支持批量导入补全、人工录入示值并自动计算用户电量。

通过零火线异常统计和明细界面，分析自定义时间范围内电能表出现零线电流大于火线电流异常的次数。点击次数穿透查询具体次数明细，定位零火异常引起的高损问题，如图 7.2.28 和图 7.2.29 所示。

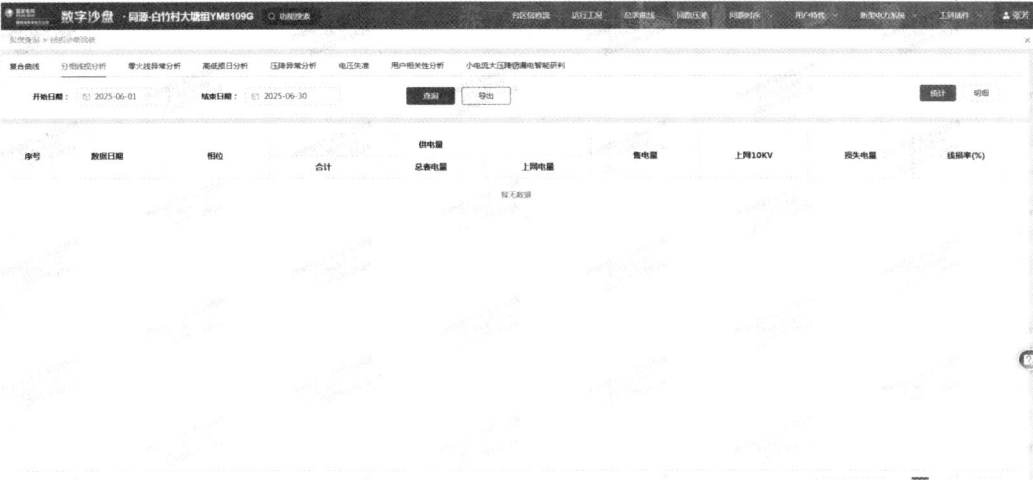

图 7.2.26 分相线损分析—统计

图 7.2.27 分相线损分析—明细

图 7.2.28 零火线不平衡—统计

图 7.2.29　零火线不平衡—明细

通过压降异常分析统计和明细界面,分析自定义时间范围内电能表出现压降异常导致线损异常的次数,点击次数进入查询压降异常用户异常明细,排查因疑似挂钩窃电导致的台区高损,如图 7.2.30—图 7.2.32 所示。

通过电压失准统计及明细界面,分析自定义时间范围内,电能表出现低电压失准发生次数。点击次数进入电压失准用户明细,如图 7.2.33、图 7.2.34 所示。

线损诊断明细面板,支持异常用户定位至数据沙盘地图界面,再次通过数字沙盘进行数据验证。

图 7.2.30　压降异常—台区统计

图 7.2.31　压降异常一台区明细

图 7.2.32　压降异常一用户明细

图 7.2.33　电压失准一用户统计

⑨虚拟关口线损分析：

在通过上述系统诊断分析方法仍然无法确定线损异常原因的基础上，可采取虚拟关口线损分段分析方法。该方法通过获取回路线损分析仪采集数据在内网实现分段线损自动分析，排查损失电量较大的断面。

图 7.2.34 电压失准—用户明细

系统当前已接入鼎信和朗信两个厂家的采集数据。整体分析流程为关口设备绑定—数字沙盘选点—添加虚拟关口—挂接线损分析仪—等待数据回传—分段线损分析—生成分析结果。对损失电量较高回路，再次进行选点，进入下一轮分段线损分析，不断缩小异常范围，最终确定异常用户。

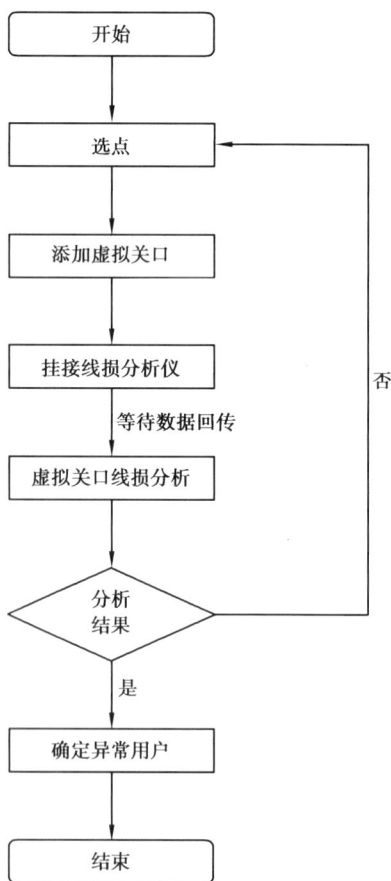

图 7.2.35 虚拟关口分析流程

第一步,关口设备绑定,点击【管理】—【后台管理系统】—【关口设备管理】,进入关口设备管理界面,如图7.2.36所示。

图 7.2.36　关口设备管理

展示所有鼎信和朗信台区线损分析仪设备编码,供电所可筛选设备,绑定供电单位,如图7.2.37所示。

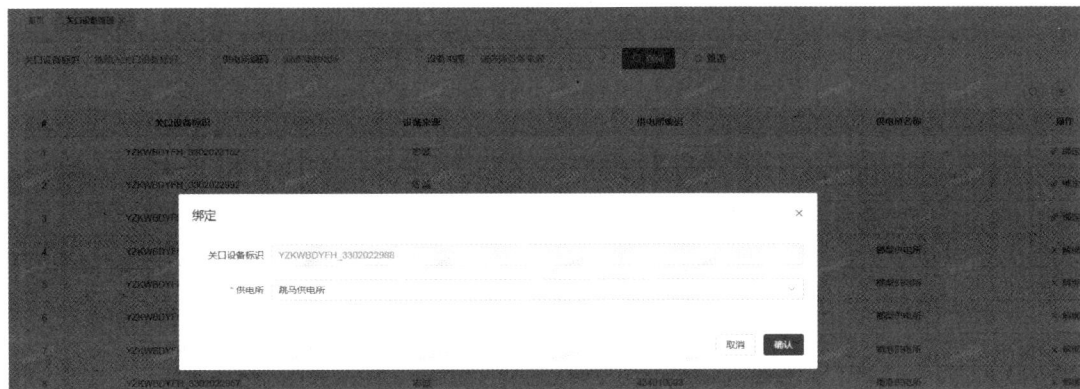

图 7.2.37　关口绑定

第二步,数字沙盘选点,添加虚拟关口。选择需要分析的异常台区,进入台区层,选择需要挂接虚拟关口的杆塔,点击杆塔,添加虚拟关口,如图7.2.38、图7.2.39所示。原则上可以先通过线损诊断面板中的分相线损分析等功能,缩小嫌疑范围后再分回路挂接设备。

第三步,虚拟关口线损分析,点击【工具插件】—【虚拟关口线损分析】,展示总表供电量、售电量、损失电量、线损率,虚拟关口供电量、售电量、损失电量、线损率,比较各回路、总表损失电量大小,将损失电量大的回路作为下一轮分段对象,进一步缩小台区损失电量的范围,如图7.2.40所示。

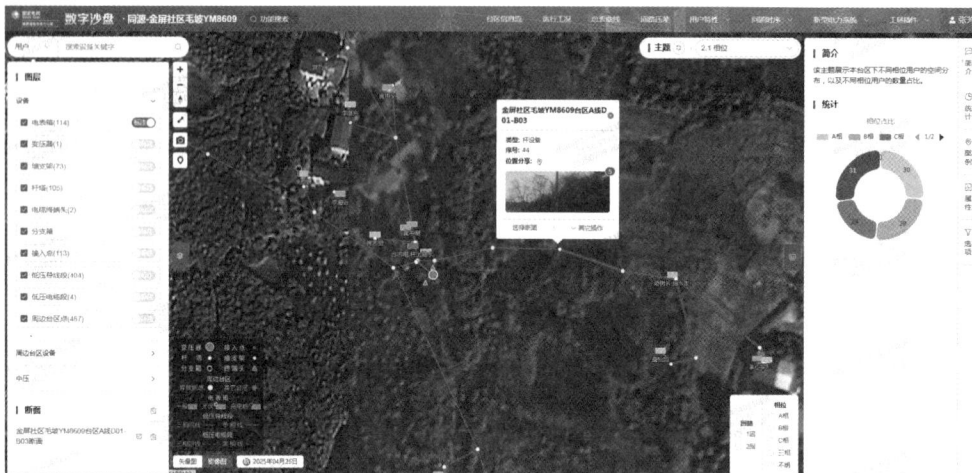

图 7.2.38　添加虚拟关口—杆塔信息

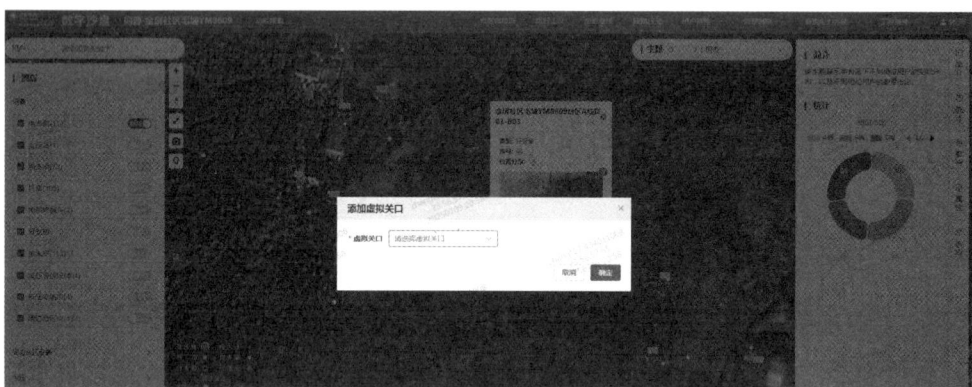

图 7.2.39　添加虚拟关口

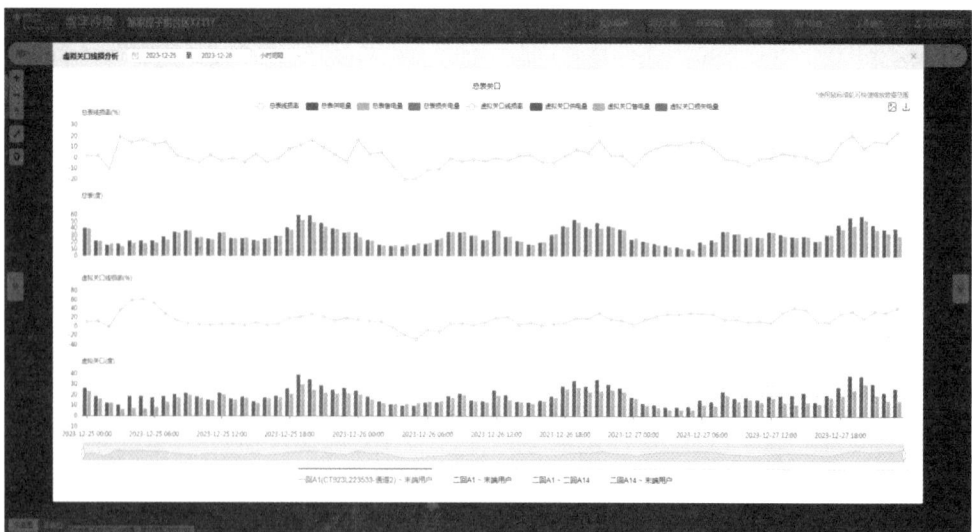

图 7.2.40　虚拟关口线损分析

对损失量大的断面用户,利用用户用电曲线功能逐一进行排查。排查方法:通常采用小电流大压降异常经验判断,分析各时刻点用户电压与周围同相用户电压差异,基于台区拓扑图模,排除周围大电流用户影响,可锁定嫌疑用户,点击用户"位置分享",将二维码分享至运维人员进行现场核查,如图 7.2.41、图 7.2.42 所示。

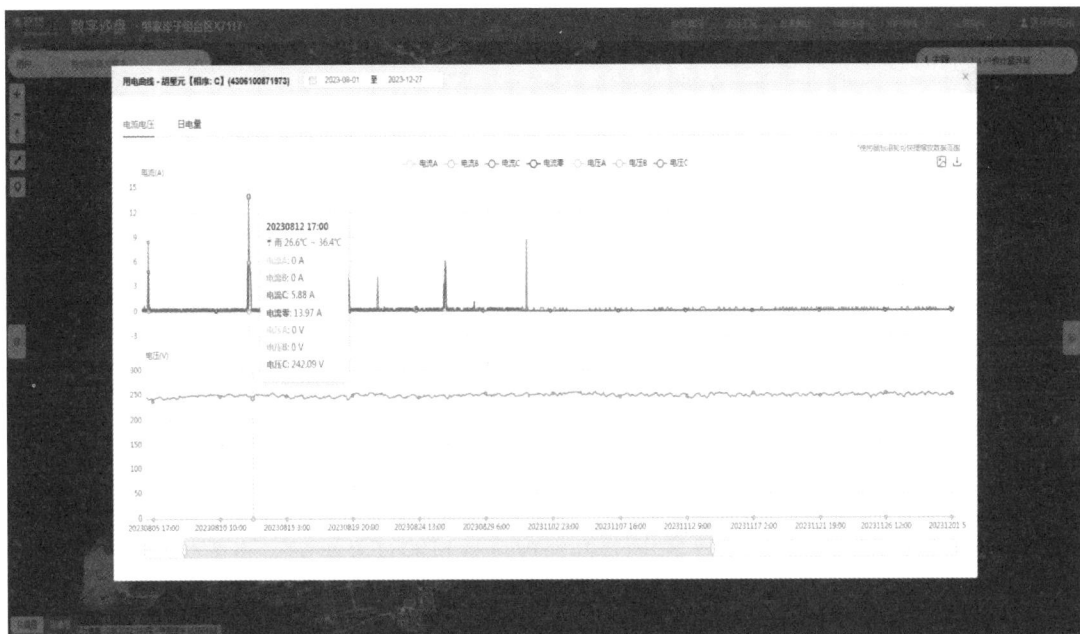

图 7.2.41　用电曲线

图 7.2.42　位置分享

⑩三相不平衡模拟调相:

通过台区拓扑图模型分析,如存在用户三相负荷不平衡导致的台区线损问题,可通过模型调相功能进行相位调整分析,为用户相位调整的三相平衡进行推演分析验证。

点击工具插件—模拟调相:支持统计时间、关键字、相位、回路用户初始电流及已调相电流曲线;选择具体用户,切换原来相位至其他相位,点击【确认调相】后,可查看调相前后的对比电流曲线;点击【重置】可恢复原始相位,如图7.2.43所示。

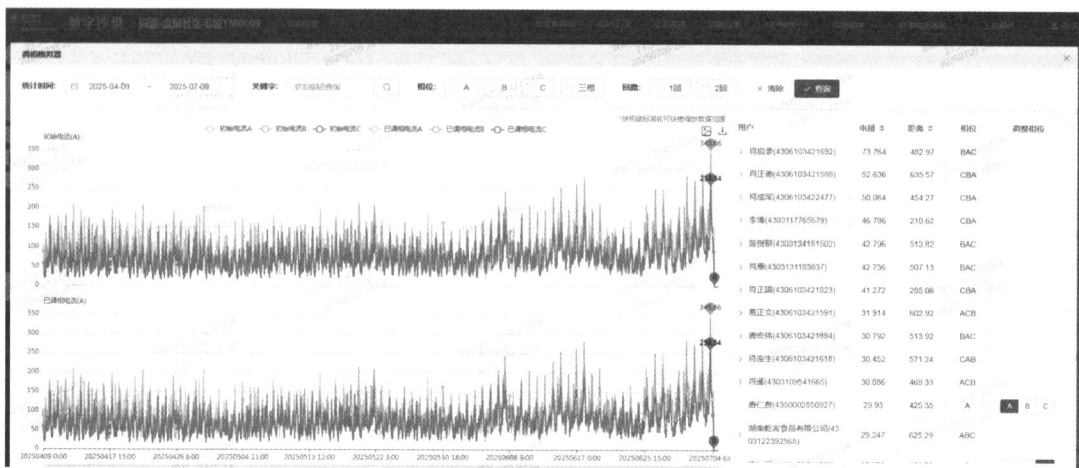

图 7.2.43　模拟调相

3. 工单派发

通过对台区诊断分析,可派发线损工单到现场进行验证及处置。点击"总览—早会看板"页面上方的小卡片,切换到台区线损,展示负损、一类、三类线损数量,列表展示:台区名称、用户数、损失电量、线损率、采集成功率、理论值、累计损失电量、累计损失率、责任人,如图7.2.44所示。

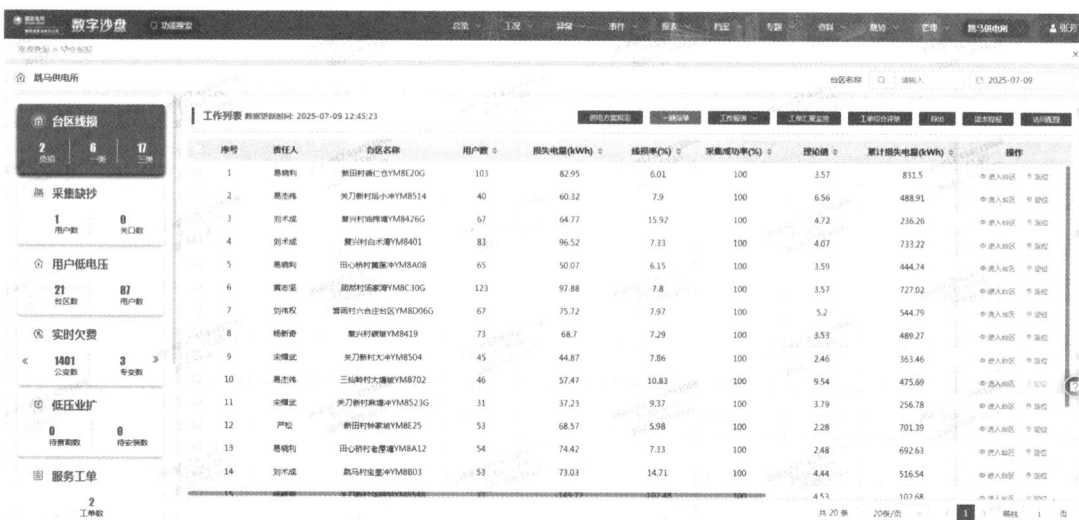

图 7.2.44　早会板报

勾选工作列表中需要进行派单的数据,点击一键派单按钮,如图7.2.45所示。

在弹框中选择需要派发的工单系统、工单计划完成日期、责任人 ISC 账号等信息,提交后工单即可成功派发到工单系统。

图 7.2.45　一键派单

4.追踪校验

通过诊断分析出来的台区线损异常,经现场治理后,可通过以下方法进行追踪校验。

(1)台区线损追踪校验。

台区线损治理完成后,通过台区线损时序图进行线损恢复验证,如图 7.2.46 所示。

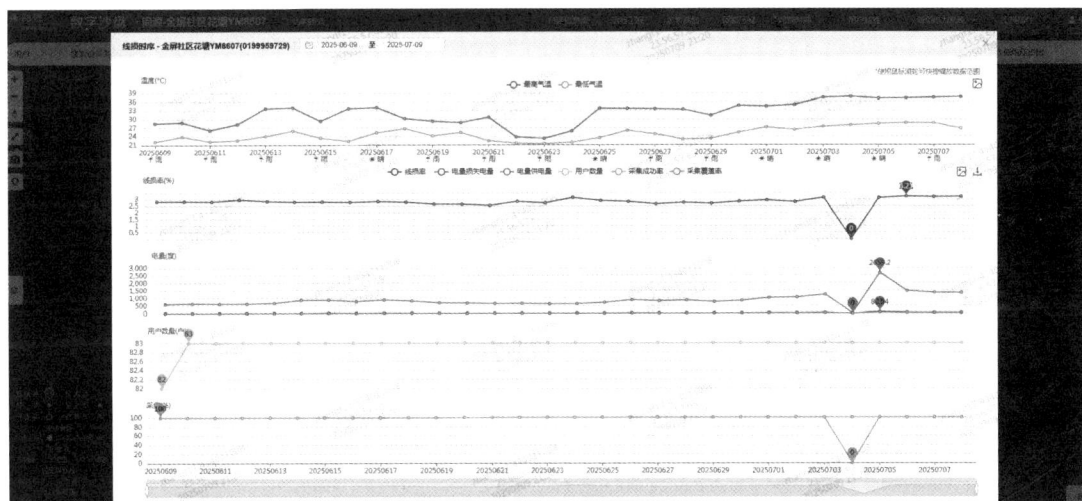

图 7.2.46　线损时序

(2)用户异常追踪校验

针对用户窃电、计量异常等问题治理完成后,通过用电曲线进行追踪校验。如图 7.2.47所示。

(3)网架异常治理校验。

针对线路卡脖子、树竹碰撞、用户负荷三相不平衡等异常,均会造成用户出现单户低电压或多户低电压情况,结合台区拓扑图模—电压主题,可进行追踪校验。

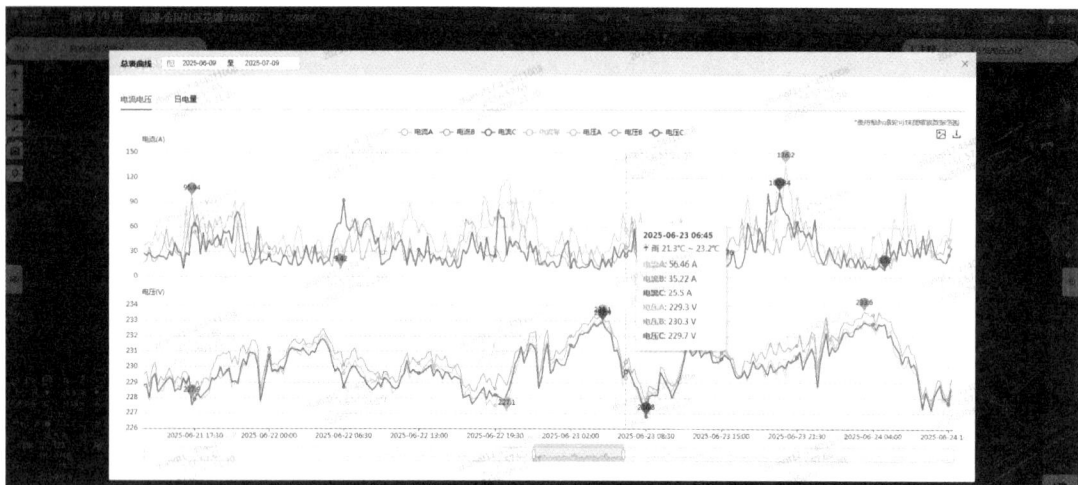

图 7.2.47　台区层—用电曲线

（4）指标提升跟踪校验

台区线损治理后,可返回动态指标监控界面,点击"趋势分析"跟踪线损指标提升情况,如图 7.2.48 所示。

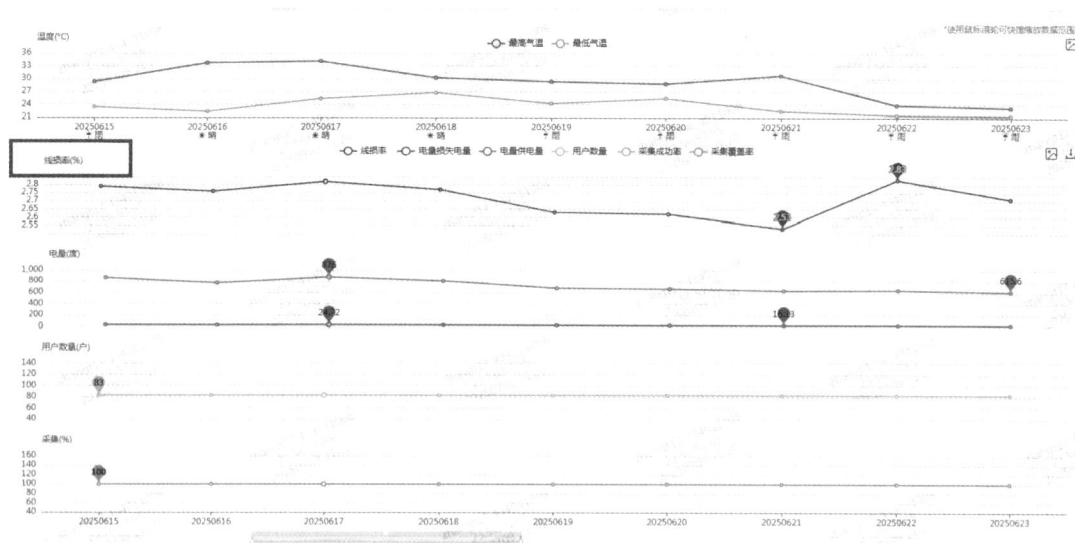

图 7.2.48　台区线损率趋势分析

（三）数字化供电所系统管理（数字沙盘）

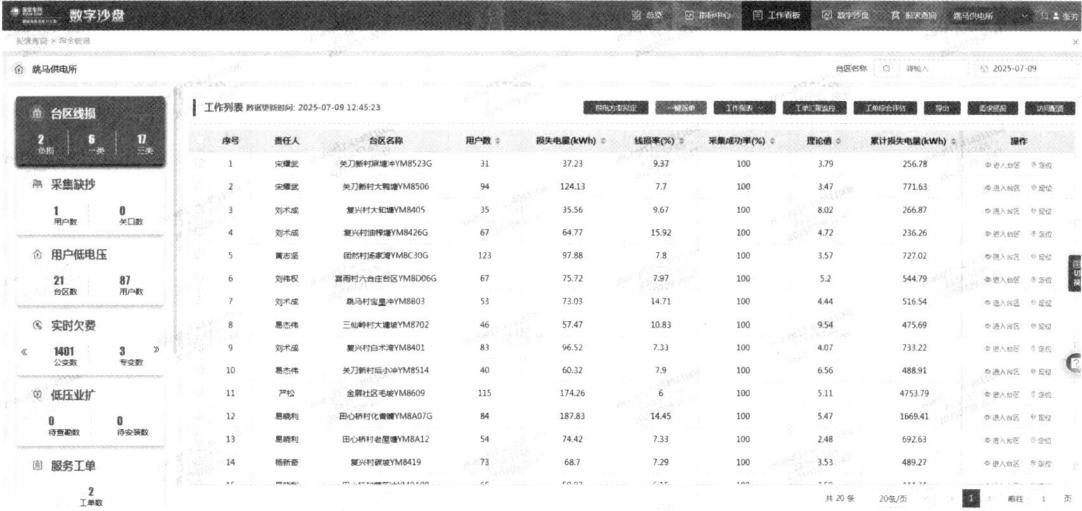

图 7.2.49　操作系统界面模块

图 7.2.50　查询台区总表计量异常情况

图 7.2.51　一键导出台区线损报表

二、实践咨询

【任务实施】

(一)工作准备

(1)正确登录营销 2.0 系统;

(2)根据条件查找台区线损异常报表。

(二)操作步骤

(1)通过指标看板对台区线损的指标进行日管控和趋势分析。

(2)通过数字沙盘线损相关主题功能及推演分析工具对台区线损异常原因进行定位。

(3)通过派发线损工单,进行现场的查勘及处理。

(4)通过指标跟踪、线损报表、用电曲线对台区线损的治理成效进行跟踪验证。

1.咨询(课外完成)

(1)台区线损的监测指标有哪些?

(2)如何通过数字化沙盘查询这些监测指标?

2. 决策

（1）岗位划分：

职责 人员	线损 指标管控	线损 趋势分析	线损 原因分析	线损 台区定位	线损 派发工单	跟踪 治理成效

（2）编制《××台区线损异常分析与处理报告》。

①基于数字沙盘确定台区线损异常的类型；

②基于数字沙盘推演台区线损异常的形成原因；

③基于数字沙盘分析台区线损异常的发生规律；

④治理台区线损异常的措施。

3. 基于数字沙盘的台区线损异常分析与处理报告汇报

4. 检查及评价

考评项目	自我评估	组长评估	教师评估	备注
团队合作 20%				
案例分析报告 35%				
案例分析汇报 30%				
安全文明 15%				

参考文献

［1］国网能源研究院有限公司.电力价格简明知识［M］.北京：中国电力出版社，2023.

［2］高丽玲.用电营业管理与实践［M］.北京：中国电力出版社，2023.

［3］国家电网有限公司.农网电费核算与账务［M］.北京：中国电力出版社，2020.

［4］汤大勇.电力客户服务［M］.重庆：重庆大学出版社，2020.

［5］黄建硕.电能计量装置安装与检查［M］.重庆：重庆大学出版社，2020.

［6］魏梅芳.用电检查与服务［M］.重庆：重庆大学出版社，2020.

［7］贺晨.业扩报装［M］.重庆：重庆大学出版社，2020.

［8］国家发展改革委.供电营业规则［EB/OL］.（2024－02－08）［2025－02－14］.https：//www.gov.cn/gongbao/2024/issue_11326/202405/content_6949617.html.

［9］国家发展改革委.供电监管办法［EB/OL］.（2009－11－26）［2025－02－14］.https：//www.gov.cn/zhengce/202403/content_6936039.htm.

［10］GB/T 28583—2012.供电服务规范［S］.北京：中国标准出版社，2012.

［11］国家发展改革委.电力供应与使用条例［EB/OL］.（2019－03－02）［2025－02－14］.https：//www.gov.cn/gongbao/content/2019/content_5468920.htm.

［12］国家发展改革委，国家能源局.关于全面提升"获得电力"服务水平持续优化用电营商环境的意见［EB/OL］.（2020－9－25）［2025－02－14］.https：//www.gov.cn/zhengce/zhengceku/2020－09/27/content_5547582.htm.

［13］国家能源局.用户受电工程"三指定"行为认定指引［EB/OL］.（2020－11－30）［2025－02－14］.https：//zfxxgk.nea.gov.cn/2020－11/30/c_139612785.htm.

［14］国家发展改革委，国家能源局.关于清理规范城镇供水供电供气供暖行业收费促进行业高质量发展意见的通知［EB/OL］.（2020－12－23）［2025－02－14］.https：//www.gov.cn/zhengce/content/2021－01/06/content_5577440.htm.

［15］国务院.优化营商环境条例［EB/OL］.（2019－10－22）［2025－02－14］.https：//www.gov.cn/zhengce/content/2019－10/23/content_5443963.htm.

［16］国家发展改革委，国家能源局.关于加快推进充电基础设施建设 更好支持新能源汽车下乡和乡村振兴的实施意见［EB/OL］.（2023－05－14）［2025－02－14］.https：//www.gov.cn/zhengce/zhengceku/202305/content_6874368.htm.

［17］湖南省发改委.关于进一步完善我省分时电价政策及有关事项的通知［EB/OL］.（2022－04－19）［2025－02－14］.https：//fgw.hunan.gov.cn/fgw/jgzc11/202204/t20220429_

29278291. html.

［18］湖南省发改委. 关于进一步明确代理购电有关事项的通知［EB/OL］.（2022－12－09）
　　　［2025－02－14］. https：//fgw. hunan. gov. cn/fgw/jgzc11/202212/t20221209_29274433.
　　　html.

［19］湖南省发改委. 关于居民电动汽车充电设施用电试行分时电价的通知［EB/OL］.（2023－
　　　6－30）［2025－02－14］. https：//fgw. hunan. gov. cn/fgw/xxgk_70899/tzgg/202306/
　　　t20230630_29389249. html.

［20］湖南省发改委. 关于省电网第三监管周期输配电价及有关事项的通知［EB/OL］.（2023－
　　　5－26）［2025－02－14］. https：//fgw. hunan. gov. cn/fgw/xxgk_70899/zcfg/dfxfg/202305/
　　　t20230526_29359411. html.

［21］湖南省发改委. 关于我省居民阶梯电价制度及有关事项的通知［EB/OL］.（2024－1－
　　　31）［2025－02－14］. https：//fgw. hunan. gov. cn/fgw/xxgk_70899/tzgg/202401/
　　　t20240131_32640228. html.